Innovative Technologiepolitik

Optionen sozialverträglicher Technikgestaltung – mit einer Fallstudie über Österreich

Renate Martinsen
Josef Melchior

Centaurus Verlag & Media UG 1994

Die Autoren, *Dr. Renate Martinsen* und *Dr. Josef Melchior* sind wissenschaftliche Assistenten am Institut für Höhere Studien in Wien.

Die Deutsche Bibliothek – CIP-Einheitsaufnahme

Martinsen, Renate:
Innovative Technologiepolitik : Optionen sozialverträglicher
Technikgestaltung – mit einer Fallstudie über Österreich / Renate
Martinsen ; Josef Melchior. – Pfaffenweiler : Centaurus-Verl.-
Ges., 1994
   (Reihe Politikwissenschaft ; Bd. 15)
   ISBN 978-3-89085-927-9   ISBN 978-3-86226-416-2 (eBook)
   DOI 10.1007/978-3-86226-416-2
NE: Melchior, Josef:; GT

ISSN 0933-8004

Satz: Vorlage der Autoren

INHALTSVERZEICHNIS

Vorwort

Das vorliegende Buch handelt von Optionen zur politischen Regulierung des technischen Fortschritts mit dem Ziel der Sicherung von "Sozialverträglichkeit". Der Titel "Innovative Technologiepolitik" steht für Konzepte und Ansätze, die nach neuen Wegen zur Bewältigung derjenigen gesellschaftlichen Herausforderungen suchen, mit denen die fortgeschrittensten Industriestaaten heute konfrontiert sind. Die weitreichenden technologischen und weltwirtschaftlichen Umbrüche der letzten zwanzig Jahre haben vor Augen geführt, daß der technologische Fortschritt selbst in mehrfacher Weise zum Problem wird. Nicht nur, daß die mit ihm verbundenen ökologischen Risiken und sozialen Kosten immer deutlicher zutage treten, selbst der bislang als selbstläufig vorausgesetzte Automatismus der Umsetzung technologischer Fortschritte in wirtschaftliches Wachstum und in die Erhöhung des Lebensstandards scheint ins Stocken geraten zu sein.

In der Debatte über die Möglichkeiten sozialverträglicher Technikgestaltung und neue Produktionskonzepte zeichnet sich ein vertieftes Verständnis für die Bedeutung sozialer Faktoren und Rahmenbedingungen für eine erfolgreiche technologisch-ökonomische Modernisierung ab. Anhand einer Reihe von Anwendungsbeispielen und einer Fallstudie zu Österreich untersuchen wir, wie sich dieses neue Verständnis in der technologiepolitischen Praxis auswirkt. In der Technologiepolitik in Österreich, aber auch in Europa überwiegen nach wie vor die Beharrungsmomente. Der Titel "Innovative Technologiepolitik" soll dementsprechend den reflexiven Modernisierungsbedarf in der Technologiepolitik selbst signalisieren.

Die Ergebnisse dieser Studie wurden im Rahmen unserer Forschungs- und Lehrtätigkeit am Institut für Höhere Studien in Wien erarbeitet. Zahlreiche Personen und Institutionen haben maßgeblich zur Entstehung beigetragen. Das Bundesministerium für Wissenschaft und Forschung (BMWF) hat die empirischen Erhebungsarbeiten durch einen Forschungsauftrag wesentlich gefördert. Die aktive Unterstützung durch die technologiepolitische Abteilung des BMWF erwies sich in vieler Hinsicht als hilfreich. Die Autoren haben außerdem den Interviewpartnern für ihre sehr entgegenkommende Gesprächsbereitschaft zu danken – ohne sie hätte diese Forschungsarbeit in der vorliegenden Weise nicht durchgeführt werden können.

Wien, im März 1994

Renate Martinsen
Josef Melchior

1. Einleitung

"Es braucht einen riesigen Effort, um
den Trend in die richtige Richtung zu
setzen." (Barnevik)[1]

In der Diskussion um die gesellschaftlichen Auswirkungen der dynamischen technischen Entwicklung gewinnt seit etwa 10 Jahren der Begriff der "Sozialverträglichkeit" zunehmend an Relevanz. Das darauf aufbauende Konzept intendiert die Entwicklung eines neuen Verhältnisses von Technik und Gesellschaft und transportiert zwei Implikationen: Erstens, daß die Technikentwicklung nicht deterministisch verläuft, sondern gestaltbar ist, und zweitens, daß diese Gestaltung in einer sozialverträglichen Weise geschehen solle.

Dieser Aufgabenstellung einen zentralen Stellenwert in der Technologiepolitik zuzuweisen, entspricht einer Einsicht, die in der Fachliteratur bereits verbreiteter ist als in der Praxis. So heißt es etwa einleitend in einer internationalen Publikation über Technologiepolitik im Wandel:

> Rather than asking for an expansion of technology policy along existing lines, critics refer to the lack of attention devoted to the social shaping of technological development, as well as to the social compatibility of technological change. Moreover, it is pointed out that there is a lack of ecological precautions and environmentally – benign technology – a deficit whose solution is also expected from the state. (Schienstock forthcoming, 1)

In Anbetracht solcher Horizonte läßt ein Blick auf die bisher dominanten Strategien der Technologiepolitik in den westlichen Industriestaaten ersichtlich werden, daß eine völlige Neuorientierung in diesem Politikfeld in Aussicht genommen werden sollte.

Hingegen ist das übliche Ablaufschema zur Sicherung der Sozial- und Umweltverträglichkeit von Technologie überwiegend ein defensiv-reaktives. Ein neuer Störfall in einem Atomkraftwerk, eine Schreckensmeldung über drohende Massenarbeitslosigkeit als Automatisierungsfolge, eine Horrorvision über biotechnologisch manipulierte Lebensmittel sind überaus beliebte Einleitungspassagen von Presseberichten über "die Technik". Regelmäßig einher geht mit diesen Skandalmeldungen der Ruf nach Behebung der bedrohlichen Folgen der technischen Entwicklung. Offensichtlich wecken also diese unerwünschten Verlaufsformen der Technologieentwicklung durchaus ein Bewußtsein davon,

---

1 Barnevik über Entwicklungserfahrungen eines europäischen Spitzenunternehmens in: Catrina, W. (1991): BBC-Glanz, Krise, Fusion 1891-1991. Von Brown Boveri zu ABB, Zürich Orell-Füssli, zit. n. Naschold 1992, 16.

daß Technik "gestaltbar" ist. Die Angst vor negativen Auswirkungen technischer Großanlagen führte so bereits vor etwa 20 Jahren (zunächst in den USA) zur Installierung von "Technikfolgenabschätzung". Mit der Zeit wurde dieses Konzept immer mehr erweitert und offensiv gewendet: Technikgestaltung setzt sich dann nicht mehr nur die kompensatorische Abfederung von Gefahren zum Ziel, sondern zentriert sich auf das Erkennen des in der technischen Entwicklung liegenden Gestaltungspotentials und die Wahl des optimalen Entwicklungspfades. Hierbei spielt die Erkenntnis der Relevanz des sozialen Faktors eine immer bedeutendere Rolle. Es geht jedoch allgemein weniger um eine Ergänzung der herkömmlichen Forschungs- und Technologiepolitik durch soziale und ökologische Aspekte, als vielmehr um eine Neukonzipierung im Sinne einer "integrativen" Technologiepolitik (andere Bezeichnungen lauten "kontextuelle" oder "systemische" Technologiepolitik).

Sozialverträgliche Technikgestaltung stellt im Rahmen dieses neuen Technikverständnisses ein besonders ambitioniertes, voraussetzungsvolles Konzept dar. Hier wird der Anspruch erhoben, den Sozialfaktor nicht nur in der Technikentwicklung zu berücksichtigen, um die Produktivität zu steigern, sondern auch um ein "mehr an Humanität" zu bewirken.

Eine solche Herausforderung ist für Österreich umso gewaltiger, als hier die Technologiepolitik selbst noch ein "junges" Feld staatlichen Handelns darstellt und allgemein von einem technologiepolitischen "time-lag" ausgegangen wird. So ist denn auch nach allgemeiner Einschätzung SoTech im Bewußtsein der meisten Politiker nicht präsent. Diese indifferente Haltung mag auch mitbedingt sein durch die Einschätzung, ein Kleinstaat wie Österreich könne sich nur technologiepolitischen Zwängen von außen anpassen, aber nicht aktiv gestalterisch tätig werden. Auf dem Hintergrund der internationalen ökonomischen Restrukturierung und des damit einhergehenden technologiepolitischen Wettlaufs zwischen den westlichen Industriestaaten sowie dem beantragten EU-Beitritt[2] Österreichs wäre eine solche Haltung aber prekär. Vielmehr gilt:

> Auch in einem kleinen Land wie Österreich, das sich von der internationalen Entwicklung nicht völlig abkoppeln kann (und auch nicht will) und dessen Möglichkeiten zur Beeinflussung großer technologischer Entwicklungslinien marginal ist, besteht genügend Handlungsspielraum (und -bedarf) in technologiepolitischen Fragen. (Peissl 1993, 17)

Es läßt sich vielmehr umgekehrt argumentieren: Für einen kleinen Staat mit begrenzten Ressourcen stellt sich verschärft die Frage einer optimalen Nutzung

---

2 Durch die eingetretene Ratifizierung der Verträge von Maastricht wurde die EG (Europäische Gemeinschaft) zur EU (Europäische Union) erweitert. Sofern der Bezug nicht eindeutig ist, wird im Text die Schreibform EG/EU verwandt.

derselben. Die Einsicht in den immensen Stellenwert des technologischen Faktors in Bezug auf die Wettbewerbsfähigkeit und den Wohlstand einer Nation haben längst dazu geführt, daß technologiepolitische Maßnahmen sich nicht in der Korrektur von Marktversagen erschöpfen. So hat sich z.B. im Bereich der Grundlagenforschung weithin die Meinung etabliert, daß hier der Staat zum Gemeinwohl der Nation aktiv werden müsse, um eine suboptimale Allokation von Ressourcen zu vermeiden.

Die Arbeit weist im Einzelnen folgenden Gang auf: Zunächst gilt das Interesse der Entwicklung von Hintergründen, Bedeutungsdimensionen und Problemen des Begriffs "SoTech". Im Anschluß daran werden technologiepolitische Ansätze vorgestellt, die von der Interdependenz von technischen und sozialen Aspekten ausgehen. Die Genesis des SoTech-Konzepts sowie die breite Bestandsaufnahme im Hinblick auf neuartige technologiepolitische Ansätze auf internationaler Ebene belegen, daß die "Entdeckung" des sozialen Faktors keine kurzfristige Modeerscheinung darstellt, sondern den Aufbruch in eine "neue Ära" einleitet (OECD 1992b, 15).

Als avanciertes Modell mit einem expliziten SoTech Anspruch wird schließlich das Nordrhein-Westfalen-Modell "Mensch und Technik" vorgestellt. Gerade im Hinblick auf die Erkenntnis der Bedeutung kontextueller Faktoren (soziale, kulturelle, historische, politisch-administrative) kann die Kopie eines Modells für ein anderes Land kein richtungsweisender Weg sein. Die Frage der Übertragbarkeit stellt sich vielmehr differenzierter: Es geht nicht um die Übernahme eines Gesamtmodells, sondern um die Adaption zentraler erfolgversprechender Elemente unter den jeweiligen Bedingungen des Landes. So gesehen ist das Lernen von internationalen Modellen wichtig, wie auch von österreichischen Experten betont wird. In Österreich steht ein technologiepolitischer Diskurs als nationale Anstrengung auf der Tagesordnung, die durchaus derjenigen in Nordrhein-Westfalen vergleichbar ist.

Die Studie untersucht schließlich die Voraussetzungen zur Implementation einer SoTech-Initiative in Österreich. Dabei werden zunächst Entwicklungsstrukturen, Ziele und Instrumente der Technologiepolitik beleuchtet, insbesondere im Hinblick auf Ansätze zu einer integrierten Technikgestaltung. Im letzten Teil der Untersuchung wird die – durch Experteninterviews ermittelte – Aufnahmebereitschaft gegenüber SoTech in Österreich untersucht. Diese Herangehensweise gründet auf der These, daß nicht nur objektive Rahmenbedingungen, sondern auch das "Bild" von SoTech in den Köpfen der technologiepolitisch relevanten Akteure eine konstitutive Rahmenbedingung setzt für innovative technologiepolitische Initiativen. Für letztere könnte als Wegweiser gelten: es "konzentriert sich alles wieder auf den Menschen als Innovationsträger" (BMWF 1991a, 4).

2. Das Konzept "Sozialverträgliche Technikgestaltung"

Das Konzept "sozialverträglicher Technikgestaltung" beinhaltet zwei Behauptungen: die erste besagt, daß Technik gestaltbar sei, und die zweite, daß sich die Technikgestaltung am Ziel der Sozialverträglichkeit orientieren sollte. Beide Behauptungen sind nicht trivial, sondern höchst voraussetzungsvoll. Deshalb wird zunächst der Kontext skizziert, aus dem heraus sich das Konzept der "sozialverträglichen Technikgestaltung" entwickelt hat, um schließlich das Konzept selbst vorzustellen und zu analysieren.

2.1. Voraussetzungen der Aktualisierung sozialverträglicher Technikgestaltung

Die Thematisierung der Technik und ihrer sozialen Auswirkungen ist nicht neu. Seit Beginn der kapitalistischen Industrialisierung bildet die Auseinandersetzung um den Stellenwert und die Folgen der technischen Entwicklung einen stets wiederkehrenden Topos (vgl. Saage 1986). Seit den Zeiten der "Maschinenstürmerei" im 19. Jahrhundert stehen sich Verfechter und Kritiker der technischen Entwicklung unversöhnlich gegenüber. Auch die Entstehung der modernen Sozialwissenschaften verdankt sich nicht zuletzt dem Bemühen, die Bedeutung und Rolle des technischen Wandels in einer Zeit rascher Industrialisierung und Urbanisierung zu erfassen und zu erklären (vgl. Dierkes 1986). Umso dringlicher erscheint es, die spezifischen Voraussetzungen einer bestimmten Art der Thematisierung von Technik zu erhellen, nämlich die Frage nach ihrer sozialverträglichen Gestaltbarkeit. Deshalb sollen im folgenden der Wandel des Technikverständnisses, die neuen ökonomischen Herausforderungen und die Politisierung von Technik als spezifische Voraussetzungen der Aktualisierung sozialverträglicher Technikgestaltung skizziert werden.

2.1.1. Technikverständnis: Vom Determinismus zur Gestaltbarkeit

Der Glaube an den "Fortschritt" begünstigte lange Zeit die Vorstellung, daß sich die Technik gemäß einer inneren Logik und Eigengesetzlichkeit entwickle. Die Geschichte der Technik sei demgemäß durch eine permanente Ausweitung der Verfügungsgewalt über "Natur" und deren Transformation in nützliche Artefakte determiniert. Die im 19. Jahrhundert eingeleitete Ausdifferenzierung von

Wissenschaft und Technik konnte den Eindruck erwecken, als folge der offensichtliche Trend der "Verwissenschaftlichung" und "Technisierung" der Gesellschaft einem linearen Ablaufschema. An erster Stelle stünden demzufolge grundlegende wissenschaftliche Entdeckungen oder neues Wissen, das in einem zweiten Schritt in Technologien zur Anwendung gelangt und schließlich in neuen Techniken wirtschaftlich umgesetzt werde. Es waren vor allem Soziologen und Philosophen wie Hans Freyer und Helmut Schelsky, die diesem Ablaufschema auch noch eine eindimensionale und kausale Interpretation unterlegten. Ihrer Interpretation nach bestimme die Eigengesetzlichkeit des wissenschaftlich-technischen Fortschritts selbst noch deren Anwendung und Implementation, ja mehr noch, die technischen Mittel erzeugten sogar ihre eigenen Ziele (vgl. Schelsky 1961). Auch in der ökonomischen Literatur wurde lange Zeit die Technik als exogener Faktor der Produktionsfunktion behandelt. In der sogenannten "Technokratiediskussion" der frühen 60er Jahre wurde diese Vorstellung erstmals in Frage gestellt (vgl. Lenk (Hg.) 1973). Der These von der Eigengesetzlichkeit des technischen Fortschritts und der ihm innewohnenden "Sachzwänge" wurde entgegengehalten, daß sich die scheinbare Eigengesetzlichkeit des technischen Fortschritts vielmehr "naturwüchsigen Interessen und vorwissenschaftlichen Dezisionen" verdanke, die bewußt gemacht, reflektiert und in politischen Diskussionsprozessen praktisch kontrolliert werden müßten (vgl. Habermas 1969, 117).

Die 70er Jahre markieren einen Wendepunkt im Hinblick auf das vorherrschende wissenschaftliche Technikverständnis. Mit der zunehmenden sozialwissenschaftlichen Thematisierung von Fragen der Technik und der empirischen Erforschung ihrer Entwicklung wurde der Vorstellung des technologischen Determinismus der Boden entzogen und Technik als "sozialer Prozeß" erkannt (vgl. Weingart (Hg.) 1989; Fleischmann/Esser (Hg.) 1989). Damit ist jedoch noch keineswegs entschieden, wie Gesellschaft und Technik aufeinander einwirken. Es ist jedenfalls eine Aufgabe zukünftiger Forschung, sowohl die gesellschaftlichen als auch die nicht-gesellschaftlichen Dimensionen der Technisierung herauszuarbeiten, "damit man Gestaltungsspielräume und Eingriffschancen wahrnehmen kann, um auf die Entstehung neuer Techniken einzuwirken und ihre Sozialisationspotentiale von vornherein aktzeptablen gesellschaftspolitischen Intentionen anzupassen" (Ropohl 1991, 196). Wo diese Gestaltungsspielräume im technologischen Innovationsprozeß liegen, wird je nach theoretischem Ansatz unterschiedlich beantwortet. Neuere ökonomische Theorien gehen davon aus, daß ein "technologisches Paradigma" – bestehend aus wissenschaftlichen Erkenntnissen, Methoden und Instrumenten – einen technischen Möglichkeitsraum eröffnet. Welcher "technologische Entwicklungspfad" tatsächlich eingeschlagen wird, bestimmt sich dann weitgehend nach ökonomischen Kriterien nach dem Modell der "natürlichen Selektion" innerhalb des Wirtschaftssystems (vgl. Dosi et al (Hg.) 1988). Die Gestaltungsspielräume hängen in diesem Modell davon ab, inwieweit es möglich ist und als wünschenswert erachtet wird, den innerökonomischen technologischen Selektionsprozeß zu beeinflussen. Sozial-konstruktivistische Ansätze gehen demgegenüber von einer "inneren Verschlungenheit von wissenschaftlichen, technologischen und politischen Faktoren" aus und brechen mit der Vorstellung eines linearen Modells der technologischen Innovation, das distinkte Stadien der Grundlagenforschung, der angewandten Forschung und Stadien der ökonomischen Verwertung unterscheidet (vgl. Nowotny/Felt/Taschwer 1992, 84-88). Dieses Forschungsprogramm bricht zwar radikal mit der Vorstellung eines wie auch immer gearteten technologischen Determinismus, dafür wird es um so schwieriger, angesichts der Komplexität der Interaktionen noch einen bestimmten Ort der Technikgestaltung und der Entscheidung zwischen technologischen Alternativen auszuzeichnen. Wie auch immer man im einzelnen den Prozeß der technologischen Innovation beschreibt und erklärt, so herrscht heute Einigkeit darüber, daß die Technikentwicklung sozial gestaltbar ist. Die strittige Frage ist, welche Spielräume bestehen und wovon es abhängt, wie sie genutzt werden.

2.1.2. *Ökonomische Herausforderungen: Technologische Entwicklung, Wachstum und Konkurrenz*

Die weltwirtschaftlichen Umstrukturierungsprozesse und die wirtschaftlichen Krisenerscheinungen seit Mitte der 70er Jahre haben zu einer Neubewertung des Verhältnisses von Technik und Ökonomie geführt. War seit den 50er Jahren die Einsicht gewachsen, daß Wissenschaft und Technik zur zentralen Produktivkraft geworden waren, so avancierten in den 70er Jahren die aktiven Bemühungen um die Entwicklung und den Einsatz "neuer Technologien" in den führenden Industriestaaten zur zentralen strategischen Ressource sowohl im Hinblick auf die Aufrechterhaltung des Wirtschaftswachstums als auch im Hinblick auf die Bewahrung der Konkurrenzfähigkeit auf globalisierten Märkten (vgl. OECD 1992, 167-187, 237-256; Dosi et al (Hg.) 1988).

In den 70er Jahren nahm eine neue internationale Arbeitsteilung Gestalt an. Das Eindringen der sogenannten "Schwellenländer" bzw. der jungen Industrieländer in die Grundstoff- und in die verarbeitende Industrie bedrohte die Weltmarktposition der entsprechenden Wirtschaftssektoren in den Industrieländern. Zugleich kam es zu einer beschleunigten Internationalisierung der Produktion, wodurch immer mehr Unternehmungen ihre Produktion in "Billiglohnländer" verlagerten und dadurch zur Erhöhung der Arbeitslosigkeit in den Industrieländern beitrugen (vgl. Kreye u.a. 1977). Als strukturpolitische Antwort auf diese

Herausforderungen wurde in den hochentwickelten Industrieländern die Strategie der Rationalisierung des Produktionsprozesses, der Qualitätsverbesserung und der Konzentration auf die Herstellung von Produkten, die sich am Anfang ihres Lebenszyklus befinden, eingeschlagen (vgl. Aiginger u.a. 1992, 41). Neben dem Druck "von unten" kam es jedoch auch zu einer Verschärfung der Konkurrenzsituation zwischen den hochentwickelten Industrieländern und zu einer Verlagerung der industriellen Entwicklungsdynamik in den asiatisch-pazifischen Raum (vgl. Tsurumi 1984). Die hegemoniale Stellung der USA wurde vor allem durch den raschen wirtschaftlichen Aufholprozeß Japans untergraben (vgl. Uchiyama 1986; Gregory 1986). Der Konkurrenzkampf zwischen den hochentwickelten Industrieländern nahm in den 80er Jahren zunehmend den Charakter eines Produktivitätswettlaufes zwischen den sich auch politisch formierenden Wirtschaftsblöcken USA, Japan und Westeuropa an (vgl. Jürgens/Naschold 1992; Seitz 1990; Höll 1989; Borrus 1988).

Die Technologieentwicklung spielt dabei eine entscheidende Rolle. Nicht zuletzt aufgrund der Tatsache, daß Märkte mit überdurchschnittlichen Wachstumsraten zugleich die technologieintensivsten sind (vgl. Aiginger u.a. 1992, 41), hat in der zweiten Hälfte der 70er Jahre ein Technologiewettlauf zwischen den führenden Industrieländern begonnen. Daneben spielen aber auch militärische, machtpolitische und symbolische Motivationen eine nicht zu unterschätzende Rolle (Höll 1989, 54; Simonis 1989, 70; vgl. allgemein Kennedy 1987). Seit 1977 steigt der Ausgabenanteil für Forschung und Entwicklung gemessen an den verfügbaren volkswirtschaftlichen Ressourcen in den führenden Industriestaaten stetig an (vgl. Simonis 1989, 65). Der Motor dieser Entwicklung waren in den meisten Ländern der OECD private Unternehmungen, obwohl deren Forschungs- und Entwicklungsaktivitäten in den offiziellen Statistiken – wegen in anderen Bilanzposten verstockter F&E-Ausgaben – sogar unterschätzt werden (vgl. OECD 1992, 30-33). Aber nicht nur die Ausgaben steigen. Es ist ein internationales Innovationssystem in dynamischer Entwicklung begriffen, was an der beschleunigten Industrialisierung der Forschung, der Verwissenschaftlichung der Produktion, dem Bedeutungszuwachs des technologiestrategischen Managements und zunehmender internationaler Verflechtung nationaler Innovationssysteme und Unternehmungen abzulesen ist (vgl. Simonis 1989).

Mit der Erkenntnis der strategischen Bedeutung der Technologieentwicklung für die nationale Wettbewerbsfähigkeit richteten auch die Staaten ihre Wirtchaftspolitiken zunehmend am Ziel der Stärkung der technisch-ökonomischen Innovationsfähigkeit aus. Die OECD übernahm im Hinblick auf die Analyse der Erfolgsvoraussetzungen für die Etablierung von Innovationssystemen eine Vorreiterrolle (vgl. OECD 1971; OECD 1980; OECD 1981). Im Zuge der Analysen zum Zusammenhang von Technologie, Humanressourcen, Mustern der industriellen Beziehungen, Wirtschaftswachstum und Konkurrenzfähigkeit stellte sich heraus, daß die wichtigsten "neuen Technologien" – als die weitaus folgenreichste wird die Informationstechnologie angesehen, gefolgt von der Biotechnologie, den neuen Materialien, der Weltraumtechnologie und der Nukleartechnologie – nicht nur im Hinblick auf ihre ökonomische Verwertbarkeit von überragender Bedeutung sind, sondern auch große Probleme hinsichtlich der Strukturanpassung und der Ausschöpfung ihrer ökonomischen Potentiale mit sich bringen. Dabei wurde die Interdependenz zwischen technischem, ökonomischem, sozialem und organisatorischem Wandel besonders hervorgehoben.

> The case of information technology shows that however good the technologies may be, the realisation of their full potential depends on a complex process of institutional change and intangible investment, and not simply on fixed capital formation. (OECD 1988, 63)
>
> The new technologies are not a force originating from outside the economic system – they are created, developed and diffused in response to economic demands and constraints. Similarly, the impact of technical change is inseparable from other societal developments; its economic dimensions cannot be isolated from ist social dimensions. What is involved is a set of interacting influences, in which history, culture, outlook and values carry just as much weight as economic forces. (OECD 1988, 117)

Die Anerkennung des sozialen Charakters der Technologie selbst im Rahmen wirtschaftswissenschaftlicher Argumentationen sowie die Erkenntnis der wechselseitigen Prägung von Gesellschaft und Technologie erschloß bis dahin kaum wahrgenommene Möglichkeiten der Gestaltung von Technik. Die OECD initiierte daraufhin im Jahre 1988 das großangelegte "Technology/Economy Programme". Es setzte sich im Anschluß an den eben zitierten sogenannten "Sundqvist Report" zum Ziel, einen "integrierten Ansatz" zu entwickeln. Ein solcher Ansatz sollte einerseits zu einem besseren Verständnis der Beziehungen zwischen Technologie, Produktivität, Wachstum, internationalen Wirtschaftsbeziehungen, Entwicklungsländerproblematik und Ökologie beitragen und andererseits die Grundlage für eine langfristige Innovations- und Technologiepolitik im Sinne des "sustainable development" bilden (vgl. OECD 1992, 15). Die Aufwertung der Rolle der Technologie und der Technologiepolitik im Zuge der neuen ökonomischen Herausforderungen erfolgte parallel zur Problematisierung und Politisierung nicht nur der Entwicklung und Verwertung neuer Technologien, sondern auch der Richtung und Folgen der Technikentwicklung insgesamt.

2.1.3. Die Politisierung von Technik

Eine dritte Voraussetzung für die Entwicklung des Konzepts der "sozialverträglichen Technikgestaltung" war die Politisierung von Technik. Die Politisierung von Technik besitzt eine "latente" und eine "manifeste" Seite. "Latent" politisiert wurde Technik in dem Maße, wie der Staat zum Förderer, Initiator und Entwickler neuer Technologien wurde. Augenfällige Beispiele für die staatlich initiierte Technologieentwicklung sind die Entwicklung der Kernkrafttechnologie im Zusammenhang mit dem Bau der Atombombe und die sogenannte "friedliche" Nutzung der Atomenergie, die Weltraum- und Flugzeugtechnologie oder die amerikanische SDI-Inititative (Strategic Defense Initiative). Diese Entwicklungen machten offensichtlich, daß hinter technologischen Neuerungen politische Entscheidungen standen, die so oder auch anders ausfallen hätten können. Die Ausgaben des Staates für Forschung und Entwicklung, die in den meisten OECD-Staaten zwischen 40% und 50% aller Forschungs- und Entwicklungsausgaben ausmachen (vgl. OECD 1992, 31, Tab. 2), werfen die Frage nach der Verteilung dieser Mittel auf. Solange der Glaube in den technischen Determinismus in Kraft war und ein Basiskonsens hinsichtlich des wachstumsorientierten technischen Fortschritts bestand, blieb die Politisierung der Technik im großen und ganzen auf Fragen der Prioritätensetzung und der Verteilung beschränkt (vgl. Ronge 1986, 89).

Das änderte sich erst, als vor allem in den 70er Jahren und verstärkt Anfang der 80er Jahre im Rahmen der sogenannten "Neuen sozialen Bewegungen" die Ökologiefrage aufgeworfen und der technikoptimistische Basiskonsens aufgekündigt wurde (vgl. Brand (Hg.) 1985). Die sich in den 70er Jahren formierende und sich aus Bürgerinitiativen heraus entwickelnde "Ökologiebewegung" kann als Motor der "manifesten" Politisierung von Technik angesehen werden. Motiviert durch die fortschreitende Zerstörung der natürlichen Lebensgrundlagen wurde der technologische Fortschrittsglaube und die Technikgläubigkeit in Frage gestellt und der Einsatz der Technik zu einem politischen Dauerthema.

> Heute sind der Bau von Kernkraftwerken, von Wiederaufbereitungsanlagen, Flughäfen und Autobahntrassen, die Planung und Entwicklung von militärischen Großprojekten, die Erschließung von Industrieanlagen und Mülldeponien, die Gestaltung von rechtlichen Auflagen an großtechnischen Anlagen, von Schadstoff-Emissionen und Sicherheitsvorkehrungen nicht mehr exklusiver Gegenstand einer geschlossenen Gesellschaft von Spezialisten, sondern öffentliche Angelegenheiten mit dem höchsten politischen Streitwert. (...) Konzentriert man sich auf die Handlungsebene, kann man nicht umhin, diese Politisierung der großtechnischen Entwicklung einer sozialen Bewegung, nämlich der Ökologiebewegung zuzurechnen. (Dubiel 1986, 71)

Mit der Eskalation der politischen Auseinandersetzungen anläßlich technischer Großprojekte (wie dem Bau von Kernkraftwerken, Energieversorgungssystemen oder neuen Verkehrssystemen – für Österreich vgl. Gottweis 1991; Dachs 1991) wurde die Politisierung von Technik erstmals mit der Frage möglicher technischer Alternativen bzw. der Forderung nach politischen Weichenstellungen in der Technikentwicklung verknüpft. Seitdem ist die Politisierung der Technik weiter fortgeschritten und über die Alternative von Ja oder Nein zu technischen Projekten hinausgewachsen. Der Grund dafür liegt in den spezifischen Charakteristika der neuen Technologien. Die "neuen" Technologien sind nämlich nicht in dem Sinne neu, daß sie genuine Basisentdeckungen darstellten, sondern daß sie bestimmte Techniken neu kombinieren und Verschränkungen ursprünglich getrennter Disziplinen darstellen. Der sich in den 80er Jahren beschleunigt vollziehende Übergang zur "Digital-Technik", der als qualitative Neuerung anzusehen ist, stellt sich z.B. dar als das Resultat der "Verklammerung" der drei Techniken der numerischen Datenverarbeitung, der allgemeinen Informationsverarbeitung und der Informationsübermittlung. Ähnlich komplex und langwierig verlief die Herausbildung der Computerwissenschaften und der Informatik, der Molekularbiologie und der Gentechnik (vgl. Hack 1987, 42-43), sodaß sich ihnen gegenüber die Alternative von Ja oder Nein heute gar nicht mehr sinnvoll stellen läßt. Umso dringlicher stellt sich jedoch die Frage der "sozialen Gestaltung" dieser Technologien. Sowohl die Notwendigkeit als auch die Möglichkeit der Gestaltung der neuen technologischen Systeme bzw. der "pervasive generic technologies", wie sie von Sundqvist genannt werden, ergibt sich daraus, daß sie einen weiten Bereich von Anwendungen eröffnen und die Produktions- und Verteilungsverhältnisse in fast allen Wirtschaftssektoren beeinflussen, bedeutsame Arbeitsmarkteffekte nach sich ziehen, aber auch die lebensweltlichen sozialen Beziehungen umformen.

> Today's most pervasive technology is information technology, defined as a combination of radical innovations based primarily on computers, microelectronics and telecommunications. (OECD 1988, 35)

Ein Hauptmerkmal dieser Technologien, zu denen auch die Biotechnologie zählt, bezeichnet zugleich Ansatzpunkte ihrer Gestaltung, nämlich die Tatsache, daß sie die Entwicklung einer Vielzahl neuer Produkte, Dienstleistungen und Produktionsverfahren ermöglichen. Von der politischen und sozialen Gestaltung dieser Entwicklung hängt es nun ab, ob der gesellschaftliche Nutzen die sozialen und politischen Kosten überwiegen wird und ob der technische Fortschritt ökologie- und sozialverträglich gestaltet werden kann.

2.2. Genese: Von der Technikfolgenabschätzung zur sozialverträglichen Technikgestaltung

Ende der 60er, Anfang der 70er Jahre wurde die bis dahin dominierende ökonomische Betrachtungsweise der Probleme des technischen Fortschritts um die ökologische Dimension, die Berücksichtigung der Veränderungen der gesellschaftlichen Kommunikations- und Interaktionsbeziehungen sowie politischer Machtstrukturen erweitert. Die Untersuchung der Entstehungs- und Nutzungsbedingungen sowie der Folgen der Technik bzw. einzelner Techniken stand am Anfang des in Amerika entwickelten Konzepts des "technology assessment" (TA). Dabei handelt es sich um ein Instrument der Politikberatung, das zur "Binnenrationalisierung des politisch-administrativen Sytems: als Frühwarnsystem für die Exekutive und als Kontrollinstrument für die Legislative" dienen sollte (vgl. Naschold 1987, 9; Dierkes o.J., 1-3). In paradigmatischer Form wurde das "technology assessment" erstmals im Rahmen des 1973 gegründeten "Office of Technology Assessment" (OTA) institutionalisiert. Das OTA, das beim amerikanischen Kongreß eingerichtet wurde, erarbeitet wissenschaftliche analytische Studien, die die Informationsbasis für politische Entscheidungen erweitern sollen. Diese Form des "technology assessment" setzt eine strikte Trennung zwischen wissenschaftlicher Folgenabschätzung und politischer Bewertung und Entscheidung voraus. Die wissenschaftliche Methodik hat sich von einer erweiterten Kosten-Nutzen-Analyse hin zu einer umfassenden Problemanalyse entwickelt, die in ihrer ausgereiften Form aus drei Teilen besteht: einer Prognose über die zukünftige Entwicklung einer bestimmten Technologie, der Abschätzung ihrer möglichen Wirkungen und der Analyse politischer Handlungsoptionen. Dieses Referenzmodell des "technology assessment" hat die Diskussion um die Institutionalisierung von TA in Europa in den 70er Jahren dominiert und zur Entwicklung unterschiedlicher institutioneller Modelle geführt, die jedoch alle gemeinsam haben, daß sie mehr oder minder auf wissenschaftliche Politikberatung ausgerichtet sind. Es dauerte allerdings bis in die Mitte der 80er Jahre, daß es zur Institutionalisierung von TA in Europa gekommen ist. In Frankreich wurde TA als verwaltungsinterne und in Dänemark als parlamentarische Einrichtung institutionalisiert, in Holland und Österreich wurden eigenständige TA-Institute gegründet, während in Schweden Verbundmodelle entwickelt wurden. Die EG hat in den 80er Jahren Anregungs- und Initiativfunktionen im Hinblick auf die verstärkte internationale Kooperation im TA-Bereich übernommen und zwar im Rahmen des FAST-Programmes und in Form der Förderung der Zusammenarbeit von TA-Zentren in Europa (vgl. Naschold 1987, 10-11, 17-21; für Österreich vgl. Braun/Nentwich/Rakos 1991).

Die Schwachstellen des wissenschafts- und beratungsbezogenen Modells von "technology assessment" bestehen allerdings darin, daß die Prognosentreffsicherheit nicht sehr hoch ist, daß die wissenschaftlichen Empfehlungen "statt Grundlage für Entscheidungen zu sein, zur Rechtfertigung von Entscheidungen (oder Nichtentscheidungen) genutzt werden" (vgl. Mayntz 1986, 191) und daß der Steuerungsbedarf, der in der Regel durch den Anspruch der Beeinflussung der Technikentwicklung entsteht, mit den traditionellen Instrumenten nicht gedeckt werden kann. In Japan z.B. wurde deshalb das "technology assessment" nicht als wissenschaftliche Beratungskapazität organisiert, sondern in das bestehende politische Planungs- und Steuerungssystem integriert. TA fungiert in Japan hauptsächlich als Element der wirtschaftspolitischen Steuerung. Die Regierung organisiert und moderiert den Willensbildungsprozeß von Wirtschaftsverbänden, Großunternehmungen und Forschung mit dem Ziel der Erarbeitung gemeinsamer langfristiger Strategien der Technologieentwicklung (vgl. Naschold 1987, 10). Neben den vorherrschenden Modellen des "technology assessment" wurden in den 70er Jahren aufgrund spezifischer Problemlagen neue Lösungen und Herangehensweisen entwickelt und erprobt, die den herkömmlichen Rahmen zentralisierter Willensbildungs- und Steuerungsprozesse sprengen.

In der Bundesrepublik Deutschland und Schweden z.B. wurde im Falle des Einsatzes computerunterstützter Fertigungssysteme die "Entwicklung von Modell- und Pilotprojekten" als Gestaltungsinstrument erprobt. Das Hauptaugenmerk lag dabei darauf, das "technology assessment" in die betriebliche Praxis zu verlegen, durch den Einbezug von Belegschaften, Betriebsräten und Gewerkschaften eine breitere Partizipation zu gewährleisten, die wissenschaftliche Forschung und Beratung in den Entwicklungsprozeß zu integrieren und die Ergebnisse des Modellversuches in öffentliche Diskussions- und Lernprozesse einfließen zu lassen (vgl. Naschold 1987, 31-32).

Ein anderes Modell des "technology assessment" kann als "antizipatorische Regulierung" bezeichnet werden. Der Grundgedanke besteht darin, absehbare soziale Folgeprobleme technologischer Entwicklungen wie z.B. im Falle der Teleheimarbeit durch die Einführung von "sozialen Mindeststandards" in den Griff zu bekommen. In verfahrenstechnischer Hinsicht handelt es sich dabei um einen wissenschaftlich unterstützten Prozeß von Verhandlungen, deren Ergebnis verbindliche soziale Standards sind, in deren Rahmen sich die weitere Technologieentwicklung bewegen soll (vgl. Naschold 1987, 32-33).

Ein spezifisch interessenbezogener Ansatz zur Technologiebewertung und -steuerung wurde von der IG Metall in der Bundesrepublik Deutschland entwickelt. Im Rahmen des 1984 beschlossenen Aktionsprogramms "Arbeit und Technologie" formulierte die Gewerkschaft das Ziel, über die Beeinflussung der Entscheidungsprozesse von Betrieben hinsichtlich ihrer technologierelevanten Investitionen die Technologieentwicklung im Interesse der Arbeitnehmer zu steuern. Ein dezentral organisierter Bewertungsprozeß von Technologieentwicklungen sollte mit einem zentral koordinierten Vorgehen auf gesamtgewerkschaftlicher Ebene kombiniert werden, um einerseits nachfrageseitig Märkte lenken und andererseits die Entwicklung der Produktionsstrukturen arbeitnehmergerecht gestalten zu können (vgl. Naschold 1987, 33-35).

Eine wiederum andere Strategie des "technology assessment" hat sich im Bereich des Arbeitsschutzes herausgebildet. Da viele neue Technologien wissenschaftlich schwer faßbare Belastungskomplexe mit hoher subjektiver Komponente mit sich bringen, ist man vor allem in Schweden und Norwegen dazu übergegangen, anstelle der abstrakten arbeitsrechtlichen Normung des Technikeinsatzes den Arbeitsschutz am "Lokalitätsprinzip" auszurichten. Das "Lokalitätsprinzip" zielt auf die Mobilisierung des Erfahrungswissens der Arbeitnehmer im jeweiligen Betrieb im Hinblick auf die Arbeitsbelastungen und die Ausarbeitung von auf den Einzelfall zugeschnittenen Schutzmaßnahmen. Die zentralstaatlichen Vorgaben beziehen sich hingegen auf die Gewährleistung der effektiven Partizipation durch umfassende Verpflichtungsklauseln und die Übertragung weitreichender Handlungskompetenzen auf die lokalen Akteure (vgl. Naschold 1987, 35-37).

Mit der Ausdifferenzierung sektoraler und problembezogener Ansätze von Technologiefolgenabschätzung, -bewertung und -steuerung wurde seit Anfang der 70er Jahre immer deutlicher, daß die tatsächliche Funktion auch des traditionellen Modells des "technology assessment" in der Stimulierung und Organisierung gesellschaftlicher Diskurse und Lernprozesse besteht. Die Konzipierung und Durchführung umfassender technologieorientierter Modernisierungsprozesse angesichts struktureller Wachstumsengpässe, die Inangriffnahme und Umsetzung von politisierten technologischen Großprojekten, aber auch die Probleme und Schwierigkeiten bei der Formulierung und Implementierung von Technologieförderprogrammen haben gezeigt, daß ein Mindestmaß an gemeinsamem Realitätsverständnis und kongruenten Situationseinschätzungen eine zentrale Erfolgsvoraussetzung für alle diese Bemühungen darstellt. Die Bewertung und politische Weichenstellung technologischer Entwicklungen läßt sich nur schwerlich auf eine auf Regierungs- oder parlamentarischer Ebene angesiedelte Willensbildung über wissenschaftlich entwickelte Szenarien der Technikentwicklung beschränken. Zumindest erscheint eine solche Konzeptualisierung als nicht sehr effizient im Hinblick auf die Möglichkeiten sozialen Lernens. Eine effiziente Form der Technologiebewertung ist nämlich auf die Konfrontation und den Ausgleich von Wahrnehmungen, Interpretationen und Erwartungen aller Beteiligten und Betroffenen angewiesen. Damit stellt sich die Frage nach den "Adäquanzkriterien in der Organisierung dieser sozialen Prozesse" (Naschold 1989, 28). Erste Anhaltspunkte für eine adäquate Organisation des sozialen Prozesses konnten im Rahmen der Entwicklung von Technologieprogrammen gewonnen werden. Die dabei gewonnenen Erfahrungen sprechen dafür, daß die Kriterien eines "demokratischen Dialoges" auch effiziente Organisationsmaßstäbe abgeben: symmetrische Austauschprozesse, aktive Partizipation, Gleichheitsbeziehungen der Beteiligten und gleiche Legitimationsbedingungen von Erfahrungen und Argumenten scheinen besonders geeignet, den Anforderungen einer "konstruktiven Technologiefolgenabschätzung" zu genügen, die auf die Erzielung eines Basiskonsenses im Hinblick auf Bedingungen, Ziele und Grenzen der technologischen Entwicklung sowie auf die gesellschaftspolitische Gestaltung technologischer und sozialer Innovationen abzielt (vgl. Naschold 1989, 20).

Die skizzierten Modelle und Ansatzpunkte markieren Erweiterungen und Weiterentwicklungen des paradigmatischen Anliegens der Technologiefolgenabschätzung. Sie verkörpern Modelle der Beeinflussung der Technikentwicklung, die an unterschiedlichen Punkten des Entwicklungsprozesses ansetzen, die unterschiedliche Ansprüche an Art und Umfang der Einflußnahme aufweisen, die unterschiedliche Ziele verfolgen und unterschiedliche Instrumente zum Einsatz bringen. In unserem Zusammenhang ist vor allem von Interesse, daß die Vielfalt der an unterschiedlichen Orten praktizierten Formen des "technology assessment" Anschauungsmaterial für die These liefert, daß unter systematischen Gesichtspunkten das Konzept der "sozialverträglichen Technikgestaltung" aus den mannigfaltigen Bemühungen um die Steuerung der technologischen Entwicklung und des Einsatzes spezifischer Techniken hervorgeht und die Defizite und Beschränkungen der traditionellen Paradigmen des "technology assessment" überwinden soll. Obwohl zum jetzigen Zeitpunkt weder eine umfassende internationale Bestandsaufnahme noch eine theoretische Systematisierung der unterschiedlichen Modelle, Strategien und Instrumente der politischen Technik- und Innovationssteuerung vorliegt,[3] lassen sich doch die konzeptuellen Erweiterungen bezeichnen, die die Grundlage für die Entwicklung eines Konzepts der "sozialverträglichen Technikgestaltung" bilden. Überblickt man die angesprochenen Modelle und die Entwicklung vom traditionellen TA-Konzept bis hin zu den neueren Ansätzen einer "konstruktiven Technologiefolgenabschätzung" so lassen sich folgende Dimensionen bezeichnen, die Raum für die Entwicklung eines umfassenden Konzepts "sozialverträglicher Technikgestaltung" geschaffen haben.

---

3 Einen guten Überblick über in Deutschland diskutierte Optionen der Technikgestaltung gibt Bröchler 1992.

Traditionelle Konzepte des "technology assessment" gingen in der Regel davon aus, daß der technologischen Entwicklung eine Eigendynamik innewohnt. Diese Eigendynamik ist die Voraussetzung dafür, daß zukünftige technische Entwicklungen prognostiziert und mögliche Folgen abgeschätzt werden können. Die Technikgenese selbst blieb vom Steuerungsanspruch weitgehend ausgespart, und die Eingriffe blieben auf die Kompensation und bestenfalls auf die Vermeidung negativer Folgen beschränkt. Die Effizienz dieses Ansatzes wird von zwei prinzipiellen Schwierigkeiten stark beeinträchtigt: nämlich dem Prognoseproblem und dem Kontrolldilemma. Die Voraussage von zukünftigen technischen Entwicklungen und deren Folgen ist mit großen Unsicherheiten behaftet, die zudem durch den zirkulären Charakter der sozialwissenschaftlichen Methodik vergrößert wird. So kann die Prognose "selbsterfüllende" oder "selbstzerstörende" Prozesse in Gang setzen, was wiederum die vorausgesetzte Trennung von Prognose, Bewertung und kompensierenden Maßnahmen unterminiert. Das Kontrolldilemma besteht darin, daß die Auswirkungen neuer Techniken oft erst mit deren Einsatz absehbar werden. Veränderungen an den Techniken sind zu diesem Zeitpunkt dann oft nicht mehr möglich. Das schränkt dann wiederum den Handlungsspielraum in Bezug auf mögliche Kompensationsmaßnahmen ein. Deshalb wurden Modelle entwickelt, die anstatt eines sequentiellen Prozesses der Technikfolgenabschätzung ein antizipatorisches und integriertes Vorgehen vorsehen. Der Grundgedanke der "Technikgestaltung" besteht darin, daß Technik immanent auf Gestaltung angewiesen ist und immer schon gestaltet wird. Zur Disposition stehen die Kriterien, an denen sich die Technikentwicklung orientiert. Der Gestaltungsgedanke ist von der Idee getragen, daß an die Stelle der quasi naturwüchsigen Orientierungsgrößen der Technikentwicklung bewußte und politisch vermittelte Kriterien treten können und sollen. Damit träte eine Umkehrung in den Bedingungsverhältnissen ein: nicht die in den technisch-sozialen Strukturen sedimentierten Bedürfnisse und Interessen wären nun als primär anzusehen, sondern die sozial anerkannten und legitimierten Bedürfnisse und Interessen. Die Technikentwicklung kann und muß dementsprechend in allen ihren Stadien – von der Technologieförderung im Grundlagenbereich bis hin zu ihrem Einsatz – "gestaltet" werden. Dieser Gestaltungsgedanke liegt dem oben genannten Ansatz der "antizipativen Regulierung" ebenso zugrunde wie den am "Lokalitätsprinzip" orientierten Modellen oder den Bemühungen um einen "demokratischen technologiepolitischen Dialog". Der Anspruch des "technology assessment" verlagert sich dementsprechend von der Kompensation oder Vermeidung unerwünschter Folgen hin zur umfassenden Gestaltung und Kontrolle der Technologien und Techniken.

Vom Steuerungszentralismus zu Steuerungsnetzwerken
Die Pluralisierung von Orten und Akteuren, die im Prozeß des "technology assessment" eine Rolle spielen, spiegelt die Tatsache, daß es weder einen einzelnen privilegierten Ort für die technologische Innovation noch für deren Regulierung gibt. Weder die Regierung oder das Parlament noch die wirtschaftlichen und politischen Eliten oder das politische System insgesamt können die technologische Entwicklung allein effizient regulieren oder steuern. Das ist die politisch-praktische Konsequenz der Behauptung, daß Technik als sozialer Prozeß begriffen werden muß. Selbstverständlich gibt es eine Aufgabenteilung zwischen unterschiedlichen Akteuren gemäß der ihnen zur Verfügung stehenden Ressourcen und den jeweiligen Ansatzpunkten der Techniksteuerung. Aber nur wenn die verschiedenen Akteure und Instrumente wie in einem Netzwerk zusammenwirken, würde der Steuerungsanspruch dem Verständnis von Technik als sozialem Prozeß auch gerecht – ganz abgesehen von den Effizienzgewinnen, die ein netzwerkartiges Zusammenwirken der zahlreichen für die Technikentwicklung relevanten Akteure mit sich bringen würde.

Von der zentralen zur dezentralen Organisation des Gestaltungsprozesses
Nicht nur im Hinblick auf die Steuerung, sondern auch hinsichtlich der Gestaltungsaufgaben haben sich Konzepte des "technology assessment" im Sinne einer Dezentralisierung weiterentwickelt. Die Gründe dafür liegen darin, daß erstens die Bestandsaufnahme der Folgen von bzw. Gefährdungen durch neue Technologien wie z.B. im Falle des Arbeitsschutzes an die Grenzen einer apparativ verfahrenden wissenschaftlichen Objektivierung stößt und daß zweitens die Erarbeitung von Lösungen ein so komplexes Vorhaben ist, das nur in der Praxis – "vor Ort" – sinnvoll durchgeführt und modellhaft erprobt werden kann. Wie wichtig zentrale Vorgaben in spezifischen Fällen auch sein mögen, so deutlich zeigt sich doch, daß sich die konkrete Gestaltung von Technikentwicklung und Technikeinsatz erfolgversprechend nur dezentral organisieren läßt. Das gilt sowohl im Hinblick auf die technologische Innovation, wo enge Produzenten-Konsumenten-Beziehungen zu einem wichtigen Faktor für den ökonomischen Erfolg einer technischen Neuerung geworden sind, als auch im Bereich des betrieblichen Technikeinsatzes, wo der Erfolg bei der Implementierung neuer Produktionsmethoden und -verfahren zunehmend von den spezifischen betrieblichen Gegebenheiten und der gelingenden Kooperation zwischen Betriebsleitung und Arbeitnehmern bzw. Arbeitnehmervertretern abhängt.

Von der dezisionistischen zur prozeduralen Regulierung
Der wachsende Komplexitätsgrad neuer Technologien, vor allem ihre systemischen Wirkungen entziehen sich dem gestalterischen Zugriff ein für allemal festgelegter genereller Standards oder Normierungen. Was in einem Fall akzep-

tabel erscheint, kann sich in einem anderen Fall als unzureichend erweisen, weil sich die besonderen Umstände "vor Ort" voneinander unterscheiden. Hinzu kommt die rasche technologische Entwicklung, die es zunehmend unmöglich macht, ein für allemal Grenzwerte festzusetzen oder Standards zu formulieren. Darüberhinaus können sich Bewertungen mit der Zeit ändern, sodaß Raum geschaffen werden muß für Lernprozesse und eine flexible Handhabung von Gestaltungsoptionen. Nur in den wenigsten Fällen – am ehesten noch bei technischen Großprojekten und im Infrastrukturbereich – spitzt sich die Entscheidung zu: auf ein Ja oder Nein zu einem bestimmten Zeitpunkt oder auf genau diese und nur diese Lösung. In vielen Fällen jedoch erfolgt die technologische Entwicklung inkrementalistisch Schritt für Schritt. Neuere Ansätze tendieren deshalb dazu, anstelle einmaliger Entscheidungen zu fixierten Zeitpunkten Mechanismen der begleitenden Kontrolle und Verfahren des auf Dauer gestellten Interessenausgleichs zu installieren. Vor allem von seiten der Gewerkschaften stammen Forderungen nach mehr Mitbestimmungsmöglichkeiten schon im Planungsstadium des Technologieeinsatzes. Prozedurale Mechanismen kommen aber auch vermehrt im staatlichen Bereich zur Anwendung, so z.B. im Hinblick auf das sogenannte "Technology Monitoring", das auf die kontinuierliche Beobachtung der Technologieentwicklung zielt und Entscheidungen im Hinblick auf Schwerpunktsetzungen in der Technologieförderung erleichtern sollen. Ein wiederum anderes Beispiel aus dem Bereich der öffentlichen Verwaltung ist die Gewährung der Parteienstellung für Bürgerinitiativen und Bürgerbeteiligungsverfahren im Zusammenhang mit der Genehmigung von Gewerbebetrieben, Mülldeponien, Kraftwerks- oder anderen Großbauten, wie sie im Zusammenhang mit der Diskussion um die "Umweltverträglichkeitsprüfung" vorgeschlagen wurden (vgl. Zenkl (Hg.) 1991). Die Gewährleistung von Mitbestimmungs- und Einspruchsrechten, die Institutionalisierung von Beteiligungsverfahren und Informationspflichten (z.B. über die Umweltbelastung) könnte somit dazu beitragen, einen sozialen Prozeß der kontinuierlichen Kontrolle und Regulierung technologischer Entwicklungen in Gang zu setzen und kollektives Lernen zu ermöglichen.

Vom Elitenkonsens zur partizipatorischen und öffentlichen Diskussion der technologischen Entwicklung.
Wie oben dargelegt, handelte es sich beim Konzept des "technology assessment" ursprünglich um ein Politikberatungsmodell. Der Adressatenkreis technologiepolitischer Diskussionen blieb dementsprechend auf eine Elite in Politik, Wissenschaft und Wirtschaft eingeschränkt. In dem Maße, wie einerseits über die neuen sozialen Bewegungen und andererseits durch die strukturellen ökonomischen Herausforderungen die Technologieentwicklung politisiert wurde, erweiterte sich auch der Kreis der technologiepolitisch in Betracht zu ziehenden Ak-

teure. Bürgerinitiativen, Gewerkschaften, Berufsverbände, Medien und einzelne Bürger wurden zunehmend in den Diskussionsprozeß miteinbezogen, sei es in ihrer Funktion als Konsumenten, Arbeitnehmer, Technikentwickler oder Staatsbürger. Das Konzept der "sozialen Technikgestaltung" wurde von gewerkschaftlicher Seite erstmals formuliert und zielt auf die aktive Beteiligung der Arbeitnehmer bei der Einführung von neuen Technologien. Die Berücksichtigung der Interessen aller Betroffenen wurde in der Folge ausgedehnt und mündet in die Forderung nach einem "Bürgerdialog", der "als gesamtgesellschaftlich notwendiger Diskurs zur sozialen Beherrschbarkeit" der technologischen Entwicklung führen soll (vgl. Bröchler 1992, 74-77, 100-102). Eine solche Ausdehnung des Anspruchs auf Partizipation und Öffentlichkeit erscheint umso mehr geboten, als es heute nicht mehr nur um die Abfederung und Kompensation der Folgen der technischen Entwicklung oder um isolierte Eingriffe geht, sondern um unterschiedliche Optionen der technischen Entwicklung selbst, um die Gestaltung der Entstehungsbedingungen von Technik und um mögliche gesellschaftliche Zukünfte, die auf jeden Fall technologisch geprägt sein werden.

Die Entwicklung eines Konzepts der "sozialverträglichen Technikgestaltung" schließt an die genannten konzeptuellen Erweiterungen an und sucht sie in einer Synthese zusammenzufassen. Das Kriterium der "Sozialverträglichkeit" wurde erstmals 1977 von A. Weinberg in einem Aufsatz der Zeitschrift "Science" genannt. Der Aufsatz hatte den Titel "Social Institutions and Nuclear Energy" (zit. in: Bröchler 1992, 60, Fußnote 42). Der Begriff der "Sozialverträglichkeit" selbst wurde dann im Zusammenhang mit der Diskussion um unterschiedliche Energieversorgungssysteme und ihre gesellschaftlichen Folgen – im Zentrum stand die Auseinandersetzung um die Atomenergie – in Deutschland aufgegriffen und weiterentwickelt (vgl. Meyer-Abich 1979; Meyer-Abich/Schefold 1986). Das Kriterium der "Sozialverträglichkeit" rekurriert dabei auf eine systemische Sichtweise von Technologien und deren Einsatz. Die "Verträglichkeit" von technologischen Entwicklungen soll nun nicht mehr nur anhand individueller Einschätzungen bestimmt werden, sondern unter Berücksichtigung gesamtgesellschaftlicher Strukturen und der Funktionsweise sozialer Systeme. Die Abschätzung der "Sozialverträglichkeit" wird zugleich in die Zukunft hin geöffnet, indem unterschiedliche Optionen und Szenarien der gesellschaftlichen Entwicklung in die Analyse miteinbezogen werden. In diesem Sinne verstandene Sozialverträglichkeitsprüfung zielt somit auf die Frage der Vereinbarkeit von spezifischen Techniksystemen mit verschiedenen gesellschaftlichen Funktionsmodellen und gesellschaftlichen Zukünften. Obwohl in der Lesart von Meyer-Abich und Schefold die analytische Perspektive auf gesamtgesellschaftliche Probleme und Zukunftsszenarien hin erweitert wird, halten sie an der Fiktion fest, daß es markante Entscheidungsknotenpunkte gibt, an denen eine rationale

Wahl zwischen Entwicklungspfaden möglich ist. Eine solche Alternative mag sich vielleicht im Hinblick auf die Atomkraft bieten. Schwerlich ist jedoch eine solche Zuspitzung bei anderen Technologien wie z.B. der Informations- und Kommunikationstechnologie vorstellbar. Meyer-Abich unterschätzen zudem die Bewertungs- und Entscheidungsproblematik und setzen auf die Mobilisierung von Expertenwissen, auf umfassende Information und den "status quo" als Maßstab und Mindeststandard (vgl. Wiesenthal 1990, 30-31).

Wenn es keinen privilegierten Entscheidungspunkt zwischen grundsätzlichen Alternativen im Bereich der neuen Informations- und Kommunikationstechnologien gibt, so verschärft sich das Entscheidungsproblem: an die Stelle einer "großen" treten viele "kleine" Entscheidungen, die gefällt werden müssen, und die Folgenabschätzung hat mit komplexen, schwer vorhersehbaren kumulativen Risiken und Sekundär- und Tertiärwirkungen zu rechnen. In diesem Fall steht die "soziale Beherrschbarkeit" selbst in Frage. Wegen der Irreversibilität von informations- und kommunikationstechnologischen Infrastrukturentscheidungen, der prinzipiellen Unsicherheit hinsichtlich ihrer Folgen und der hochgradigen gesellschaftlichen Durchdringung, die keine Lebensbereiche ausgespart läßt und prinzipiell alle zu Betroffenen macht, wurde deshalb der Vorschlag der Initiierung eines "technologiepolitischen Bürgerdialoges" gemacht. Die Idee wurde erstmals 1982 von einer Arbeitsgruppe der SPD formuliert, die Schlußfolgerungen aus der Arbeit der deutschen Enquete-Komission "Neue Informations- und Kommunikationstechniken" zog (vgl. Bröchler 1992, 100). Der Vorschlag wurde von Kubicek und Rolf 1985 aufgegriffen und präzisiert. Der "technologiepolitische Bürgerdialog" zielt auf eine neuartige Form einer breit angelegten demokratischen Willensbildung, an der nicht nur Wissenschaftler, Politiker und Gewerkschafter beteiligt sein sollen, sondern alle Bürger, die in ihren unterschiedlichen Rollen als Arbeitnehmer, Verbraucher, Fernsprechteilnehmer, Nachbar usw. von der Computertechnik betroffen sind. Ein solcher Diskussionsprozeß muß organisiert werden, ohne daß er generalstabsmäßig geplant werden darf; er muß Alternativen anbieten, kontrovers und konfliktreich geführt werden und viele unabhängig voneinander diskutierende Gruppen schrittweise zusammenführen und miteinander vernetzen (vgl. Kubicek/Rolf 1985, 299-300). Der angestrebte gesellschaftliche Konsens soll die prinzipielle Kontingenz technologiepolitisch folgenreicher Entscheidungen überbrücken helfen.

Damit wären die Konturen der konzeptuellen Genese des Begriffs der "sozialverträglichen Technikgestaltung" skizziert. "Sozialverträgliche Technikgestaltung" läßt sich zusammenfassend als ein Konzept charakterisieren, das auf der Vorstellung der demokratischen Gestaltbarkeit von Technik durch Partizipation, Öffentlichkeit und Kompetenzvermittlung aufbaut und Technik als gesellschaftsimmanentes Phänomen betrachtet (vgl. Bröchler 1992, 105). Im folgenden sollen nun die einzelnen Dimensionen dieses Konzepts näher beleuchtet werden.

2.3. Dimensionen der Sozialverträglichkeit: Akzeptanz – Akzeptabilität – Partizipation

Das Konzept der "Sozialverträglichkeit" bewegt sich im Spannungsfeld von Akzeptanz, Aktzeptabilität und Partizipation. Diese drei Dimensionen bezeichnen zum einen unterschiedliche Verständnisse dessen, was als "sozial verträglich" angesehen werden kann, zum anderen können unter Zuhilfenahme dieser drei Komponenten unterschiedliche Modelle der Organisation sozialverträglicher Technikgestaltung konstruiert werden. Zugleich kann umgekehrt gesagt werden, daß jedwede Form sozialverträglicher Technikgestaltung diese drei Dimensionen konzeptuell berücksichtigen und integrieren muß.

Sozialverträglichkeit als Akzeptanz.
Eine Technik oder eine technologische Entwicklung gilt in diesem Verständnis als sozialverträglich, wenn sie von den Menschen akzeptiert wird. Die Betonung liegt hier auf der subjektiven Seite der Einschätzung von neuen Techniken durch Betroffene. Nun gibt es aber unterschiedliche Formen der Akzeptanz. So kann eine Technologie lediglich passiv hingenommen werden, weil man entweder über mögliche Auswirkungen und Alternativen gar nicht informiert ist oder weil man eher negative Auswirkungen (z.B. potentielle Gesundheitsgefährdungen) in Kauf nimmt, als möglicherweise seinen Arbeitsplatz zu verlieren. Ähnlich verhält es sich auf der politischen Ebene: nimmt man die passive Akzeptanz als Kriterium, dann gilt eine technologiepolitische Entscheidung solange als sozialverträglich bis sich politisch artikulierter Widerstand regt. Es ist offensichtlich, daß die passive Akzeptanz realiter in vielen Bereichen die Grundlage der bisherigen technischen Entwicklung gebildet hat, daß sie aber den Ansprüchen einer sozialverträglichen Technikgestaltung nicht genügt. Sie setzt zumindest voraus, daß eine aktive Zustimmung gegeben ist.

An diesem Punkt setzt die Akzeptanzforschung ein. Sie befaßt sich überwiegend mit der demoskopischen Untersuchung der positiven oder negativen Einstellungen der Bevölkerung entweder zum Problembereich "Technik" insgesamt (Stichwort "Technikfeindlichkeit") oder zu spezifischen Techniken bzw. Techniksystemen. Die betriebswirtschaftliche Akzeptanzforschung zielt einerseits auf die optimale arbeitswissenschaftliche Organisation des Mensch-Maschine-Systems, wobei die "Bedienerfreundlichkeit" und die betriebswirtschaftliche Effizienz der zum Einsatz gelangenden Technik sichergestellt werden soll. Andererseits geht es bei der betriebswirtschaftlichen Akzeptanzforschung um das möglichst problemadäquate "Design" z.B. bei der Einführung von betrieblichen Informations- und Kommunikationssystemen oder flexiblen Fertigungsanlagen und insbesondere um die Sicherung der Marktchancen neuer Produkte, indem die Akzeptanz dieser Produkte bei potentiellen Kunden und Anwendern untersucht wird (vgl. Bröchler 1992, 39-60). Sozialverträglichkeit ist dann in dem Maße gegeben, wie die untersuchten Personen positive Einschätzungen äußern, das subjektive Wohlbefinden und die Leistungsfähigkeit gesteigert sowie die Marktgängigkeit von Produkten gewahrt werden kann. An einem auf Akzeptanz beschränkten Konzept von Sozialverträglichkeit ist zu kritisieren,

– daß der Entstehungskontext und die Folgen von Technik ausgeklammert werden
– daß Techniken isoliert als einzelne Artefakte betrachtet werden und systemische Wirkungen unberücksichtigt bleiben
– daß die Akzeptanzforschung zur Konzentration von Wissen und Macht beiträgt
– daß die Manipulation von Meinungen zu einem Instrument der Herstellung von Sozialverträglichkeit gemacht werden kann: "gestaltet" wird dann nicht die Technik, sondern die öffentliche oder persönliche Meinung.

Ein auf Akzeptanz reduziertes Konzept der Sozialverträglichkeit birgt die Gefahr, daß negative Folgen unerkannt bleiben und mögliche Gestaltungsspielräume nicht ausgenützt werden. Eine von den Menschen akzeptierte Technik kann nämlich durchaus sozial schädlich sein. Umgekehrt können gängige Vorurteile oder fehlende Informationen bestimmte technische Lösungen oder Entwicklungen als unakzeptabel erscheinen lassen, obwohl sie insgesamt als nützlich und produktiv einzuschätzen sind. Sozialverträglichkeit als Akzeptanz ist somit gleichermaßen dem Risiko ausgesetzt, folgenblind zu bleiben wie mittelfristig positive Entwicklungschancen zu übersehen. Beide Faktoren verweisen auf die Ergänzungsbedürftigkeit des Akzeptanz-Konzepts, das als notwendiges, aber nicht hinreichendes Element der Bestimmung von Sozialverträglichkeit bezeichnet werden kann.

Sozialverträglichkeit als Akzeptabilität.
Die Akzeptabilität einer Technik bemißt sich im Unterschied zur Akzeptanz nicht an (kumulierten) individuellen Meinungen, Einschätzungen und Wertungen, sondern wird als "feststellbare Eigenschaft des technisch-sozialen Systems" bestimmt (vgl. Tschiedel 1989, 92). Das Erkenntnisinteresse konzentriert sich darauf, die Vereinbarkeit einer Technik mit der gesellschaftlichen Ordnung und Entwicklung festzustellen. Die normativen Bezugspunkte der Akzeptabilitätsprüfung werden als exogen gegeben betrachtet. Primär werden hier verfassungsrechtlich vorgegebene Ziele und empirisch festzustellende, gesellschaftliche Konventionen und Werte herangezogen (vgl. Meyer-Abich/Schefold 1986, 78).

Methodischer Kern der Akzeptabilitätsprüfung ist die Entwicklung von Szenarien, wobei alternative technologische Entwicklungspfade mit unterschiedlichen normativen Zielvorgaben verknüpft und auf ihre Vereinbarkeit überprüft werden. Das Ergebnis ist nun nicht die Auszeichnung einer bestimmten technischen Lösung oder Entwicklungsrichtung als "sozialverträglich" oder nicht, sondern eine szientivistische Konsistenzprüfung, wobei bestimmte technologische Entwicklungen als mehr oder weniger mit bestimmten Ordnungsvorstellungen und Werten kompatibel ausgezeichnet werden. Die einander gegenübergestellten Szenarien können dabei als prinzipiell kontingent angenommen werden.

> Wer also eine bestimmte politische oder wirtschaftliche Entwicklung wünscht oder nicht wünscht, erfährt aus der Sozialverträglichkeitsprüfung, welche technologiepolitische Entscheidung mit der gewünschten Entwicklung konsistent oder nicht konsistent wäre. (Meyer-Abich/Schefold 1986, 34)

Die Konsistenzprüfung erfolgt in der Weise, daß versucht wird, die Konsequenzen alternativer technischer Entwicklungen im Hinblick auf die als wünschenswert oder als zu vermeidend angesehenen Ziele abzuschätzen. Die Akzeptabilitätsforschung geht von einer strikten Trennung von wissenschaftlicher Sozialverträglichkeitsprüfung und politischer Entscheidung aus, für die es alternative Szenarien und Entscheidungsoptionen als Grundlage entwickelt. Im Unterschied zur Akzeptanzforschung ergeben sich aus der Akzeptabilitätsforschung keine unmittelbaren Handlungsanweisungen, sondern ein erweitertes Optionenspektrum, das in einen nach politischen Kriterien geführten Willensbildungsprozeß einfließen soll. Darüberhinaus wird die Diskussion einerseits auf die Technikentwicklung insgesamt ausgedehnt, die als gestaltbar ausgewiesen wird, und andererseits auf die Ebene einer gesamtgesellschaftlichen Betrachtung gehoben, die die jeweils vorherrschenden partikularen Sichtweisen idealiter überwinden soll. Kritisch anzumerken ist,

– daß das Sozialverträglichkeitskonzept im Hinblick auf das Verhältnis von Wissenschaft und Politik im Rahmen eines "dezisionistischen" Politikmodells verharrt, das die Möglichkeit einer eindeutigen Trennung von Bewertung und Entscheidung unterstellt, während gerade hier "das Einfallstor nicht intendierter und unexplizierter Bewertung durch die Wissenschaftler liegt" (Bechmann/Gloede 1986, 41)
– daß mit der Akzeptabilitätsforschung ein großer wissenschaftlicher Aufwand verbunden ist, der sich wahrscheinlich nur bei großtechnischen Vorhaben wird realisieren lassen (vgl. Bröchler 1992, 70)
– daß die Validität der Ergebnisse vor allem im Hinblick auf die Berücksichtigung des Wandels des kriterienrelevanten Wertesystems hinterfragt werden muß. "Ungelöst bleibt das Problem der Zirkularität des Verfahrens, die dann angenommen werden muß, wenn die technische Entwicklung selbst,

die ja auf Sozialverträglichkeit hin geprüft werden soll, als in relevantem Umfang prägend auch für das Wertesystem anzusehen ist" (Tschiedel 1989, 92)

- daß die Akzeptabilitätsforschung auf einen innerwissenschaftlichen interdisziplinären Diskurs hin angelegt ist, der zu einer Konzentration des technologierelevanten Wissens bei den "Experten" führt, während dem politischen Diskurs nur noch die Wahl zwischen szientivistisch konstruierten gesellschaftlichen Entwicklungspfaden bleibt und
- daß das Akzeptabilitätsmodell keine Vorstellungen beinhaltet, wie der politische Willensbildungsprozeß gestaltet und die Ergebnisse der Forschung politisch vermittelt werden können, obwohl es den Anspruch beinhaltet, einen gesellschaftlichen Verständigungsprozeß in Gang zu bringen.

Das Akzeptabilitätsmodell stellt eine notwendige Erweiterung des Sozialverträglichkeitskonzeptes dar, weil es "Technik" nicht nur als Produkt, sondern als System und sozialen Prozeß konzeptualisiert. Dementsprechend wird die Diskussion der Sozialverträglichkeit auf gesamtgesellschaftliche Wirkungszusammenhänge technologischer Systeme und Szenarien zukünftiger Entwicklung ausgedehnt. Die umfassende technologische und soziale Folgenberücksichtigung stellt eine notwendige Bedingung für die Beurteilung der Sozialverträglichkeit einer technologischen Entwicklung dar. Die szientivistische und dezisionistische Konstruktion des Akzeptabilitätsmodells hat allerdings zur Folge, daß die Aufgabe der Akzeptanzsicherung an die Politik delegiert wird. Was fehlt, ist die systematische Reflexion des Verhältnisses zwischen den wissenschaftlich als akzeptabel ausgewiesenen Techniken und dem politischen Bewertungs- und Entscheidungsprozeß.

Sozialverträglichkeit als Partizipation.
Die Konzeptualisierung von Sozialverträglichkeit als Partizipation vermag manche der Probleme, die mit dem Akzeptanz- und Akzeptabilitätsmodell verknüpft sind, zu lösen. Dies gilt unabhängig davon, welchem Sozialverträglichkeitskonzept man den Vorzug gibt. Die Ergebnisse der Risikowahrnehmungsforschung z.B. münden in die Empfehlung, "die Betroffenen am Implementationsverfahren weitgehend zu beteiligen, da dies die Akzeptanz erheblich zu erhöhen geeignet ist" (Tschiedel 1989, 94). Aber auch aus einer kritischen Sicht gegenüber der Akzeptanzforschung, die in ihr die Gefahr erblickt, daß an die Stelle der Aufklärung der Menschen über Risiken und Chancen die Überredung zur bloßen Akzeptanz tritt, stellt "wirkliche Partizipation" das Gegenmittel gegen die "Verführung" dar, "nur politische Akzeptanz zu erhöhen" (Alemann/Schatz 1987, 20). Schließlich scheint Partizipation auch dazu geeignet, die szientivischen und dezisionistischen Verkürzungen des Akzeptabilitätsmodells zu überwinden:

Eine objektive Bestimmung und allgemeingültige Wertung des Begriffs Sozialverträglichkeit als Gemeinwohl für alle ist nicht möglich. Die Interessenstruktur der Gesellschaft verbietet eine solche Scheinlösung. Deshalb müssen die am Prozeß der Technikentwicklung und -anwendung Beteiligten veranlaßt werden, die Mitwirkung der Betroffenenseite besser zu gewährleisten. (Alemann/Schatz/Viefhues 1987, 21)

Im Zentrum des Konzepts von Sozialverträglichkeit als Partizipation steht die Vorstellung, daß Sozialverträglichkeit weniger eine Frage der Einstellung von Personen noch der Eigenschaften von technischen Systemen darstellt, sondern primär als politisches Problem zu betrachten ist. Die Entscheidung für oder gegen eine bestimmte technische Entwicklung muß nämlich in der Regel unter Bedingungen der Unsicherheit hinsichtlich der tatsächlichen Folgen und angesichts komplexer Risiken und Chancen gefällt werden. Die Abwägung von Kosten und Nutzen, aber auch die soziale Gestaltung von Technik kann deshalb – unter der Voraussetzung einer Vielzahl von individuellen Präferenzsystemen und von Wert- und Interessenkonflikten zwischen Gruppen – weder wissenschaftlich erhoben noch stellvertretend von der Wissenschaft durchgeführt werden. Die Partizipation, die an dessen Stelle treten soll, soll einerseits die Gestalt eines öffentlichen Diskurses annehmen, der als argumentativer Prozeß organisiert und in dem um Ziele und Wege technischer Entwicklung gestritten werden soll, und andererseits durch die Schaffung von "Ansatzpunkten und Anlässen zu Mitbestimmung und Mitwirkung als Voraussetzung für einen demokratischen Umgang mit Technik" umgesetzt werden (vgl. Alemann/Schatz/Viefhues 1987, 23). Sozialverträglichkeit wird hier nicht als Eigenschaft von Technik betrachtet, sondern als demokratischer Modus der Gestaltung von Technik, der durch "authentische Partizipation, Diskurs und Interessenberücksichtigung" gekennzeichnet werden kann (vgl. Alemann 1986, 34). Die Kritik an diesem Konzept der Sozialverträglichkeit richtet sich darauf,

– daß der Eindruck entsteht, alle diejenigen Folgen von Technikinnovationen, "die den Filter partizipatorischer Entscheidungen passiert haben", seien sozialverträglich (Wiesenthal 1990, 33)

– daß Sozialverträglichkeit nicht nur ein Problem der Interessenberücksichtigung darstellt, sondern auch als Kognitions- und Koordinationsproblem betrachtet werden muß

– daß auf Interessenausgleich gerichtete partizipative Mechanismen einem "strukturellen Konservatismus" Vorschub leisten, da in unsicheren Situationen erst recht an Partikularrationalitäten festgehalten wird (vgl. Scharpf 1975, 75) und

– daß Partizipation als solche partikulare Situationsdeutungen und Handlungskontexte unangetastet läßt, sodaß ungenutzte Optionen und Handlungspotentiale zur Steuerung der Technikentwicklung gar nicht erkannt werden (vgl. Wiesenthal 1990, 43).

Die Diskussion der Dimensionen von Sozialverträglichkeit macht deutlich, daß es kein einheitliches Modell gibt, das als einfache Bestimmungsgröße von Sozialverträglichkeit verwendet werden kann. Sozialverträglichkeitsmodelle bewegen sich vielmehr in einem Spannungsfeld, das von den idealtypischen Eckpunkten von Akzeptanz, Akzeptabilität und Partizipation aufgespannt wird. Jeder dieser Ansätze stellt ein bestimmtes Problem der Technikgestaltung in den Mittelpunkt: der Akzeptanzansatz betont die individuelle Ebene des Betroffenen und versucht eine Lösung für das Problem der Zurückweisung von bestimmten Techniken durch ihre Verwender, Konsumenten etc. zu finden; der Akzeptabilitätsansatz stellt das Problem der Vereinbarkeit der Eigenschaften von technischen Systemen mit verschiedenen gesellschaftlichen Entwicklungsszenarien in den Mittelpunkt, bietet umfassende Informationen über systemische Wirkungen verschiedener Technologien und entwickelt Entscheidungsalternativen; der Partizipationsansatz hingegen thematisiert den Willensbildungs- und Entscheidungsprozeß selbst und setzt auf den fairen Interessenausgleich als wichtigsten Mechanismus zur Herstellung einer sozialverträglichen Technikentwicklung. Die Ansätze unterscheiden sich aber nicht nur im Hinblick auf die Probleme, die in den Mittelpunkt gerückt werden, sondern auch hinsichtlich der Rolle und den Aufgaben, die den Bürgern, der Wissenschaft und der Politik zugeordnet werden. Beim Akzeptanzansatz spielen die Bürger die Rolle von passiven Objekten, deren Einstellungen und Verhaltensweisen erforscht werden, die Wissenschaft fungiert als uninteressierter Beobachter und die Politik als der einzig relevante Akteur, dem aber keine Entscheidungshilfen an die Hand gegeben werden, wie die Sozialverträglichkeit hergestellt werden könnte. Beim Akzeptabilitätsmodell trägt die Hauptlast die Wissenschaft, die sowohl die Eigenschaften, Entwicklungstendenzen und Folgen von technischen Systemen als auch der gesellschaftlichen Werte und Einstellungen erheben und abschätzen muß, die Bürger spielen die Rolle von Informationslieferanten und die Politik die Rolle der letzten Instanz, die jedoch nur zwischen vorgegebenen Alternativen zu entscheiden hat. Beim Partizipationsmodell liegt das Hauptgewicht bei den Bürgern, die die Hauptrolle sowohl in bezug auf die Bewertung als auch in bezug auf die Entscheidung über technologische Entwicklungen spielen. Die Wissenschaft soll die erforderlichen Informationen liefern und die Politik soll den dezentralisierten Willensbildungsprozeß organisieren, ohne selbst direkt einzugreifen. Diese überzeichnende Charakterisierung der unterschiedlichen Ansätze weist darauf hin, daß die unterschiedlichen Sozialverträglichkeitskonzepte jeweils an bestimmten Punkten ansetzen und unterschiedliche Ansprüche im Hinblick auf Umfang und Reichweite der Technikgestaltung stellen. Ein umfassendes Konzept der sozialverträglichen Technikgestaltung wird deshalb auch alle drei Dimensionen berücksichtigen müssen. Auf der allgemeinsten Ebene müßte sozialverträgliche Technikgestaltung so angelegt werden, daß sie den Anforderungen einer "reflexiven Steuerung" genügt.

2.4. Reflexive Steuerung

Die Frage nach der sozialverträglichen Technikgestaltung zieht unweigerlich die Frage nach sich, von wem und wie dieser Gestaltungsprozeß in Gang gesetzt werden kann. Primärer Adressat solcher Forderungen sind der Staat und die Politik. Staat und Politik sehen sich im Hinblick auf die Technikgestaltung aber einer doppelten Scherenentwicklung gegenüber. Zum einen sieht sich der Staat angesichts der ökonomischen, ökologischen und demokratietheoretischen Problematik der Technologieentwicklung gestiegenen Ansprüchen nach einer "sozialverträglichen Technikgestaltung" gegenüber. Gleichzeitig entzieht sich angesichts der Globalisierung des "technisch-wissenschaftlich-industriellen Komplexes" die Technikentwicklung zunehmend dem nationalstaatlichen Zugriff. Zum anderen sieht sich die Politik immer mehr genötigt, im Interesse des "Gemeinwohls" Einfluß auf die Technikentwicklung zu nehmen. Dabei gerät sie aber an die Grenze ihrer Handlungsmöglichkeiten: zentrale und unaustauschbare Träger der Technologieentwicklung sind die Unternehmungen, deren Forschungs- und Entwicklungsarbeit nur in begrenztem Rahmen politisch reguliert oder durch staatliches Tätigwerden ersetzt werden kann, ohne die Funktionstüchtigkeit des Wirtschaftssystems insgesamt zu gefährden. Diese Dilemmata, die sich im Hinblick auf die Techniksteuerung besonders deutlich zeigen, werden in den neueren sozialwissenschaftlichen Theorien in der Form zum Ausdruck gebracht, daß wir in einer "funktional ausdifferenzierten" Gesellschaft leben, deren Subsysteme einer spezifischen Eigenlogik folgen. Damit wird einer zielgerichteten Intervention von einem Teilsystem in ein anderes prinzipiell die Grundlage entzogen (vgl. Luhmann 1986; 1988; Willke 1983). Diese theoretische Einsicht spiegelt nicht zuletzt die praktischen Erfahrungen des Scheiterns der reformpolitischen Planungseuphorie der 70er Jahre (vgl. Jürgens 1990). Eine Antwort auf diese Ausgangslage stellen Bemühungen dar, die Limitierungen des staatlichen Interventionismus ernst zu nehmen und nach alternativen Steuerungsmodellen Ausschau zu halten. Auf der Suche "nach dem dritten Weg" zwischen zentraler Planung und dem Verzicht auf politische Steuerung scheint sich zunehmend "Reflexion" als adäquate Steuerungsform unter den beschränkten Möglichkeiten und beschränkenden Bedingungen funktional ausdifferenzierter Gesellschaften herauszukristallisieren (vgl. Martinsen 1991, 51-73).

Politische Steuerung in ihrer reflexiven Form zielt auf die Stimulierung von Selbstbindungskräften bzw. darauf, daß die Berücksichtigung gesellschaftlicher Folgen in die Operationsweise eines gesellschaftlichen Subsystems quasi eingeschleust wird. Die in der Steuerungsdiskussion kursierenden Stichworte der "Resonanzsteigerung" (Luhmann), der "Kontextsensibilisierung" (Willke), der "prozeduralen Steuerung" (Teubner), der "Regulierung von Regulierung" (Offe) oder der "reflexiven Modernisierung" (Beck) sind Versuche, das Problem der Anregung zur Selbstregulierung unter Berücksichtigung von möglichen gesellschaftlichen Rückkoppelungseffekten auf den Begriff zu bringen. Trotz der unterschiedlichen Hintergrundtheorien lassen sich gemeinsame Merkmale der neuen Steuerungskonzepte festmachen: sie betrachten die systemspezifische Eigenlogik als Bedingung der Möglichkeit politischer Steuerung; sie plädieren für eine Öffnung des Kreises der an gesellschaftlicher Steuerung beteiligten Akteure; die Steuerungskonzepte sind auf die Steigerung von Reflexivität und Kontingenzmanagement hin angelegt; und sie betonen die Wichtigkeit von institutionellen Innovationen, um die umweltverträgliche Funktionsweise gesellschaftlicher Subsysteme bei der Verarbeitung gestiegener Heterogenität zu gewährleisten.

Das Konzept der "sozialverträglichen Technikgestaltung" kann als ein exemplarisches Beispiel für die Bemühungen um reflexive Formen der politischen Steuerung angesehen werden. Die Affinität von sozialverträglicher Technikgestaltung und reflexiven Mechanismen ergibt sich schon aus der Tatsache, daß technikrelevante Strukturen die Gesellschaft wie ein Gewebe durchziehen, sodaß sich weder ein privilegiertes und distinktes Subjekt noch ein entsprechendes Objekt der Technikgestaltung ausmachen läßt, auf das von außen eingewirkt werden könnte oder müßte. Somit stellt sich das Problem der sozialverträglichen Technikgestaltung in Form der Frage, wie die Gesellschaft eine Selbstreflexion der ihr immanenten technischen Strukturen bewerkstelligen könnte. Die gesellschaftliche Selbstreflexion der Technik kann an verschiedenen Punkten anknüpfen. Renate Mayntz unterscheidet prinzipiell fünf Ansatzpunkte für die Gestaltung von Technik (vgl. Mayntz 1991, 45-61). Jeder dieser Ansatzpunkte beinhaltet Alternativen, zwischen denen entschieden werden kann bzw. wo eine Einflußnahme auf Entwicklungspfade möglich ist. Diese Ansatzpunkte sind: Wissen – Technologien – Anwendungen – Nutzungen – Folgen. Grundsätzlich gibt es also eine Vielzahl möglicher Ansatzpunkte für die Steuerung der Technikentwicklung. Aus einer staatlichen Perspektive kommen grundsätzlich alle Ressorts, "deren Klientel als Nutznießer oder potentiell Geschädigte von der Technikentwicklung berührt werden", als Steuerungsagenten in Frage (Mayntz 1991, 53). Der staatliche Handlungsspielraum ist allerdings begrenzt.

38

Allgemein gilt, daß "Verhindern schwerer ist als Fördern", daß politische Steuerung umso eher greift, je weiter man im Prozeß von der Wissensproduktion bis zur Folgenberücksichtigung voranschreitet und daß nachfrageseitige Steuerung besser gelingt als angebotsseitige, auch wenn beide Ansätze nur begrenzten Einfluß besitzen (vgl. Mayntz 1991, 57-58).

In dieser Situation bietet das Konzept der sozialverträglichen Technikgestaltung einen Ausweg an, indem es den Kreis der Akteure prinzipiell auf alle Betroffene hin ausweitet; indem es dem Gedanken der modellhaften und experimentellen Erprobung unterschiedlicher Verfahren und Lösungsansätze Raum gibt; und indem es die Initiierung eines Diskurses vorsieht, in dem Deutungsinnovationen generiert werden sollen, die schließlich zu neuen Handlungsoptionen führen können (vgl. Wiesenthal 1990, 40-43).

2.5. Zur Problematik der Definition "sozialverträglicher Technikgestaltung"

Der Begriff der "sozialverträglichen Technikgestaltung" besitzt eine Doppelnatur: zum einen bezeichnet er ein politisches Programm und zum anderen ein theoretisches Konzept. Im Rahmen des Programms "Mensch und Technik – sozialverträgliche Technikgestaltung" des Landes Nordrhein-Westfalen wurde der Begriff bekannt gemacht und steht seitdem in der Öffentlichkeit für ein bestimmtes Modell der sozial abgefederten, technologieorientierten ökonomischen Modernisierung (vgl. Kapitel 4).

Das theoretische Konzept der "sozialverträglichen Technikgestaltung" wurde wissenschaftlich parallel zu verschiedenen gesellschaftlichen Auseinandersetzungen um Energieversorgungssysteme und den Gefährdungen durch neue Technologien entwickelt. Die Nähe zur Politik und die erst relativ kurze "Lebenszeit" haben dazu beigetragen, daß es sich dabei um einen umstrittenen Begriff handelt. Mehrere paradigmatische Versuche der konzeptuellen Entwicklung des Begriffs liegen vor, die sich grundsätzlich voneinander unterscheiden (vgl. Kapitel 2.3.). Versucht man eine Synthese der begrifflichen Konstruktionen, so könnte man "sozialverträgliche Technikgestaltung" vorläufig definieren als *den öffentlichkeitsbezogenen, diskursiven und partizipationsorientierten Prozeß der bewußten politischen Einflußnahme auf die Entwicklung und Anwendung von Technik mit dem Ziel, das ökonomisch und sozial nützliche Potential der Technik zu realisieren.*

Wie die Geschichte der Diskussion um Inhalt, Methode und Organisationsform des "technology assessment" lehrt, läßt sich dieser Prozeß nicht durch wissenschaftlich-objektive Kriteriensysteme oder Parameter ersetzen. Das liegt nicht an unvollkommenen wissenschaftlichen Methoden, sondern – wie gezeigt wurde – in der Natur der Sache. "Sozialverträgliche Technikgestaltung" entpuppt sich als gesellschaftspolitischer Auftrag, der einerseits angesichts der Gefahren und Gefährdungen, die die neuen Technologien mit sich bringen, und andererseits angesichts des Bedeutungszuwachses, den die beschleunigte technologische Entwicklung im Hinblick auf die wirtschaftliche Leistungsfähigkeit aber auch für die Sozialstruktur insgesamt erlangt hat, als immer dringlicher einzustufen ist. Dieser Auftrag ist somit so zu verstehen, daß der Prozeß, der bislang "im Verborgenen", d.h. in Labors, Foschungsinstituten, Unternehmungen, in marktvermittelten Interaktionen zwischen Produzenten und Abnehmern oder in staatlichen Bürokratien ablief, von nun an politisch und gesellschaftlich verantwortet werden muß. Dieser Sachverhalt wirft Licht auf die Tatsache, daß Technik auch bisher schon "gestaltet" und gesellschaftlich eingebettet werden mußte. Dies geschah bisher jedoch weitgehend in "naturwüchsiger" Form. Neu an der Forderung sozialverträglicher Technikgestaltung ist, daß dies nunmehr in politischer Form, unter normativen Gesichtspunkten und in gesamtgesellschaftlicher Verantwortung erfolgen soll.

Man kann sagen, daß in allgemeinster Form der Prozeß der bewußten "sozialverträglichen Technikgestaltung" in Gang gekommen ist, seitdem Technikentwicklungen zu "organisierter Nicht-Akzeptanz" (Tschiedel) und zu Bemühungen um das "technology assessment" geführt haben. Angesichts dieser Entwicklungen und des kaum übersehbaren Möglichkeitsraumes des technisch Machbaren stellt sich heute die Frage, ob die objektiven Herausforderungen schnell genug angenommen und in institutionelle Innovationen umgesetzt werden können. Das Konzept der "sozialverträglichen Technikgestaltung" stellt in dieser Hinsicht lediglich eine theoretisch fortgeschrittene, konzeptuell reflektierte und in politisch-organisatorischer Perspektive komplexe Formulierung dieses Problems und seiner Transformierung in eine politisch zu lösende Aufgabe dar. Das Konzept der "sozialverträglichen Technikgestaltung" steht nicht in Gegensatz oder in Konkurrenz zu bestimmten politisch-organisatorischen Lösungen und Operationalisierungsversuchen des Problems der Technikgestaltung, sondern stellt eine umfassende Problemsicht und -perspektive zur Verfügung, die es erlaubt, vorhandene Ansätze weiterzuentwickeln, übersehene Optionen aufzugreifen und mögliche Synergieeffekte zu erzielen. Das erklärt, weshalb aus dem Konzept der "sozialverträglichen Technikgestaltung" keine Kriterien und Operationalisierungsvorschläge für alle Fragen der Technikentwicklung und -anwendung deduziert werden können. Sozialverträgliche Technikgestaltung ist kein Rezept für die eine optimale Lösung oder ein normatives Kriterienraster, das der Technik übergestülpt werden könnte. Es bringt vielmehr die Plastizität von Technik aber auch die Plastizität ihres sozialen Umfeldes zu Bewußtsein und erhebt die Forderung, Technikentwicklung als gesamtgesellschaftliches Problem zu begreifen. Daraus folgt, daß sozialverträgliche Technikgestaltung nur gelingen kann, wenn die Pluralität der Akteure und ihrer Interessen, die Vielzahl der Orte, an denen Technik "gestaltet" wird, und die Vielgestaltigkeit der Technik ernst genommen werden. Dementsprechend variabel sind die Lösungsansätze, die in der Praxis entwickelt und erprobt werden müssen.

2.6. Zusammenfassung

1. Das Konzept der "sozialverträglichen Technikgestaltung" baut auf zwei Prämissen auf: erstens postuliert sie, daß Technik gestaltbar sei, und zweitens, daß die Gestaltung von Technik in sozialverträglichen Formen geschehen sollte.
2. Die Entwicklung der Vorstellung sozialverträglicher Technikgestaltung ist das Resultat eines gewandelten Technikverständnisses, der gestiegenen ökonomischen Bedeutung neuer Technologien und der Politisierung von Technik.
3. Lange Zeit herrschte die Vorstellung, daß die technologische Entwicklung einer unbeeinflußbaren Eigenlogik folge, die vom linearen wissenschaftlichen Fortschritt vorangetrieben werde. Seit den 70er Jahren setzte sich demgegenüber die Auffassung durch, daß die technische Entwicklung weder linear voranschreitet noch sich in distinkte Stufen einteilen läßt, die von der Grundlagenforschung bis zu ihrer ökonomischen Verwertung führen. An dessen Stelle tritt die Vorstellung, daß die technologische Entwicklung als "sozialer Prozeß" verstanden werden muß, der gestaltbar ist. Fraglich ist, welche Spielräume tatsächlich bestehen und wie sie genützt werden können.
4. Veränderungen in den weltweiten Wettbewerbsverhältnissen und insbesondere die intensivierte Konkurrenz zwischen den führenden Industrieblöcken USA, Japan und Westeuropa hat die neuen Technologien (Informations- und Kommunikationstechnologien, Biotechnologien, neue Materialien, Weltraumtechnologien, Nukleartechnologien) zu strategischen ökonomischen Faktoren gemacht. Seit Ende der 70er Jahre steigen die Forschungs- und Entwicklungsausgaben weltweit an. Den neuen Technologien wird ein ungeheures ökonomisches Entwicklungspotential zugesprochen, das aber nur teilweise ausgeschöpft wird. Die soziale und kulturelle Einbettung der Technologie und die Form der Organisation der "Innovationssysteme" spielen eine ausschlaggebende Rolle, wenn es darum geht, die ökonomischen Entwicklungspotentiale auch zu realisieren.

5. Die Politisierung von Technik schreitet in dem Maße voran, wie einerseits
   der Staat zum Förderer, Initiator und Entwickler neuer Technologien wurde
   und andererseits die "Ökologiebewegung" auftauchte. Der Protest und Widerstand gegen technische Großprojekte und die technisch-industriell bedingte Umweltzerstörung haben zur Aufkündigung des technikoptimisti-
   schen Basiskonsenses geführt und die Frage des Einsatzes und der Folgen
   der Technik zu einem politischen Dauerthema gemacht. Die Tatsache, daß
   insbesondere die neuen Technologien alle Lebensbereiche tangieren und
   weitreichende Konsequenzen nach sich ziehen, fordert die Frage nach den
   Möglichkeiten und Grenzen der "sozialen Gestaltung" der technischen Entwicklung geradezu heraus.

6. Das Konzept der "sozialverträglichen Technikgestaltung" stellt eine Weiterentwicklung der traditionellen Formen der Technologiefolgenabschätzung
   und -bewertung dar. Die traditionelle Technologiefolgenabschätzung ver-
   stand sich als wissenschaftliches Instrument der Politikberatung. Sozialverträgliche Technikgestaltung hingegen versteht sich als umfassende staatliche
   und gesellschaftliche Aufgabe.

7. Die Diskussion um die Institutionalisierung des "technology assessment" –
   so die in den USA übliche Bezeichnung, die im Deutschen keine genaue
   Entsprechung hat – konzentrierte sich lange Zeit auf das organisatorische
   Modell des "Office for Technology Assessment", das 1973 beim amerikanischen Kongreß eingerichtet wurde. Alternative Formen, Konzepte, Orte und
   organisatorische Lösungen des "technology assessment" gerieten dabei außer Sicht wie z.B. betriebsbezogene Modell- und Pilotprojekte, antizipatorische Regulierung, gewerkschaftliche Aktionsprogramme, lokale partizipationsorientierte Arbeitsschutzmodelle oder öffentlichkeitsbezogene Formen
   der "konstruktiven Technologiefolgenabschätzung".

8. Die Genese des Konzepts der "sozialverträglichen Technikgestaltung" läßt
   sich als Lernprozeß rekonstruieren, der folgende Dimensionen besitzt:
   - von der Kompensation negativer Folgen der technischen Entwicklung zur
     antizipativen Gestaltung von Technik
   - vom Steuerungszentralismus zu Steuerungsnetzwerken
   - von der zentralen, wissenschaftsorientierten zur dezentralen, partizipa-
     tionsorientierten Organisation des Gestaltungsprozesses
   - von der dezisionistischen, allgemeinen und einmaligen Festsetzung von
     Normen zur prozeduralen Regulierung und
   - vom Elitenkonsens zur demokratischen und öffentlichen Diskussion der
     technologischen Entwicklung.

9. Es lassen sich drei theoretische Ansätze zur Bestimmung des Begriffs der
   Sozialverträglichkeit unterscheiden:

- Das Akzeptanzmodell reduziert den Anspruch der "Sozialverträglichkeit" auf die subjektive Einschätzung und die passive Hinnahme der technischen Entwicklung.
- Das Akzeptabilitätsmodell sieht die "Sozialverträglichkeit" als Eigenschaft des sozio-technischen Systems, die durch wissenschaftliche Verfahren festgestellt werden kann.
- Das Partizipationsmodell reduziert in seiner radikalen Form die Frage der "Sozialverträglichkeit" auf die politische Frage des Interessenausgleichs. Jeder dieser Ansätze ist in "reiner" Form unzureichend. Worauf es ankommt, ist die adäquate Vermittlung aller drei Modelle im Rahmen eines Konzeptes der "sozialverträglichen Technikgestaltung".

10. Die Frage nach den Möglichkeiten und Grenzen der "Gestaltung von Technik" enthält eine doppelte Problematik. Betrachtet man die Technikentwicklung als "sozialen Prozeß", dann impliziert das, daß es eine Vielzahl von Akteuren, Orten und institutionellen Einflußfaktoren gibt, die Technik mitgestalten. Soll dieser Gestaltungsprozeß gesteuert werden, so ist es erforderlich, daß alle diese Faktoren mitberücksichtigt werden. Zum anderen gibt es aber keinen zentralen Ort, von dem aus alle diese Faktoren beeinflußt werden könnten. "Technikgestaltung" steht vor dem Problem, daß interventionistische Strategien nur eine geringe Reichweite besitzen und daß "Evolution" den Verzicht auf die bewußte Gestaltung bedeutete. Das Konzept der "reflexiven Steuerung" bietet einen Ausweg. Reflexive Steuerung zielt auf die Stimulierung von Selbstbindungskräften und den Einbau von Rückkoppelungsmechanismen, die zur Internalisierung der Folgenberücksichtigung in die Operationsweise von gesellschaftlichen Subsystemen führen sollen.

11. Sozialverträgliche Technikgestaltung muß angesichts der Steuerungsproblematik als Form der gesellschaftlichen Selbstreflexion ihrer technikbezogenen Strukturen konzeptualisiert werden. Eine daran anknüpfende Strategie muß alle Verzweigungssituationen in der Technikentwicklung berücksichtigen (Wissen, Technologien, Anwendungen, Nutzungen, Folgen), den Kreis der Akteure prinzipiell auf alle Technikbetroffenen ausdehnen, unterschiedliche Verfahren und Instrumente des "technology assessment" experimentell erproben und miteinander verknüpfen und einen Technikdiskurs initiieren, in dem Deutungsinnovationen generiert und neue Handlungsoptionen entdeckt werden können.

12. Eine Definition des Begriffs der "sozialverträglichen Technikgestaltung" steht vor dem Problem, daß er sowohl ein "junges" theoretisches Konstrukt als auch ein politisches Programm darstellt. Die Folge davon ist, daß das Konstrukt "sozialverträgliche Technikgestaltung" sowohl begrifflich als auch konzeptuell umstritten ist und sich noch kein allgemein akzeptierter

Sprachgebrauch herausgebildet hat. Speziell im politischen Kontext besteht die Gefahr, daß der Begriff zur Leerformel gerät.

13. Eine tentative Annäherung an eine Begriffsdefinition, die sich um die Synthese vorliegender Bestimmungen unter systematischen Gesichtspunkten bemüht, lautet: Sozialverträgliche Technikgestaltung meint den öffentlichkeitsbezogenen, diskursiven und partizipationsorientierten Prozeß der bewußten politischen Einflußnahme auf die Entwicklung und Anwendung von Technik mit dem Ziel, wahrgenommene und prognostizierte negative Auswirkungen zu vermeiden oder abzuwenden sowie die Technikentwicklung für die Verbesserung der Lebensbedingungen zu nutzen.

14. Technik wurde schon seit jeher "gestaltet" und sozial integriert – zum mehr oder weniger großen Nutzen verschiedener Teile der (Welt-)Bevölkerung. Die Beschleunigung des technologischen Wandels, seine gesellschaftsverändernden Auswirkungen und seine ökonomische, politische und ökologische Bedeutung machen es jedoch zunehmend erforderlich, den bislang "blind" ablaufenden Prozeß in politische Formen zu transformieren, ihn mit normativen Gesichtspunkten zu vermitteln und gesamtgesellschaftlich zu verantworten. Das Konzept der "sozialverträglichen Technikgestaltung" stellt in dieser Hinsicht eine theoretisch fortgeschrittene, konzeptuell reflektierte und in politisch-organisatorischer Hinsicht komplexe Formulierung dieses Sachverhalts dar.

3. Neue Produktionskonzepte und technologiepolitische Ansätze: Die Entdeckung des "sozialen Faktors" in internationaler Perspektive

Im folgenden werden die internationale Diskussion um neue Produktionskonzepte skizziert und paradigmatische technologiepolitische Programme vorgestellt. Ziel dieses Kapitels ist es zu zeigen, daß die Frage der sozialen Organisation zu einer zentralen Variable sowohl in neuen Produktionskonzepten als auch in neuen technologiepolitischen Ansätzen geworden ist. Die internationalen Erfahrungen lassen sich auf die These zuspitzen, daß der "soziale Faktor" ausschlaggebend ist sowohl im Hinblick auf technologische Innovationen, die Ausschöpfung des ökonomischen Potentials neuer Technologien als auch im Hinblick auf erfolgversprechende technologiepolitische Strategien. Daraus ergeben sich neue Ansatzpunkte für Strategien "sozialverträglicher Technikgestaltung". Die zentrale Bedeutung des "sozialen Faktors" eröffnet die Chance, die auf Produktivitätssteigerung zielenden Produktionskonzepte und die auf Innovation gerichteten Technologiepolitiken mit Elementen der sozialverträglichen Technikgestaltung anzureichern bzw. zu verschmelzen. Sozialverträgliche Technikgestaltung könnte somit zu einem Instrument weiterentwickelt werden, daß nicht nur negative Folgen der technologischen Entwicklung zu vermeiden hilft, sondern aktiv zur produktiven und sozialverträglichen Technikentwicklung beiträgt.

Die Suche nach den bestimmenden Größen für die internationale Konkurrenzfähigkeit von einzelnen Betrieben, Branchen und schließlich ganzer Volkswirtschaften führte in der zweiten Hälfte der 80er Jahre zur Entwicklung eines neuen Produktivitätsverständnisses. Dominierte bis dahin die Ansicht, daß die Produktivitätsentwicklung primär technisch-ökonomisch determiniert sei, so zeichnet sich das neue Produktivitätsverständnis durch die Betonung der Rolle der sozialen Organisation für die ökonomische Leistungsfähigkeit aus. Ausschlaggebend für die Weiterentwicklung des technischen zu einem "sozialen Produktivitätsverständnis" waren drei Faktoren (vgl. Jürgens/Naschold 1992, 28-30):

- Seit den frühen 70er Jahren sanken die Produktivitätszuwächse, obwohl im selben Zeitraum eine Welle bedeutender technologischer Innovationen zu verzeichnen war. Die Feststellung dieses "productivity gaps", d.h. der Kluft zwischen potentieller technischer und realer Produktivitätsentwicklung unterminierte die Vorstellung, daß der technologische Forschritt eine hinreichende Bedingung für die Steigerung der Produktivität darstelle (vgl. OECD 1988, 47-50; OECD 1992, 175-179).

– Große reale Produktivitätsdifferenzen zwischen einzelnen Branchen in den hochentwickelten Industrieländern – vor allem zwischen Japan auf der einen Seite, USA und Europa auf der anderen – kontrastieren mit einer langfristigen Konvergenz der Wachstumsraten der Arbeitsproduktivität (vgl. OECD 1992, 175). Einer alternativen Erklärung bedürftig sind die Produktivitätsdifferenzen vor allem deshalb, weil sie nicht – wie zu erwarten – auf die eingesetzte Technologie zurückgeführt werden können: weder im Hinblick auf das Investment in Forschung und Entwicklung noch im Hinblick auf den Grad der Technisierung der Produktion (vgl. das Beispiel der Automobilindustrie in: Womack/Jones/Roos 1990, 94-95, 132-133).

– In der wirtschaftspolitischen Strategiediskussion über die Auswirkungen von "Deregulierungspolitiken" wurde argumentiert, daß Produktivitätswachstum nicht nur die Folge der Ausnützung von Produktionspotentialen, sondern auch von deren Einschränkung sein kann. Verstärkter Wettbewerb, Stillegungen von Produktionskapazitäten zwingen Firmen zur Rationalisierung und können Anlaß zur Steigerung ihrer Produktivität sein (vgl. Jürgens/Naschold 1992, 28).

Die Suche nach der Erklärung von komparativen Konkurrenzvorteilen führte zur Entwicklung von Konzepten, die einerseits auf der betrieblichen Ebene und andererseits auf der globalen Ebene ansetzen. Beiden Ansätzen ist gemeinsam, daß sie über eine klassische mikro- oder makroökonomische Betrachtungsweise hinausgehen. Obwohl beide Ebenen in einem engen Wechselverhältnis stehen, ist es für analytische Zwecke hilfreich, sie zu unterscheiden. Die Diskussion um Strategien der "flexiblen Spezialisierung", der "diversifizierten Qualitätsproduktion" oder um die Neuorientierung von Managementphilosophien und -praktiken führte zur Entwicklung von Erklärungsmodellen, die das Problem der Wettbewerbsfähigkeit aus betrieblicher Perspektive betrachten, bei dieser Betrachtung jedoch auch das Umfeld des einzelnen Betriebes ins Blickfeld rücken. Inzwischen herrscht weitgehend Übereinstimmung darüber, daß "die Entwicklung von sowie die Art und Weise ihres Einsatzes im wirtschaftlichen Prozeß () die Schlüsselgrößen für das Bestehen im modernen Innovationswettlauf (sind)" (Welsch 1990, 48). Einer der ausgereiftesten und empirisch am besten abgestützten Erklärungsansätze für die Bedeutung des sozialen Faktors für die Produktivität eines Unternehmens ist der als "lean production" bekannte. Am Beispiel der Automobilindustrie wurde in einer groß angelegten, international vergleichenden Studie das Konzept der "schlanken Produktion" entwickelt. Dieses Konzept zeichnet sich dadurch aus, daß es nicht nur die Frage des Einsatzes der Humanressourcen, sondern aller Produktionsfaktoren thematisiert und speziell die soziale Organisation als entscheidende Variable für Produktivitätsvorteile ausweist (vgl. Womack/Jones/Roos 1990). Das Konzept der "lean production" wurde in Japan entwickelt. Exemplarische Gestalt erlangte es unter dem Namen des "Toyotismus". Das Konzept beschreibt ein komplexes Organisationsmodell, das sich vom Konzept der herkömmlichen "fordistischen" Massenproduktion auf mehreren Ebenen unterscheidet: auf der Ebene der Operationsweise der Fertigungsanlagen, des Design- und Innovationsprozesses, der Mechanismen zur Koordination des Zulieferungssystems, des Umgangs mit und der Beziehungen zu den Konsumenten und dem Management des Unternehmens in finanzieller, personalpolitischer und strategischer Hinsicht. Die herausragendsten Charakteristika von "lean production" sind:

- der Einsatz von "teams" auf allen Ebenen der Organisation
- die Nutzung von zunehmend automatisierten Maschinen zum Zweck der Produktion von hohen Stückzahlen bei gleichzeitiger großer Produktvariation
- "Perfektion" als Prinzip der Organisation des Produktionsprozesses mit dem Ziel der permanenten Kostensenkung, der Verminderung von Defekten und Lagerbeständen und der Verbreiterung der Produktpalette
- die Dezentralisierung von Verantwortung und Information
- Mehrfachqualifizierung statt Spezialisierung
- Gruppenorientierung und soziale Anerkennung statt hierarchieorientierter Karriere.

Diese Auflistung könnte angesichts der Komplexität des gesamten Produktionsprozesses noch lange fortgesetzt werden. Die Bedeutung des sozialen Faktors für den Erfolg von "lean production" wird noch deutlicher, wenn man einen Blick auf die – natürlich stark vereinfachten – Prinzipien der "schlanken Produktion" wirft: Teamarbeit, Kommunikation und Information, effiziente Ressourcenverwendung und kontinuierliche Verbesserung. Die Ausrichtung der Produktion an diesen Grundsätzen verspricht dasselbe Produktionsergebnis bei halbem Personaleinsatz, auf halber Produktionsfläche, bei halbem Investitionsbedarf, der Hälfte an Ingenieursstunden und der Hälfte der Entwicklungszeit für neue Produkte. Das Konzept der "lean production" markiert einen Meilenstein in der Entwicklung nicht nur eines angemessenen Produktivitätsverständnisses, sondern ebenso für die Rolle des "sozialen Faktors" im Hinblick auf effiziente Technikgenese und Technikeinsatz auf betrieblicher Ebene.

Auf globaler Ebene lautet die Ausgangsfrage, wie die Stagnationsphänomene in den westlichen Industrieländern einerseits, die Verlagerung der wirtschaftlichen Wachstumszentren von den USA und Westeuropa nach Japan bzw. in den asiatisch-pazifischen Raum und der Verlust von Weltmarktanteilen zugunsten Japans auch in den Industrien, in denen Amerika und Westeuropa lange Zeit dominiert hatten, andererseits erklärt werden können. Klassische ökonomische Erklärungen langfristigen Wachstums rekurrieren auf Veränderungen im

Umfang der eingesetzten Produktionsfaktoren (hauptsächlich Kapital und Arbeit). Einer Zunahme im Input müßte – so die Annahme – eine Zunahme im Output entsprechen. In langfristiger Betrachtung zeigt sich jedoch, daß rund die Hälfte des tatsächlichen Wachstums dadurch nicht erklärt werden kann (vgl. OECD 1992, 168). Üblicherweise wird der nicht erklärte Anteil am Wirtschaftswachstum pauschal dem "technischen Fortschritt" zugeschrieben. Dementsprechend konvergieren ökonomische Erklärungsansätze für die weltwirtschaftlichen Umschichtungsprozesse dahingehend, daß die neuen Technologien als entscheidende Variablen im internationalen Konkurrenzkampf angesehen werden. Die ökonomischen Theorien unterscheiden sich hingegen hauptsichtlich darin, wie die Umsetzung des technologischen Potentials in ökonomisches Wachstum modelliert wird (vgl. OECD 1992, 169-174). Eine grundlegende Schwäche dieser Sichtweise besteht jedoch darin, daß unbestimmt bleibt, worin der "technische Fortschritt" eigentlich besteht und daß er als externer Faktor angenommen wird.

An dieser Stelle setzen alternative Erklärungsmodelle an, die das Augenmerk auf das Zusammenspiel von ökonomischen und politisch-sozialen Faktoren lenken. So führt z.B. die französische "Regulationsschule" die ökonomischen Krisenerscheinungen und Transformationen auf die "Erschöpfung" des bis zu den 70er Jahren vorherrschenden Wachstumsmodells zurück. Diese "Erschöpfung" wird in Begriffen des Ungleichgewichts von "Akkumulationsregime" und "Regulationsweise" beschrieben, wobei der Begriff des "Akkumulationsregimes" die institutionellen Formen der Organisation des Produktionsprozesses und die "Regulationsweise" die gesellschaftlichen Institutionen und Normen bezeichnet, die die Gestalt und den Rahmen des Produktionsprozesses bestimmen (vgl. Boyer 1979, 100).

Die Regulationstheorie lenkt also die Aufmerksamkeit auf das "Ensemble von Institutionen, Normen und Regelungen, die sich in den Regulationsformen ökonomischer Preisbildung, politischer Willensbildung, sozial-kultureller Normsetzung materialisieren" (Naschold 1985, 19). Die Kernthesen im Hinblick auf die wirtschaftliche Bedeutung der Technologie lauten, daß technologische Anpassungsprozesse zwar notwendige, aber keine hinreichende Bedingungen für fortgesetztes Wirtschaftswachstum darstellen und daß die Verbreitung von neuen Technologien ebensosehr von kulturell geprägten Unternehmensstrategien, sozialen Kompromissen zwischen unterschiedlichen Interessengruppen, sozialstaatlichen Arrangements und wirtschaftspolitischen Rahmensetzungen abhängt (vgl. Hübner/Mahnkopf 1988, 45-53).

Speziell am Modellfall "Japan" konnte demonstriert werden, daß für den vergleichsweisen wirtschaftlichen Erfolg soziale und politische Faktoren eine wesentliche Rolle spielen (vgl. Gregory 1986; Dohse/Jürgens/Malsch 1984; Mroczkowski 1988).

Neuere Ansätze gehen nun noch einen Schritt weiter und führen die betriebliche und die globale Betrachtungsweise zusammen. Daraus ergibt sich eine Perspektive, die die internationale Wettbewerbshierarchie durch die Interaktion der "politics in production" und der "politics of production" bestimmt sieht (vgl. Naschold 1991, 110-118). "Politik in der Produktion" bezeichnet die Ansicht, daß die in der Produktion institutionalisierten Verhaltensmuster, Verfahrensweisen und Spielregeln selbst das Resultat langwieriger gesellschaftspolitischer Auseinandersetzungen und sozialer Kompromisse zwischen unterschiedlichen Interessengruppen darstellen. Der Begriff der "Politik der Produktion" bezieht sich hingegen auf die herkömmliche Sichtweise der diversen staatlichen oder sozialpartnerschaftlichen Rahmensetzungen und Regulierungen des wirtschaftlichen Geschehens (vgl. Naschold 1985, 25-28). Die Besonderheiten unterschiedlicher "politics in production" und "politics of production" konstituieren nun gemeinsam ein bestimmtes "Produktionsregime". Mit diesem Konzept wird nun endgültig die soziale Dimension im Kern des ökonomischen Prozesses, der Produktion, verankert und zur zentralen Erklärungsvariable der langfristigen Produktivitätsentwicklung gemacht. In historischer Perspektive wird die Verlagerung der ökonomischen Zentren von Großbritannien (bis 1890) zu den USA (bis 1970) und zu Japan (ab 1970) als Wandel in den vorherrschenden Produktionsregimes interpretiert.

> War Großbritannien der Erfinder des Fabriksystems, so wurde in den USA das tayloristische-fordistische Produktionsregime entwickelt und dieses wird seinerseits wiederum vom Toyotismus-Modell Japans bedroht. Deutlich wird somit in dieser historischen Sicht ein klarer Zusammenhang von Produktivität und politisch-sozialen Institutionen: längerfristige Produktivitätsdifferenzen untergraben die Stabilität politisch-sozialer Produktionsregimes; die politisch-sozialen Institutionen der Firmen und des Staates sind wesentliche institutionelle Vorbedingungen der Produktivitätsentwicklung. (Naschold 1991, 109)

Umgelegt auf die Technologieentwicklung bedeutet dies, daß der Stand der Technologie zwar das Produktivitätspotential bestimmt, während die ökonomische Realisierung dieses Potentials vom Produktionsregime abhängt. Die "Entdeckung" des sozialen Faktors als ausschlaggebender Komponente für die Realisierung technologischer Potentiale und für den ökonomischen Erfolg von Unternehmungen und ganzer Regionen stellt eine neue Herausforderung auch für die Technologiepolitik dar. Sie verweist einerseits auf die prinzipielle Interdependenz von Technikeinsatz und sozialer Organisation und andererseits auf die Grenzen einer ausschließlich auf Technologieentwicklung setzenden Innovationspolitik. Sie untermauert zugleich den Anspruch und die Notwendigkeit sozialverträglicher Technikgestaltung. Sozialverträgliche Technikgestaltung könnte unter dieser Perspektive in Zukunft integratives Element eines Produktionsregimes werden, das nicht nur ökonomisch erfolgreich ist, sondern die ökologischen Erfordernisse mit den Ansprüchen der Humanisierung des Arbeitslebens verbindet. Im folgenden soll nun der Frage nachgegangen werden, inwieweit die skizzierten theoretischen Konzepte und wissenschaftlichen Erkenntnisse bereits in technologiepolitischen Konzepten und der technologiepolitischen Praxis ihren Niederschlag gefunden haben.

3.1. Die Bedeutung des "sozialen Faktors" in den technologiepolitischen Analysen und Empfehlungen der OECD

Die "Organisation für wirtschaftliche Zusammenarbeit und Entwicklung" (OECD) hat sich seit ihrer Gründung im Jahre 1960 zu einer wichtigen Plattform der Diskussion zwischen Wissenschaft und Politik und zwischen den Mitgliedsländern entwickelt. Ihre wissenschaftlich fundierten Politikempfehlungen bilden eine Richtschnur für die politische Diskussion auf internationaler und nationaler Ebene. Von ihr gingen seit ihrem Bestehen vielfältige Initiativen zur Umorientierung von eingefahrenen Politikpfaden aus, so auch im Hinblick auf die Technologiepolitik. In der zweiten Hälfte der 80er Jahre hat die OECD die Analyse der Beziehungen zwischen Technologie und Wirtschaft zu einem ihrer Hauptanliegen gemacht. 1986 beauftragten die Arbeitsminister der Mitgliedsstaaten eine Gruppe internationaler Experten, die Bedeutung neuer Technologien für das Wirtschaftswachstum, die Beschäftigung und den Wohlstand zu untersuchen sowie ihre Folgen für die Gesellschaft insgesamt abzuschätzen. Anlaß dafür waren hohe Arbeitslosenzahlen innerhalb der OECD, die Benachteiligung spezifischer Gruppen am Arbeitsmarkt und die umstrittenen und zwiespältigen Beschäftigungseffekte, die von den neuen Technologien ausgehen. Das Ergebnis dieser Bemühungen war der sogenannte "Sundqvist Report",[4] der unter dem Titel "New Technologies in the 1990s" (OECD 1988) veröffentlicht wurde. Der Sundqvist-Report markiert einen Wendepunkt sowohl im Hinblick auf die Art der Thematisierung des Verhältnisses von Technik und Gesellschaft als auch im Hinblick auf die davon abgeleiteten Politikempfehlungen. Der Sundqvist-Report steckte darüberhinaus den Rahmen ab, innerhalb dessen sich die groß angelegten Bemühungen um die Vertiefung des Verständnisses der Beziehungen zwi-

---

4 Ulf Sundqvist war der Berichterstatter der Expertengruppe und zu dem Zeitpunkt Chief General Manager der STS-Bank Ltd. in Finnland.

schen Technologie und Wirtschaft bewegten, die die OECD 1988 mit der Initiierung des "Technology/Economy Programme" in Angriff nahm.

Bis in die 80er Jahre hinein war es üblich gewesen, den technologischen Fortschritt durch zwei aufeinanderfolgende Stadien zu kategorisieren: das Stadium der "Invention" galt als die relativ autonome Phase der wissenschaftlichen Forschung und Entwicklung, auf die dann die Phase der "Innovation" folgt, in der neue Technologien Gestalt annehmen und in Produkte umgesetzt werden. Diesem Modell entsprechend sollte sich die Technologiepolitik einerseits um die Förderung von Forschung und Entwicklung kümmern, was mit "Marktversagen" in diesem Bereich begründet wurde, und andererseits um die "Strukturanpassung", worunter hauptsächlich die Beseitigung von mikro-ökonomischen Hindernissen bei der Realisierung des ökonomischen Potentials der neuen Technologien verstanden wurde (vgl. OECD 1991a, 40, 134). Der "Sundqvist-Report" präsentierte demgegenüber einen radikal anderen Ansatz, indem er den technologischen Fortschritt als einen sozialen Prozeß konzeptualisierte:

> Technological change is, in its development and application, fundamentally a social process, not an event, and should be viewed not in static but in dynamic terms. (...) Pervasive technologies cannot be imposed on our societies; they have to be introduced through institutional adaptation and a process which mediates between differences of interest. (OECD 1988, 11)

Diese neue Sichtweise geht davon aus, daß der technologische Fortschritt kein exogen gegebener Faktor ist, an den sich die Gesellschaft anpassen muß, wie es noch in der Formulierung des Ziels der "Strukturanpassung" zum Ausdruck kommt (vgl. OECD 1987), sondern ein integraler endogener Faktor des kontinuierlichen Wandels, der deshalb auch von der Gesellschaft beeinflußt und gestaltet werden kann. Eine zweite wichtige Neuerung bestand in der Ausweitung der Analyse des technischen Fortschritts. Nicht nur der Zusammenhang von Technologie und Produktion sollte einbezogen werden, sondern ebenso die Auswirkungen und Implikationen für die Gesellschaft als ganzes (vgl. OECD 1988, 20). Die Untrennbarkeit des technologischen Fortschritts von seinen ökologischen und sozialen Folgen wurde unterstrichen. Insbesondere wurde auf die Gefahr neuer Ungleichgewichte "both in time and in space" und einer Spaltung der Gesellschaft in "insiders" und "outsiders" aufmerksam gemacht (vgl. OECD 1988, 11, 111-112). Der endogene und gestaltungsbedürftige Charakter der technologischen Entwicklung impliziert, "that technology adapts to us – our working methods, way of life and thinking – no less than we adapt to it" (OECD 1988, 118). Die Entwicklung und Implementation neuer Technologien birgt Spannungen, Widerstände und Konflikte, die ausgetragen werden müssen:

"technical change has to be *mediated* if it is not to be rejected, since new technologies cannot take hold unless society is prepared to accept the changes they bring" (OECD 1988, 118).

Zu diesen Veränderungen zählt die gesamte "sozio-institutionelle Infrastruktur", die benötigt wird, um eine breite Anwendung z.B. der neuen Informations- und Kommunikationstechnologien zu ermöglichen. Damit stellt sich das Problem der "sozialen Integration" der neuen Technologien. Neue Technologien bringen häufig eine Ungleichverteilung von Kosten und Nutzen mit sich, die nach einem demokratischen Ausgleich verlangen. Sie bedeuten aber auch soziale Risiken und Kosten. Die wachsende Komplexität der technischen Systeme macht sie insgesamt verletztlicher und erhöht das Risiko von Unfällen und Katastrophen von unvorhersehbaren Ausmaßen. Bestimmte Technologien wie z.B. die Bio- und Gentechnologie werfen ethische und religiöse Fragen auf, die Zeichen des Bedarfs nach sozialen Innovationen sind und das demokratische Selbstverständnis unserer Gesellschaften herausfordern. Die Notwendigkeit der Aushandlung von politischen Spielregeln, die negative Folgen, Risiken und Kosten mildern sollen, verlangt eine öffentliche Diskussion über Möglichkeiten der Kontrolle der Auswirkungen technologischen Wandels. Integratives Element dieser Kontrolle wäre die Insitutionalisierung des "constructive technology assessment", das das Parlament und die Öffentlichkeit mit den nötigen Informationen beliefern könnte (OECD 1988, 119-124). Als Resultat dieses umfassenden Zugangs optiert der Report für eine völlige Neukonzeptualisierung der Technologiepolitik im Sinne einer langfristigen, komprehensiven "sozio-ökonomischen Strategie":

> By this we mean a set of interrelated policies which take into account that neither the technical, nor the economic, potential of major new technologies can be fully realised without concomitant, even anticipatory, social and institutional changes at all levels in society. (OECD 1988, 13)

Die sozio-ökonomische Strategie sollte 4 Kernelemente enthalten (vgl. OECD 1988, 13-14):

Die Förderung kontinuierlicher technischer und sozialer Innovationen
Dazu ist die Ausweitung von Forschungs- und Entwicklungskapazitäten über hohe materielle und immaterielle Investitionen ebenso erforderlich wie institutionelle Innovationen, die die rasche Verbreitung und Diffusion der neuen Technologien erleichtern sollen. In diesem Zusammenhang wird insbesondere die – bisher vernachlässigte – Rolle von immateriellen Investitionen sowie die Entwicklung der Humanressourcen betont.

Die Schaffung "neuer Spielregeln"
Das Ziel der erfolgreichen Einführung und Verbreitung neuer Technologien
setzt einen umfassenden Innovationsprozeß voraus, in den nicht nur der Markt
und die Unternehmungen, sondern alle gesellschaftlichen Organe und Akteure
miteinbezogen werden müssen. Je profunder der technologische Wandel desto
komplexer sind die sozialen Interaktionen, die er hervorbringt bzw. beeinflußt
und umso mehr Anpassungen der Spielregeln sind erforderlich. Davon betroffen
ist das Unternehmertum, das Management, die Arbeitsorganisation, das Finan-
zierungswesen, Fragen der Marktöffnung, Arbeitgeber- und Arbeitnehmerorga-
nisationen, der Arbeitsmarkt, Bildungsinstitutionen und regionale Behörden etc.
Besonders hervorgehoben wird die Bedeutung eines breiten Basiskonsenses als
Grundlage für eine sozial integrierte, demokratische Technologieentwicklung.

Die Rolle des Marktes
Die Rolle des Marktes wird in der kurz- und mittelfristigen Selektion der
"Gewinner" und in der Allokation von Ressourcen gesehen. Im Hinblick auf die
Verbreitung der neuen Technologien müssen die Rahmenbedingungen jedoch so
verändert werden, daß der Markt auch adäquat operieren kann. Der Markt muß
durch entsprechende institutionelle Innovationen ergänzt werden.

Strategische Entscheidungsfindung
Im Rahmen einer langfristigen Strategie müssen weitreichende Entscheidungen
hinsichtlich des technischen, ökonomischen und sozialen Wandels getroffen
werden. Die international vergleichende Analyse erfolgreicher Modelle und die
Verbreitung von "best-practice application and diffusion of technology" spielt in
diesem Zusammenhang eine zentrale Rolle.

Der "Sundqvist-Report" kann aufgrund der zentralen Rolle, die er dem "sozialen
Faktor", d.h. Fragen der Organisation, der Interaktion, des Interessenausgleichs
und institutioneller Innovationen zuweist, als Startschuß für einen Paradigmenwechsel in der Technologiepolitik angesehen werden. Indem er von der Untrennbarkeit der Produktion von ihrem gesellschaftlichen Umfeld ausgeht, nä-
hert sich das darin zum Ausdruck kommende Konzept den avancierten Vorstellungen der gesellschaftlichen Modellierung von "Produktionsregimes" als
Grundvoraussetzung für gesteigerte Produktivität. Mit der Betonung der Notwendigkeit, die gesellschaftlichen und ökologischen Folgen der technischen
Entwicklung mitzuberücksichtigen und in einen demokratischen Willensbildungsprozeß einzubringen, geht der Report nicht nur über die in der OECD üblichen Themenstellungen hinaus, sondern überschreitet das Konzept der "politics of and in production" in Richtung auf Vorstellungen einer sozialverträglichen Technikgestaltung als gesamtgesellschaftlicher Aufgabe. Das im Anschluß
daran initiierte "Technology/Economy Programme" konzentrierte sich hingegen

wieder weitgehend auf die Ausarbeitung direkt produktionsbezogener Analysen und Vorschläge zur Technologieentwicklung und -anwendung. Aber auch hier spielt der "soziale Faktor" eine Hauptrolle. Im folgenden wird eine zusammenfassende Auflistung derjenigen Erkenntnisse des Programms gegeben, in denen dies besonders deutlich zum Ausdruck kommt:

- Es wurde festgestellt, daß die rasche technologische Entwicklung neue Qualifikationserfordernisse schafft, die von den traditionellen Bildungssystemen nicht, oder zu langsam produziert werden. Eine Lösung dieses Problems setzt voraus, daß Unternehmungen selbst verstärkt Verantwortung für die Prognose, die Gestaltung und Einrichtung permanenter Ausbildungsprogramme übernehmen und daß neue Kooperationsformen zwischen dem öffentlichen und privaten Bildungsbereich gefunden werden, die ein effizientes "management of skills" erst ermöglichen würden (vgl. OECD 1991b, 25-29).

- Die technologisch gegebene Möglichkeit flexibler Massenproduktion erfordert grundlegende Transformationen der Management- und Arbeitsorganisation von Unternehmungen und im Bereich der industriellen Beziehungen. Trotz sozio-kultureller Unterschiede belegen viele Fallstudien, daß diejenigen Firmen am besten dazu geeignet sind, die Vorteile technologischer Innovation zu nützen, die "postfordistischen" Produktions- und Organisationskonzepten folgen, in denen die Qualifikation, Flexibilität und Motivation der Beschäftigten eine entscheidende Rolle spielen. Andererseits bleibt das Problem der unzureichenden Folgenberücksichtigung technologischer Innovationen im Hinblick auf ökologische und sozialpolitische Konsequenzen. Zur Lösung dieses Problems ist die Entwicklung neuer Modelle der Sozial- und Arbeitsorganisation erforderlich. In diesem Zusammenhang werden alternative Konzepte zum "normalen Vollzeit-Beschäftigungsverhältnis" diskutiert, die flexiblere Formen der Verteilung der Lebensarbeits- und von Bildungszeiten sowie flexiblere Beschäftigungsverhältnisse vorsehen (vgl. OECD 1991b, 31-35).

- Im Zeitalter rapider Internationalisierung und verstärkten Konkurrenzdrucks wird die Qualität der Beziehungen zwischen Unternehmungen und ihrem regionalen Umfeld zu einem zunehmend wichtigen Faktor von "created advantages", denn die Wettbewerbsfähigkeit von Unternehmungen hängt nicht unwesentlich davon ab, ob ein niveauvolles Bildungswesen, qualifizierte Forschungseinrichtungen und -teams, Kommunikationsinfrastrukturen, ein kompetitives Umfeld, langfristige Finanzierungsmöglichkeiten, Kundeninformationssysteme etc. von öffentlichen Stellen zur Verfügung gestellt werden können. Die Förderung und Entwicklung lokaler und nationaler Besonderheiten im Sinne komparativer Vorteile erscheint als erfolgversprechende

Strategie, wenn es darum geht, sich als Standort für Produktionen mit hoher Wertschöpfung zu profilieren (vgl. OECD 1991b, 57-63).

– Der technologische Wettlauf ist ein wichtiger Faktor der Globalisierung von Firmen und der Internationalisierung von Forschung und Entwicklung geworden, der neue Formen strategischer Allianzen zwischen Firmen und neue Formen der weltweiten Zusammenarbeit in Netzwerken hervorgebracht hat. Daraus ergibt sich das Problem möglicher Handelsverzerrungen und -friktionen sowie der Vergrößerung struktureller Ungleichheiten, die neue internationale Prinzipien und Regelungen für den Zugang zu Technologien verlangen ebenso wie international verbindliche Normierungen und Standards, einen internationalen Urheberrechtsschutz für geistiges Eigentum sowie eine weltweite Wettbewerbspolitik (vgl. OECD 1991b, 73-80).

– Neue Technologien bringen die Gefahr einer Art "künstlicher" Umweltverschmutzung und -gefährdung mit sich (nukleare und chemische Abfälle und Rückstände, biotechnisch veränderte Organismen und neue Materialien mit unbekannten Wirkungen in der Biosphäre). Nur ein völlig neuartiger Ansatz, der Vorbeugung an die Stelle von Reparatur und Kontrolle setzt, verspricht eine Lösung. Erforderlich wäre ein Einstellungswandel und die Veränderung von herkömmlichen Produktions- und Konsumgewohnheiten im Sinne der "Endogenisierung" der ökologischen Perspektive in technologische und ökonomische Prozesse. Eine intensivierte internationale Zusammenarbeit könnte dazu beitragen, die technologische und ökonomische Entwicklung in umweltverträgliche Bahnen zu lenken (vgl. OECD 1991b, 51-56).

– Wegen der weitreichenden gesellschaftlichen Implikationen der neuen Technologien und unter dem Gesichtspunkt der Gewährleistung von "sustainable development" (anhaltende Entwicklung) müssen Fragen des technologischen Wandels Teil des sozialen Entscheidungsprozesses werden, der alle Betroffenen beteiligen sollte. Die systematische Analyse von technologischen Entscheidungen im Hinblick auf ihre ökonomischen, ökologischen und sozialen Auswirkungen wäre dafür eine unabdingbare Vorbedingung (OECD 1991b, 19-24).

Die angeführten Beispiele zeigen den überragenden Stellenwert, den soziale Innovationen für die Nutzung der Potentiale technologischen Wandels besitzen. Vielfältige Formen neuer Kooperationen, Einstellungs- und Verhaltensänderungen sowie institutionelle Reformen sind angesagt, wenn eine gleichgewichtige technisch-ökonomische Entwicklung gesichert werden soll. Die im Laufe des Programms entwickelte Vorstellung, daß technologische Innovation einerseits ein kumulativer und inkrementaler Prozeß ist und andererseits ein integraler Bestandteil des Funktionierens von Märkten, sozialen Wandels und ökonomischen Wachstums (vgl. OECD 1991a, 17-20, 62-66), hat weitreichende Konsequenzen für die Politik:

> Today, barriers, traditionally viewed as immutable, are collapsing: between science, technology and industry, between public and private responsibilities, between the micro-economic and macro-economic sphere, between national policies and international considerations. Here too, new balances and divisions of responsibility should be established between the various actors, in order to design national and international policies which fit the very nature of technology. (OECD 1991b, 11)

Inhalt, Umfang und Aufgaben der Technologiepolitik sind davon in besonderer Weise betroffen:

> For *government*, to think in terms of a complex system is to understand that while the firm is the main link in technology-economy relationships, its intrinsic economic and technological efficiency also depends on the institutional characteristics of the national innovation system as well as the network of international relationships within which it operates.
> For *ministers responsible for innovation*, attention will be paid to the evaluation and improvement of the national innovation system in terms of its ability to create, diffuse and take advantage of technological change. (OECD 1992, 22)

Die Verbesserung der "nationalen Innovationssysteme" stellt eine große Herausforderung für die Technologiepolitik dar. Die Entwicklung entsprechender Kooperationsformen, neuer Instrumente und umfassender Strategien könnte somit eine erste soziale Innovation im Dienste der technologischen Entwicklung darstellen. Die von der OECD ausgearbeiteten Grundlagen und Empfehlungen leisten auch in dieser Hinsicht einen unverzichtbaren Beitrag.

3.2. Die Entwicklung der Technologiepolitik von europäischen Kleinstaaten

In vielen europäischen Kleinstaaten rückten technologiepolitische Konzepte erst verspätet zu Kernelementen der Industriepolitik auf. In den 60er Jahren beschränkte sich die Industriepolitik hauptsächlich auf Instrumente der Handelspolitik zum Schutz nationaler Industrien. Mit der Krise wichtiger grundstoffbasierter Industrien in den 70er Jahren wurden defensive protektionistische Maßnahmen, Export- und Investitionsförderungen, vor allem aber direkte Subventionen zur Erhaltung krisengeschüttelter Industriezweige verstärkt eingesetzt. Diese Strategie stieß seit Anfang der 80er Jahre an ihre Grenzen als offenbar wurde, daß strukturelle Anpassungen erforderlich sind. Die Ölkrise, das Vordringen von neuen Industrieländern als Konkurrenten in zentralen Industriesek-

56

toren und die Ausweitung des Weltmarktes – vor allem durch den Abbau von Zollschranken – ließen die herkömmlichen industriepolitischen Instrumente unwirksam werden. Marode Großbetriebe, die exorbitant steigende Subventionen zur Sicherung ihrer Existenz erforderlich machten, entpuppten sich als Faß ohne Boden. Eine Neuorientierung der Industriepolitik wurde eingeleitet, die vom internationalen Wiederaufleben liberaler wirtschaftspolitischer Ansichten und dem politischen Erfolg konservativer Regierungen getragen war. In den 80er Jahren kam es allmählich zu einer Abkehr von interventionistischen Politiken, die gegen Markttrends zu steuern versuchten. Stattdessen wurden unter dem Stichwort der "Deregulierung" Maßnahmen getroffen, die die unternehmerische Initiative stärken sollten, um auf diese Weise die selbstregulativen Marktkräfte zur Strukturanpassung zu nutzen. Zur Unterstützung dieses Prozesses wurden die Instrumente der Investititionsförderung vom Staat zunehmend für Zwecke der Technologieförderung eingesetzt und die Mittel umgelenkt. Seit Mitte der 80er Jahre haben sich in allen europäischen Kleinstaaten Politikkonzepte durchgesetzt, die auf eine aktive angebotsseitige Förderung der technischen Entwicklung und die Verbreitung neuer Technologien setzen. Unabhängig von der politischen Ausrichtung von Regierungen avancierte die Technologiepolitik somit auch in den europäischen Kleinstaaten zu einem zentralen Instrument der ökonomischen Erneuerung und Restrukturierung (vgl. Roobeek 1990). Die Technologiepolitik von Kleinstaaten sieht sich allerdings mit einer Reihe von Problemen konfrontiert, die aus ihrer spezifischen ökonomischen Lage und Charakteristik resultieren.

Kleinstaaten sind in hohem Maße exportorientiert. Schweden, Dänemark und Österreich exportieren rund ein Drittel ihrer Güter und Dienstleistungen, Holland sogar 55%, wobei das Schwergewicht auf "low-tech" Gütern liegt (vgl. Glatz u.a. 1991, 136). Eine Sonderstellung nimmt die Schweiz ein, die wegen ihrer großen multinationalen Konzerne zu den technologischen Spitzenreitern zählt (vgl. OECD 1991a, 55). Aber auch in Schweden und Holland bestimmen große multinationale Konzerne die ökonomische Landschaft. Dementsprechend hoch ist der Grad der Internationalisierung ihrer Industrie über Direktinvestitionen im Ausland. In Ländern wie Dänemark, Finnland und Österreich ist die internationale wirtschaftliche Verflechtung geringer, was Nachteile im Hinblick auf die rasche Realisierung von "economies of scale" mit sich bringt, die für eine rasche Armortisierung von Investitionen in Forschung und Entwicklung wichtig sind. Die geringere Marktpräsenz im Ausland bringt Nachteile in den frühen Stadien der Produktinnovation mit sich, in denen nach übereinstimmender Ansicht enge Produzenten/Konsumenten-Beziehungen entscheidend zum wirtschaftlichen Erfolg beitragen. Der beschränkte Inlandsmarkt benachteiligt die Kleinstaaten darüberhinaus bei der Entwicklung von Prozeßinnovationen (vgl. Walsh 1988, 37-53). Strukturelle Nachteile im Hinblick auf die technologische Entwicklungsfähigkeit von Kleinstaaten ergeben sich aus der Dominanz von Klein- und Mittelbetrieben, die kaum eigene Forschung und Entwicklung betreiben; aus der schmalen industriellen Basis, die kaum internen Wettbewerb zuläßt und einer strukturkonservativen Wirtschaftspolitik Vorschub leistet, aber auch durch die absolut beschränkten Mittel, die für Forschung und Entwicklung zur Verfügung stehen. Daraus ergeben sich erhebliche Probleme bei der Prioritätensetzung im Bereich Forschung und Entwicklung: sowohl eine zu enge Spezialisierung als auch Versuche, mit den großen Industrienationen im Bereich der "Schlüsselindustrien" mitzuhalten, bergen große Risiken. Trotz der absolut betrachtet geringen Forschungs- und Entwicklungsausgaben können sich manche europäische Kleinstaaten sehen lassen, was die relative Bedeutung von Forschung und Entwicklung betrifft. In einer vierstufigen Klassifizierung der OECD werden die Schweiz und Schweden zu den "Technologieführern" gezählt, Belgien, Finnland, Norwegen und die Niederlande werden als "high-tech countries" eingestuft und Dänemark, Irland und Österreich immerhin noch als "middle-tech countries" (vgl. OECD 1991a, 59, Table 3).

Trotz der markanten Unterschiede in den ökonomischen Rahmenbedingungen und im Hinblick auf die unterschiedliche Bedeutung von Forschungs- und Entwicklungsausgaben ergeben sich Parallelen in der Setzung von technologiepolitischen Prioritäten. Insbesondere in Schweden, Dänemark, Finnland, den Niederlanden und Österreich wird die Verbesserung der Diffusion von Produktinnovationen als wichtiges technologiepolitisches Problem definiert. Die Technologieförderung konzentriert sich in allen Kleinstaaten auf die Mikroelektronik, gefolgt von der Biotechnologie und neuen Materialien. In den 80er Jahren ist eine Konvergenz in den industriepolitischen Konzeptionen zu verzeichnen. Technologiepolitische Programme und Instrumente weisen grundsätzlich die gleiche Struktur auf. Das ist nicht zuletzt auf die starke Orientierung an Referenznationen zurückzuführen. Die Unterschiede liegen eher darin, welcher Stellenwert der Technologiepolitik insgesamt zugemessen wird und welches relative Gewicht den einzelnen Instrumenten zukommt (vgl. Glatz 1992, 60, 67).

Für die Entwicklung von Politiken zur Steuerung der "nationalen Innovationssysteme" scheinen Kleinstaaten besonders geeignet. Eine solche Politik erfordert einerseits spezialisierte Einrichtungen, Akteure und eine gute Koordination untereinander und andererseits einen hohen Grad der funktionellen Integration der technologiepolitischen Agenden mit den übrigen relevaten Politikbereichen wie Kapitalmarkt-, Handels-, Beschaffungs-, Arbeitsmarkt-, Wettbewerbs-, Steuer- und Bildungspolitik. Die meisten Länder haben politisch hochrangig angesiedelte Koordinationseinrichtungen geschaffen, die die technologierelevanten Aktivitäten in den einzelnen Politikbereichen aufeinander abzustimmen helfen sollen. Allerdings sind die institutionellen und konzeptionellen Rahmenbedingungen unterschiedlich weit entwickelt. Holland, Schweden und Finnland verfügen über ein gut integriertes Netz von intermediären Organisationen und effektive Koordinationsinstanzen. In Dänemark und Österreich sind die organisatorischen Voraussetzungen zwar ebenfalls geschaffen worden – einerseits durch die Installierung von Technologieräten und andererseits durch die Einrichtung eines Kuratoriums im Rahmen des österreichischen Investitions- und Technologiefonds, es mangelt ihnen jedoch an Effizienz (vgl. Glatz u.a. 1991, 146-147).

Inwieweit die Bedeutung des "sozialen Faktors" bzw. organisatorischer Bedingungen für eine erfolgversprechende Technologieentwicklung in den einzelnen Ländern erkannt worden ist, läßt sich nur schwer beurteilen. Fest steht allerdings, daß die gesellschaftliche Reflexion und die soziale Einbettung der Technologieentwicklung in den meisten Ländern nur zögerlich in Angriff genommen wird. Es fehlen noch weitgehend praktikable Verfahren und Formen der Integration sozialer und ökologischer Aspekte. Die Installierung von Einrichtungen des "technology assessement", die Vergabe von "foresight studies", Maßnahmen des "technology monitoring" und eine verstärkte Befassung der Parlamente mit Fragen der Technologieentwicklung und ihrer Folgen sind Schritte in die richtige Richtung (vgl. Glatz u.a. 1991, 146). Als günstige Vorbedingung für die Erprobung sozialer und institutioneller Innovationen und als Vorteil gegenüber großen Industrienationen hinsichtlich der Diffusion neuer Technologien könnte sich die Affinität zu korporatistischen Entscheidungsstrukturen in den Kleinstaaten erweisen. In allen europäischen Kleinstaaten wird auf den Konsens auch in technologiepolitischen Fragen großer Wert gelegt. Der technologiebezogene Basiskonsens scheint noch weitgehend intakt zu sein. Dazu trägt nicht zuletzt bei, daß alle europäischen Kleinstaaten über ein breites und dichtes sozialstaatliches Netz verfügen, das die Auswirkungen der hohen Weltmarktexponiertheit wohlfahrtsstaatlich abfedern soll. Das könnte zugleich ein Grund dafür sein, weshalb die Technologieentwicklung in allen Ländern weitgehend außer Streit gestellt ist und Technologiefeindlichkeit kein Problem darstellt. Allerdings ist die Annahme nicht unbegründet, daß der technologiepolitische Konsens teilweise das Resultat der Exklusivität neokorporatistischer Strukturen und der bislang faktisch hingenommenen Dominanz der Arbeitgeberseite und wissenschaftlicher Experten ist (vgl. Glatz u.a. 1991, 145-146). Das könnte sich in Zukunft ändern und zwar in dem Maße, wie sich das öffentliche Bewußtsein für die soziale Bedeutung technologischer Entwicklungen schärft, die Ökologieproblematik in Zusammenhang mit den neuen Technologien an Dramatik und ökologische Protestbewegungen und Parteien an Einfluß gewinnen. Dann könnte sich herausstellen, daß der spezifische Politikstil, die politische Kultur bzw. die Flexibilität der institutionellen Strukturen zu einem entscheidenden Faktor im technologiepolitischen Wettbewerb zwischen Kleinstaaten wird. So ist es vielleicht auch kein Zufall, daß sich neuerdings "kleine" Länder zunehmend um die Entwicklung und Umsetzung innovativer Programme zur sozial integrierten Technologieentwicklung und -gestaltung bemühen.

3.3. Das schwedische LOM-Programm: "Leitung, Organisation, Mitbestimmung"

Schweden besitzt eine lange Tradition sozialpartnerschaftlicher Zusammenarbeit im Bereich der industriellen Beziehungen. Dem kooperativen Klima und den gemeinsamen Innovationsanstrengungen wird nicht zuletzt die internationale Spitzenposition, die Schweden in bezug auf Produktivität und Wohlstand bis in die 70er Jahre innehatte, zugeschrieben. Seitdem ist Schweden in das europäische Mittelfeld zurückgefallen. Weniger wegen der allgemeinen Wirtschaftskrise Mitte der 70er Jahre als aufgrund der langfristigen Erosion des etablierten Produktionsmusters. Anfang der 80er Jahre zog man in Schweden daraus die Konsequenzen und entwickelt Konzepte, die auf "weitreichende Transformationen traditioneller Produktionsmodelle und ihrer arbeitspolitischen Korrelate" hinzielen (vgl. Naschold 1992, 1-2). Anknüpfend an die Vorreiterrolle, die Schweden gemeinsam mit Norwegen seit den 60er Jahren im Hinblick auf die Durchführung von nationalen Programmen zur lokalen Technologie- und Organisationsentwicklung innehat, wurde schon in der ersten Hälfte der 80er Jahre in Schweden ein erstes Entwicklungsprogramm durchgeführt, das 40 renommierte Unternehmen zu kooperativer Technologie- und Organisationsentwicklung hinführen sollte (vgl. Naschold 1992, 29-31). Den Rahmen für das erste Entwicklungsprogramm wie auch für das LOM-Programm bildet das Mitbestimmungsgesetz von 1977 und das 1982 vom Arbeitgeberverband, dem Gewerkschaftsdachverband und dem Verhandlungskartell der Angestellten-Gewerkschaften des Privatsektors abgeschlossene Entwicklungsabkommen. Die Charakteristika dieser Programme bestehen darin,

- daß es sich um national und makroökonomisch orientierte Konzepte handelt und nicht um sektorale oder einzelbetriebliche Förderungen
- daß die Innovationsanstrengungen wissenschaftlich unterstützt und begleitet werden und nicht von privaten Unternehmensberatern
- daß die Partizipation ein Kernelement der Entwicklungsstrategie darstellt und
- daß die Entwicklungsstrategien lokal ansetzen und den einzelnen Arbeitsplatz, Arbeitsgruppen oder ganze Unternehmungen miteinbeziehen.

60

Beim LOM-Programm handelte es sich um ein Forschungs- und Entwicklungsprogramm zur Unterstützung lokaler Wandlungsprozesse in der Privatwirtschaft und dem öffentlichen Sektor. Es weist einige Spezifika auf, die es als innovatives Programm ausweisen (vgl. Naschold 1992, 5-7). Erstens ist es radikal prozeßorientiert. Das Hauptziel der Entwicklungsarbeit besteht darin, einen sich selbst steuernden Prozeß der permanenten Innovation zu installieren und in Gang zu setzen. Damit unterscheidet es sich von herkömmlichen Organisationsentwicklungskonzepten, wo vorgegebene Ziele von Experten in ein Design umgesetzt werden, das eine bestimmte Struktur von Technik, Organisation und Personal als wünschenswert auszeichnet und die mittels der manageriellen Hierarchie in einem "Top-down-Verfahren" installiert wird. Zweitens ist es partizipationsorientiert. Die Einbeziehung möglichst aller Betroffenen erfolgt dabei nicht punktuell, sondern anhand des Aufbaus einer "kommunikativen Infrastruktur", die einen permanenten Kommunikationsfluß und die kontinuierliche Mobilisierung der kreativen Potentiale der Mitarbeiter garantieren soll. Integrativer Bestandteil der kommunikativen Infrastruktur ist die Verbesserung der Sprach- und Interaktionskompetenz aller Akteure. Drittens zeichnet sich das LOM-Programm durch die begleitende Unterstützung der Entwicklungsarbeit durch eine "lernende Parallelorganisation" aus, das die im Betrieb vorherrschenden vertikalen und horizontalen Gliederungen überwinden helfen soll. Das Evaluationsteam stellte fest, daß "diese Grundkonzeption im Vergleich zu alternativen Strategien in Europa und in den USA konzeptionell einen wichtigen Entwicklungsfortschritt (darstellt) und () im Ansatz zu einer wichtigen Antwort auf die japanische Herausforderung beitragen (kann)" (vgl. Naschold 1992, 7).

Das LOM-Programm wurde vom "Arbeitsmiljöfonden (AMFO)" initiiert und war mit rund 50 Mio. schwedischen Kronen dotiert.[5] Von 1985-1990 wurden im Rahmen dieses Programmes in 148 Organisationen 72 Forschungs- und Entwicklungsprojekte unter Beteiligung von insgesamt 64 Wissenschaftlern durchgeführt (vgl. Naschold 1992, 23). Von den letztendlich 62 Projekten mit vertiefter Teilnahme konnte bei einem Drittel die kommunikative Innovationsentwicklung verbessert und bei einem Siebtel Innovationen im Bereich von Technik, Organisation und Personal verzeichnet werden. Dabei handelte es sich überwiegend um Veränderungen in der Arbeitsorganisation, weniger in der Personalwirtschaft. Technologische Innovationen bilden die Ausnahme (vgl. Naschold 1992, 102-103). Je nach Vergleichsgesichtspunkt können diese Ergebnisse als relativ gut oder eher schlecht beurteilt werden. Eine solche ergebnisorien-

---

5 50 Mio. schwedische Kronen entsprechen heute rund 76 Mio. ÖS (Stand März 1994). Berücksichtigt man die Inflationsrate und die Abwertung der schwedischen Krone, so dürfte der tatsächliche Vergleichswert für die damals verausgabten Mittel noch um einiges höher liegen.

tierte Betrachtung kann dem Programm, das ja explizit prozeßorientiert ausgelegt ist, nicht wirklich gerecht werden. Ein dem Anspruch des Programmes adäquates Beurteilungskriterium ist vielmehr der Grad der "operativen Prozeßbeherrschung", d.h. die Frage, ob die gewählte Organisationsstruktur und die eingesetzten Instrumente und Praktiken tatsächlich geeignet waren, kontinuierliche Entwicklungsprozesse in Gang zu setzen. Die Evaluation ergab folgende kritische Variable bzw. Problembereiche, die einerseits der operativen Prozeßbeherrschung Grenzen setzte, andererseits aber auch als Ansatzpunkte für die konzeptuelle Weiterentwicklung zur Steigerung der Programmeffizienz gelten können.

Die Vernachlässigung der Designkomponente
Der zentrale generative Mechanismus zur Stimulierung von Entwicklungsprozessen im LOM-Programm war die Idee des "demokratischen Dialoges". In verschiedenen konferenzartigen Veranstaltungen, Gruppentreffen und -gesprächen sollten Ideen zur Verbesserung der Unternehmensorganisation entwickelt und auf den Weg gebracht werden. Diese offene Struktur im Hinblick auf mögliche Entwicklungsrichtungen und -ziele ermöglichte eine breite Beteiligung und die Mobilisierung von Kreativitätspotentialen. Der Möglichkeitsraum für Entwicklungsprozesse blieb dabei allerdings auf den Erfahrungs- und Vorstellungshorizont der unmittelbar Beteiligten beschränkt. Um eine Ausweitung des "Raumes der Verbesserung" in Unternehmungen zu erreichen, d.h. möglichst vollständig all diejenigen Variablen zu identifizieren, die möglicherweise zu einer Verbesserung der Organisationsleistung beitragen könnten, wäre es erforderlich, professionelles Wissen und internationale Erfahrungen verstärkt in den diskursiven Zielfindungsprozeß einfließen zu lassen. Die Vorstellung von Produktionsmodellen und Organisationskonzepten der weltweit erfolgreichsten "best practice"-Unternehmungen könnte wichtige Anregungsfunktionen für den internen Willensbildungsprozeß erfüllen. In diesem Sinne könnte die Inkorporierung von Designelementen in die Prozeßstruktur zur "Radikalisierung der Organisations-Visionen" beitragen und den Innovationsgrad von Entwicklungsprozessen erhöhen (vgl. Naschold 1992, 13-14, 108-113).

Die Unterinstrumentierung des Entwicklungsprozesses
Die im LOM-Programm eingesetzten und entwickelten kommunikativen Instrumente (Dialogkonferenzen, Steuerungsgruppen, Projektgruppen, Arbeitsplatztreffen, Versammlungen, Studienzirkel, Führungsdialoge; vgl. Naschold 1992, 58-64, 74-80) erwiesen sich als tauglich, Entwicklungsprozesse zu initiieren und in Gang zu setzen. Es wurden jedoch kaum Instrumente und operatives Wissen im Sinne mittelfristiger Konzepte, Methoden und Instrumente entwickelt oder bereitgestellt, die eine Ausschöpfung des Entwicklungspotentials si-

cherstellen hätten können. Nicht zuletzt aus dem Fehlen solcher Prozeß- und Designinstrumente erklärt sich ein deutlicher "Energieabfall" im Programm- und Projektverlauf (vgl. Naschold 1992, 13, 113-115).

Zeit als Erfolgsfaktor
Sowohl die Analyse der erfolgreichen Projekte innerhalb von LOM als auch der internationale Vergleich zeigt eindeutig, daß eine Laufzeit von mindestens 2,5 bis 3 Jahren von Einzelprojekten eine Minimalbedingung für die Durchführung von Organisationsverbesserungen darstellt. Ganze Forschungs- und Entwicklungsprogramme müssen sogar langfristig angelegt sein, wenn die Ausnützung des in einzelnen Projekten erarbeiteten Innovationspotentials gelingen soll. Referenzprogramme wurden in Japan und Deutschland ("Humanisierung der Arbeit" bzw. "Arbeit und Technik") schon Ende der 60er, Anfang der 70er Jahre etabliert und institutionalisiert. Diskontinuitäten auf Programmebene verhindern die Akkumulation von Wissen und den Aufbau von institutionellen und personellen Forschungsressourcen (vgl. Naschold 1992, 14-15, 82-85, 113-118).

Die Spannung zwischen formaler Hierarchie und alternativer Organisation.
Eine zentrale Idee der Organisationsentwicklung im LOM-Programm bestand darin, eine innovationsorientierte "Parallelorganisation" zu den etablierten Betriebshierarchien zu installieren. Sie sollte segmentierte und hierarchisch strukturierte Kommunikationsflüsse im Betrieb umgehen, unwahrscheinliche Kommunikationen ermöglichen und neue Akteurssysteme schaffen, von denen man sich kreative Ideen und Lernprozesse für die Beteiligten erwartete. Der Erfolg dieses Konzepts hängt davon ab, ob es gelingt, einerseits die verschiedenen Ebenen des Managements zu gewinnen und zu integrieren und andererseits die "Parallelorganisation" vom Zugriff und der Kontrolle der traditionellen Hierarchie zu schützen. Wegen der zentralen Rolle, die das Management bei der Organisationsentwicklung spielt, erscheint diese organisatorische Lösung als nicht optimal. Die Suche nach neuen organisatorischen Lösungen für die Verknüpfung von traditioneller und Entwicklungsorganisation muß als strategische Leerstelle im Entwicklungskonzept betrachtet werden, denn weder das Modell der Parallelorganisation noch das Integrationsmodell – wo beide Organisationen im Sinne des Top-down-Umsetzungsansatzes identisch sind – stellen eine befriedigende Lösung dar (vgl. Naschold 1992, 15, 118-119).

Die Bedeutung der Unterstützung lokaler Entwicklungsprozesse durch eine
"nationale Infrastruktur der Innovation"
Das LOM-Programm wurde von einem besonderen institutionellen Arrangement getragen. Im Rahmen der Forschungsförderung des Arbeitsministeriums wurde das LOM-Programm von einem relativ unabhängigen Fonds (AMFO) verwaltet und von einem Board, der hauptsächlich mit Mitgliedern der zentralen

Arbeitsmarktparteien besetzt war, gesteuert. Die Arbeitsmarktparteien sowohl des privaten wie des öffentlichen Sektors waren auf der Grundlage von zentralen Entwicklungsabkommen die zentralen Akteure und Betreiber des Programms. Ihre Aufgabe bestand in der Erarbeitung von politischen Zielvorgaben, der politischen Legitimierung und Kontrolle sowie der Anwerbung von Firmen und Organisationen für die Entwicklungsprozesse. Im Vergleich mit den Referenznationen USA, Deutschland und Japan zeichnet sich dieses Arrangement durch den hohen Grad der formalen Institutionalisierung, die zentrale Programmsteuerung und die Vorherrschaft der Sozialpartner aus. Der Erfolg der erwähnten Modelle und die internationalen Erfahrungen – insbesondere das Beispiel Japans – belegen, daß das Zusammenspiel von makropolitischen Strukturen und mikroökonomischen Entwicklungsprozessen ein zentraler Faktor für die Entwicklung von komparativen Vorteilen im Sinne einer "dynamischen Effizienz" bildet. Dies gilt insbesondere im Hinblick auf diejenigen technologischen Kernbereiche der weltweiten Ökonomie, die Infrastrukturcharakter besitzen. Ihre breite Diffusion über institutionelle Innovationen ist sowohl auf öffentliche Forschung als auch auf einen gesellschaftlichen Diskurs zur Konsensbeschaffung angewiesen. Die Erfahrungen in Deutschland lehren darüberhinaus, daß traditionelle, finanzielle Technologieförderungsprogramme hauptsächlich Mitnahmeeffekte zeitigen und bestenfalls verstärkend und beschleunigend wirken, jedoch kaum innovativ sind. "Umgekehrt konnte anhand empirischer Evaluationsstudien nachgewiesen werden, daß komplex angelegte Befähigungsprogramme ("Enabling Programs"), die aus einer Mischung von Beratung und Information, Kontaktaufnahme und -vermittlung bestehen und gegebenenfalls mit sehr begrenzten finanziellen Anreizen (Anlauffinanzierung, seed-money) operieren, innovative Wirkungen erzielen können" (Naschold 1992, 125). Die Stabilisierung und kreative Weiterentwicklung des Zusammenwirkens von mikroökonomischen Entwicklungsprozessen und makropolitischen Strukturen stellt somit eine erfolgversprechende pragmatische Antwort auf die festgefahrene Opposition von staatlichem Interventionismus versus Deregulierung dar. Die Erfahrungen mit dem LOM-Programm bestätigen diese Einschätzung (vgl. Naschold 1992, 15, 56-58, 120-128).

3.4. Das Projekt "Wissenschaftsstadt" in Baden-Württemberg

Die Überzeugung von der Notwendigkeit der Verknüpfung von mikroökonomischen Entwicklungsprozessen mit makropolitischen Strukturen stand auch bei der Idee Pate, in Baden-Württemberg eine "Wissenschaftstadt" aufzubauen. In Anlehnung an japanische Vorbilder wie der Tsukuba Science City, die Mitte der

70er Jahre entstand, und dem "Technopolis-Programm", das zum Aufbau von inzwischen 15 regionalen High-Tech-Entwicklungszentren in Japan geführt hat (vgl. Naschold 1989a, 146), wurde Mitte der 80er Jahre von Ministerpräsident Lothar Späth das Projekt "Wissenschaftsstadt Ulm" aus der Taufe gehoben. Das Konzept einer "Wissenschaftsstadt" beruht im Unterschied zum Konzept der Gründer- und Technologiezentren auf der Bündelung verschiedener politischer Zieldimensionen, staatlicher Steuerungsinstrumente sowie öffentlicher und privater Ressourcen "in der Erwartung, daß über die kumulative Wirkung von einzelnen Maßnahmen hinaus zusätzliche Synergieeffekte auftreten" (Schmid/Tiemann/Kohler 1990, 209). Die Strategie, die mit "Technopolis-Konzepten" verfolgt wird, zielt auf den Ausbau und die Konzentration von universitären Kapazitäten zur Förderung von Forschung und Entwicklung; die Intensivierung der Forschungskooperation zwischen Unternehmungen und Hochschulen durch gemeinsame Einrichtungen und die Anlagerung betrieblicher Forschungseinrichtungen; die Anwendungsorientierung von Forschung und Lehre; die Verbesserung der Bedingungen des Personalaustauschs zwischen Unternehmungen und Hochschulen und der Nachwuchsrekrutierung.

Das Projekt "Wissenschaftsstadt Ulm" entwickelte sich aus einzelnen Initiativen autonomer Akteure, die nicht zentral geplant waren, sondern eher zufällig aufeinander zuliefen. Die Stadt Ulm besitzt eine naturwissenschaftlich ausgelegte Universität und eine ingenieurwissenschaftliche Fachhochschule, die beide über Erfahrungen mit der industriellen Forschungskooperation verfügten, und sie ist Sitz der Steinbeis-Stiftung, die einen technischen Beratungsdienst und sechs Technologietransferzentren betreibt. Diese hervorragenden infrastrukturellen Voraussetzungen waren schon 1983 Anlaß zu einer gemeinsamen Initiative von AEG, der Stadt Ulm und Hochschulvertretern, die Zusammenarbeit zu verstärken (vgl. Tiemann/Schmid 1990, 447). Der zweite Entwicklungsstrang, der den Boden für das Konzept der "Wissenschaftsstadt" bereitete, war die Strategie des Daimler-Benz-Konzerns. Nach der Unternehmenserweiterung um die Firmen AEG, Dornier und MTU befand sich Daimler-Benz auf der Suche nach einem geeigneten Standort für die Konzentration der firmeneigenen Forschung und Entwicklung im Hochtechnologiebereich. Wegen der guten infrastrukturellen Voraussetzungen und der Tatsache, daß sowohl ein großes Forschungsinstitut von AEG als auch sämtliche Luft- und Raumfahrtaktivitäten unter dem Dach der Deutschen Aerospace in Ulm ihren Sitz haben, lag es nahe, Ulm auch zum Sitz der zentralen Forschungseinrichtung des Konzerns zu machen. Sie soll rund 700 Mitarbeiter beschäftigen und Investitionen in Höhe von 150 bis 200 Mio. DM verteilt auf fünf Jahre flüssig machen (vgl. Tiemann/Schmid 1990, 447-448). Vor diesem Hintergrund trat das Land Baden-Württemberg auf den Plan.

Die beschriebenen Bedingungen bildeten nahezu ideale Voraussetzungen für die Realisierung der modernisierungspolitischen Vorstellungen der Baden-Württembergischen Landesregierung, die stark vom damaligen Ministerpräsidenten Lothar Späth (CDU) geprägt waren. Speerspitze der staatlichen Modernisierungsstrategie war eine technologieorientierte Wirtschafts- und Gesellschaftspolitik, die darauf abzielt, den gesellschaftlichen Strukturwandel hin zur "Informationsgesellschaft" aktiv zu fördern und zu unterstützen. Einen zentralen Mechanismus dieses Wandels stellt die verstärkte Zusammenarbeit von Staat, Wirtschaft und Wissenschaft dar, die den ideologischen Gegensatz von Markt und Staat überwinden soll. Die Rolle des Staates ist durchaus eine zentrale, weshalb für diese Modernisierungsvariante auch der Begriff des "technologischen Etatismus" geprägt wurde, der allerdings sehr umstritten ist (vgl. Erdmenger/Fach/ Simonis 1988, 230-231). Inhaltlich soll sich der Staat allerdings auf die Schaffung von liberalen Rahmenbedingungen zur Förderung der unternehmerischen Initiative, die Bereitstellung einer informationellen und kommunikativen Infrastruktur und die Rolle als "Animateur" für technologische Innovation beschränken (vgl. Erdmenger/Fach/Simonis 1988, 246-254). Die Projektierung der "Wissenschaftsstadt Ulm" stellt einen Anwendungsfall dieses Konzepts dar bzw. "der Kunst, rechtzeitig auf den richtigen fahrenden Zug aufzuspringen" (Tiemann/ Schmid 1990, 448).

Die politische Steuerung der Projektierung und Konzeptualisierung der "Wissenschaftsstadt" wurde im Staatsministerium, also im Bereich der Landesregierung zentral verankert. Ein Zeichen dafür, daß es sich um ein Projekt handelt, bei dem es um übergeordnete landespolitische Interessen geht. Darüberhinaus waren das Wissenschaftsministerium – im Hinblick auf den Hochschulausbau – und das Ministerium für Wirtschaft, Technologie und Mittelstand direkt involviert, da die staatliche Förderung der einzurichtenden außeruniversitären Forschungsinstitute als Wirtschaftsförderungsmaßnahme konzipiert war. Die Entwicklungsplanung wurde 1987 einer "Lenkungskommission" übertragen, die unter dem Vorsitz des Ministerpräsidenten bzw. seines ständigen Vertreters, dem Direktor des Max-Planck-Instituts für Festkörperforschung und Aufsichtsratsmitglieds der Firma Bosch tagte. Der Lenkungskommission gehörten darüberhinaus der Oberbürgermeister der Stadt Ulm, die Rektoren der Universität und der Fachhochschule, die Projektbeauftragten des Daimler-Benz Konzerns, der Regierungsbeauftragte für den Technologietransfer, der Vorsitzende der Landesentwicklungsgesellschaft, die Rektoren der technischen Universitäten Stuttgart und Karlsruhe sowie die Vorsitzenden der zusätzlich eingesetzten "Fachkommissionen" ein. Die Aufgabe der "Lenkungskommission" bestand darin, für die Landesregierung Empfehlungen zum Ausbau der Universität und der Fachhochschule sowie zur Institutionalisierung neuer Forschungseinrichtungen zu erarbeiten, wobei die lokalen Gegebenheiten und die Bedürfnisse der Industrie besonders zu beachten waren. Zur Vorbereitung der Empfehlungen wurden "Fachkommissionen" eingesetzt, die Vertreter von Wissenschaft und Wirtschaft repräsentierten (vgl. Schmid/Tiemann/Kohler 1990, 210).

Der vorgelegte Entwicklungsplan für die "Wissenschaftsstadt" beinhaltete eine Reihe von Einzelmaßnahmen: den Ausbau und die Diversifizierung von Studien und Forschungsrichtungen an Universität und Fachhochschule – 1989 entschloß sich der Bund, 50% der Kosten für den geplanten Bau und die Ersteinrichtung von Hochschulgebäuden zu übernehmen; den Ausbau und die Konzentration der Industrieforschung von Daimler-Benz in Ulm; die Errichtung eines Gemeinschaftsforschungsinstituts für anwendungsorientierte Wissensverarbeitung (FAW), dessen Stiftungskapital zu 40% vom Land (plus 5 Mio. DM zusätzlich im Jahre 1987/88) und zu 60% von sechs großen Konzernen bereitgestellt wurde; den Plan zur Einrichtung einer Akademie zur Technologiefolgenabschätzung und zur Schaffung eines "Science Parks" als technologischer Transfereinrichtung hin zu mittelständischen Unternehmen. Die Realisierung des "Science Parks" ist allerdings erst für Ende der 90er Jahre vorgesehen. (vgl. Schmid/Tiemann/Kohler 1990, 212-213). Ein innovatives Element hätte die Integration der Technologiefolgenabschätzung (TA) in das auf Technologieentwicklung ausgerichtete Technopolis-Konzept bedeutet. An diesem Punkt entzündeten sich tiefgreifende forschungs-, industrie- und gesellschaftspolitische Konflikte, sodaß sich Daimler-Benz von diesem Projekt distanzierte. In der Folge wurde die TA-Akademie aus der Wissenschaftsstadt herausgelöst und in reduzierter Form nach Stuttgart verlagert (vgl. Naschold 1989a, 150-153). Insgesamt betrachtet führt das Projekt der "Wissenschaftsstadt Ulm" zu einer auch für Deutschland einmaligen Konzentration und Verflechtung von industrieller und universitärer Forschung und stößt mit einem Investitionsvolumen von insgesamt rund 500 Mio. DM, der intensivierten Kooperation zwischen Wissenschaft und Wirtschaft sowie zwischen verschiedenen Unternehmungen in neue technologiepolitische Dimensionen vor.

Innovativ und neuartig ist dieses Konzept weniger in konzeptioneller Hinsicht oder auf mikroökonomischer Ebene als auf der Ebene der makropolitischen Steuerung. Tiemann, Schmid und Kohler haben am Beispiel der "Wissenschaftsstadt Ulm" den zur Anwendung kommenden Steuerungsmodus als "autorisierte Selbststeuerung im Unternehmensnetzwerk mit Leitkonzern" charakterisiert und von Modellen "etatistischer Lenkung", "Neo-Korporatismus", "(reinem) Markt" und "(reiner) Selbststeuerung" abgegrenzt (1990, 213-215). Dieser Steuerungsmodus zeichnet sich dadurch aus,

– daß das Adressatenfeld, d.h. die Industrie relativ stark integriert ist. Daimler-Benz ist in Baden-Württemberg ein dominierendes Unternehmen mit

10000 Zulieferbetrieben, die ein "Unternehmensnetzwerk" bilden, in dem
jeder 13. Arbeitsplatz lokalisiert ist. Die zentrale ökonomische Stellung des
Konzerns und seine Normierungs- und Transferfähigkeit gegenüber Zulie-
fer- und Kooperationsfirmen garantiert eine hohe wirtschaftliche Erfolgs-
wahrscheinlichkeit, eine rasche Diffusion und einen stabilen Nachfragesog
für technologische Innovationen. Andererseits ist eine erfolgreiche politische Steuerung der Modernisierung durch Technologieentwicklung auf die
Kooperation dieser mächtigen Partner angewiesen, da diese ein hohes Wi-
derstandspotential gegenüber staatlichen Direktiven besitzen.

— daß eine aktive industriepolitische Strategie verfolgt wird. Tiefgreifende
  strukturelle technisch-ökonomische Wandlungsprozesse, wie sie mit der
  Entwicklung neuer Technologien auf uns zukommen, können produktiv und
  für die gesellschaftliche Modernisierung genützt werden, wenn der Staat
  aktiv steuernd und unterstützend eingreift.

— daß die parteipolitische Machtbasis und die ihr korrespondierende Wirt-
  schaftsideologie marktorientiert ist. Dies trifft sowohl auf die CDU als auch
  auf ihre stark mittelständisch geprägte Klientel zu.

Auf der Grundlage dieser Gegebenheiten hat sich eine Steuerungsstruktur herausgebildet, die die einzelnen Akteure nur lose verkoppelt und ein hohes Maß
an Dezentralisierung und Flexibilität ermöglicht. Die Rolle des Staates konzentriert sich auf das "katalysatorische Management" evolutionärer, d.h. ungesteu-
ert ablaufender Entwicklungen (vgl. Schimank 1987).

> Dies puffert das Gesamtsystem gegen partikuläre Probleme ab und ermöglicht
> zugleich eine höhere Handlungsfähigkeit des betroffenen Teilsystems (...).
> Zugleich resultieren hieraus jedoch dynamische Eigenschaften des gesamten
> Steuerungsverbundes wie die Fähigkeit zur Innovation und Selbsttransformati-
> on sowie eine relative Offenheit gegenüber divergierenden Erwartungen und
> Zuständen in der Umwelt. (Tiemann/Schmid 1990, 449)

Der Preis für diese Vorteile besteht in der Reduzierung von Gestaltungsansprü-
chen, die über den Interessenhorizont der privaten Unternehmungen hinausgehen, sowie in undurchsichtigen und undemokratischen Entscheidungsprozessen.
So haben sich zum Beispiel die Erwartungen hinsichtlich der regionalpoliti-
schen Zielsetzungen als kaum realisierbar herausgestellt ebenso wie der Versuch, die Technologiefolgenabschätzung zu integrieren (vgl. Naschold 1989a,
153-154). An der Konzeptualisierung der "Wissenschaftsstadt" waren offiziell
weder die Sozialpartner noch eine andere gesellschaftliche Gruppierung beteiligt. Insbesondere für die Gewerkschaften war es schwierig, ihre Interessen einzubringen, da die Bedingungen "vernetzter Politik" die herkömmlichen, staats-
zentrierten Einflußstrategien weitgehend unwirksam machen. Die Gewerkschaften sind in dieser Hinsicht zur Veränderung ihrer Organisations- und Politik-

muster aufgefordert. Trotzdem hielt sich die Kritik am Konzept der "Wissenschaftsstadt" in Grenzen (vgl. Schmid/Tiemann/Kohler 1990, 210-211). Jedenfalls stellt auch die "Wissenschaftsstadt Ulm" ein Beispiel für eine erfolgreiche technologiepolitische Strategie dar, die eine aktive staatliche Industrie- und Strukturpolitik mit einer losen Steuerungsstruktur verbindet. Sie demonstriert die technologiepolitische Bedeutung des "sozialen Faktors" im Sinne innovativer institutioneller Arrangements auf makropolitischer Ebene.

Vergleicht man die beschriebenen Innovationsstrategien mit dem idealtypischen Konzept der sozialverträglichen Technikgestaltung, dann wird klar, daß die Entdeckung des "sozialen Faktors" noch keine sozialverträgliche Technikgestaltung garantiert. Sie ist aber dazu geeignet, den Anspruch der sozialverträglichen Technikgestaltung zu legitimieren und Anknüpfungspunkte für eine Weiterentwicklung technologiepolitischer Konzepte in Richtung Sozialverträglichkeit aufzuzeigen. Wie eine solche Weiterentwicklung aussehen könnte, soll nun an einem technologiepolitischen Programm etwas ausführlicher dargestellt werden.

3.5. Zusammenfassung

1. Die internationalen Erfahrungen mit neuen Produktionskonzepten und technologiepolitischen Ansätzen lassen sich auf die These zuspitzen, daß der "soziale Faktor" ausschlaggebend ist sowohl im Hinblick auf technologische Innovationen, die Ausschöpfung des ökonomischen Potentials neuer Technologien als auch im Hinblick auf die Entwicklung erfolgversprechender technologiepolitischer Strategien. Sozialverträgliche Technikgestaltung könnte somit zu einem Instrument weiterentwickelt werden, daß nicht nur negative Folgen der technologischen Entwicklung zu vermeiden hilft, sondern aktiv zur produktiven und sozialverträglichen Technikentwicklung beiträgt.

2. Die Suche nach Erklärungen für die Produktivitätsvorteile insbesondere der Japanischen Industrie führte zur Entdeckung des "sozialen Faktors" im Zentrum des ökonomischen Prozesses, der Produktion. In aufwendigen vergleichenden empirischen Studien konnte nachgewiesen werden, daß sich die Produktivitätsvorteile japanischer Unternehmungen nicht einer überlegenen Technik, sondern überlegener Organisationsformen und -konzepte auf Betriebsebene und auf wirtschafts- und technologiepolitischer Ebene verdanken.

3. Der Begriff der "lean production" ("schlanke Produktion") bezeichnet ein betriebliches Organisationsmodell, das auf den Prinzipien von Teamarbeit,

Kommunikation und Information, effizienter Ressourcenverwendung und kontinuierlicher Verbesserung beruht. Entscheidende Erfolgsvariablen sind der optimale Einsatz der Humanressourcen, die Mobilisierung ihres Kreativitätspotentials und die Konzentration auf die optimale Gestaltung der Interaktionsbeziehungen und des gesamten Produktionsgeschehens, wobei das Hauptaugenmerk auf der Prozeßbeherrschung liegt.

4. Neuere Untersuchungen über die Verlangsamung der ökonomischen Wachstumsdynamik und die Verschiebung der globalen Produktivitätshierarchien weisen die politisch-institutionellen Kontexte als entscheidende Erklärungsvariable aus. Diesen Theorien zufolge bestimmt die Art und Weise des Zusammenspiels der Organisation des betrieblichen Produktionsprozesses mit der Organisation der institutionellen Rahmenbedingungen und gesellschaftlichen Kontexte die wirtschaftliche Leistungsfähigkeit. Die Spezifika des Verhältnisses von "Akkumulationsregime" und "Regulationsweise" oder – in anderer Terminologie – der "politics in production" und der "politics of production" kennzeichnen ein spezifisches "Produktionsregime".

5. Bis Ende der 60er Jahre dominierte das tayloristisch-fordistische Produktionsregime, das in den USA entwickelt wurde und sich weltweit durchsetzte. Seit den 70er Jahren hat sich das in Japan entwickelte toyotistisch-korporatistische Produktionsregime als das weltweit produktivste herausgestellt. Es verbindet die Vorteile der "lean production" mit einer langfristig ausgerichteten Industrie- und Technologiepolitik, die auf einem Elitenkonsens zwischen Staat, Großunternehmungen und Unternehmerverbänden beruht.

6. Nach den neuesten Erkenntnissen sind es die speziellen institutionellen Arrangements oder der "soziale Faktor", der für die überlegene Produktivität der japanischen Industrie verantwortlich ist. Das japanische Produktionsregime eignet sich in besonderer Weise dafür, inkrementalistisch, dafür aber kontinuierlich und rasch, Innovationen hervorzubringen. Auf diese Weise gelingt es, wissenschaftliche Basisinnovationen in neue Technologien zu transformieren und technologische Produktivitätspotentiale ökonomisch gewinnbringend zu nutzen.

7. Die OECD hat Ende der 80er Jahre die Frage der Erfolgsbedingungen für eine langfristige technisch-ökonomische Entwicklung ins Zentrum ihrer Überlegungen gestellt. Dabei wurden drei zentrale Einsichten gewonnen: erstens, daß der technische Wandel kein exogener Faktor ist, sondern integraler Bestandteil der gesellschaftlichen Entwicklung; zweitens, daß die Realisierung des ökonomischen Potentials der neuen Technologien auf die Entwicklung umfassender sozialer Innovationen angewiesen ist und drittens, daß die neuen Technologien Risiken, Gefährdungen und Ungleichheiten mit

sich bringen, die erforscht und kontrolliert werden müssen sowie einen demokratischen Ausgleich verlangen.

8. Die OECD empfiehlt einen Paradigmenwechsel in der Technologiepolitik: von der traditionellen Technologieförderung hin zu einer umfassenden "sozio-ökonomischen Strategie", die folgende Elemente enthalten sollte:

   - Die Ausrichtung aller technologiepolitischen Maßnahmen auf technische und soziale Innovationen sowie höhere immaterielle Investitionen und die Entwicklung der Humanressourcen.

   - Die Entwicklung "neuer Spielregeln" im Bereich des Managements, der Arbeitsorganisation, des Finanzierungswesens, des Wettbewerbs, der industriellen Beziehungen, des Arbeitsmarktes, der Bildungsinstitutionen, der Interessenvertretungen, regionaler Behörden und im Hinblick auf den internationalen Technologietransfer.

   - Die Konzentration des Staates auf die Herstellung adäquater Rahmenbedingungen zur Verbreitung technologischer Innovationen und zur Sicherung des Funktionierens des Marktes.

   - Die systematische Analyse der sozialen, ökonomischen und ökologischen Implikationen und Folgen des technischen Wandels und seine Einbeziehung in den demokratischen Entscheidungsprozeß.

9. Die Technologiepolitik steht vor der Aufgabe, eine neue Balance und Verteilung der Verantwortlichkeiten zwischen verschiedenen Akteuren zu finden. Ein neues politisches Design sowohl auf nationaler als auch auf internationaler Ebene ist erforderlich, das der beschriebenen Natur des technologischen Wandels angemessen ist. Die Politik ist aufgefordert zu erkennen, daß die technologische und ökonomische Effizienz nicht zuletzt von den institutionellen Merkmalen des komplexen "nationalen Innovationssystems" und seiner internationalen Verflechtung abhängt. Gemäß den Empfehlungen der OECD sollte es eines der Hauptanliegen staatlicher Technologiepolitik sein, die Funktionsbedingungen des nationalen Innovationssystems zu evaluieren und zu verbessern.

10. Kleinstaaten sind angesichts ihrer spezifischen ökonomischen Strukturen im Hinblick auf die technologische Entwicklung mit besonderen Problemen konfrontiert. Unterschiede im technologischen Niveau ergeben sich insbesondere daraus, ob in Kleinstaaten z.B. große multinationale Konzerne ihren Sitz haben oder nicht, die in der Regel einen Großteil von Forschung und Entwicklung betreiben. Dennoch wurden in den westeuropäischen Kleinstaaten in den 80er Jahren strukturell ähnliche technologiepolitische Strategien entwickelt, die sich hauptsächlich hinsichtlich des politischen Stellenwerts der Technologiepolitik insgesamt und des Instrumentenmixes unterscheiden.

11. Kleinstaaten weisen im allgemeinen günstige Voraussetzungen für die
Steuerung und Verbesserung ihrer "nationalen Innovationssysteme" auf.
Dies wird einerseits auf ihre Überschaubarkeit und andererseits auf die ausgeprägten korporatistischen politischen Strukturen zurückgeführt. Einige
der fortgeschrittensten und innovativsten Programme zur sozial integrierten
Technikentwicklung und -gestaltung sind in Kleinstaaten erprobt und umgesetzt worden. In dem Maße, wie sich das öffentliche Bewußtsein für die
weitgehenden und riskanten Folgen der technologischen Entwicklung
schärft, könnte die Flexibilität der institutionellen Strukturen bzw. die Fähigkeit, soziale Innovationen im Rahmen der Technologiepolitik zu entwik-
keln, den Ausschlag dafür geben, ob der technologische Wandel auch in
Zukunft sozial integriert und konsensuell gestaltet werden kann.

12. Das Programm "Leitung, Organisation, Mitbestimmung" (LOM) in Schweden stellt ein Beispiel für einen innovativen und sozialintegrativen Ansatz
dar. Es handelt sich dabei um ein Forschungs- und Entwicklungsprogramm
zur Unterstützung lokaler Wandlungsprozesse in der Privatwirtschaft und
im öffentlichen Sektor. Es zeichnet sich durch eine ausgeprägte Prozeß- und
Partizipationsorientierung, wissenschaftliche Begleitung und Unterstützung
sowie durch die Verbindung von makropolitischen Konzepten mit lokal ansetzenden Entwicklungsstrategien aus. Der Erfolg des Programms belegt,
daß mikroökonomische Entwicklungsprozesse auf eine "nationale Infrastruktur der Innovation" angewiesen sind, wenn breite Diffusionswirkungen
und die Entwicklung von komparativen Vorteilen im Sinne der "dynamischen Effizienz" erzielt werden sollen.

13. Die Projektierung und der Aufbau der "Wissenschaftsstadt Ulm" in Baden-
Württemberg stellt eine technologiepolitische Modernisierungsvariante dar,
die die Technologieentwicklung ins Zentrum rückt. Auch hier wurden innovative Formen der Zusammenarbeit zwischen Staat und Wirtschaft entwikkelt, die als "autorisierte Selbststeuerung im Unternehmensnetzwerk mit
Leitkonzern" charakterisiert werden kann. Die Innovationen beziehen sich
hier hauptsächlich auf den kooperativen Aufbau und die Abstimmung der
Entwicklung öffentlicher und privater Forschungs- und Entwicklungskapazitäten. Engpässe ergaben sich allerdings in bezug auf die Berücksichtigung außerökonomischer Gesichtspunkte z.B. durch die Vernachlässigung
der Technologiefolgenabschätzung und eines demokratischen Interessenausgleichs.

14. Die Entdeckung des "sozialen Faktors" im Zusammenhang mit der internationalen technologischen Entwicklung hat weitreichende Auswirkungen für
die Konzeptualisierung und Umsetzung von Technologiepolitik. Sie lenkt
die Aufmerksamkeit auf die Bedeutung von organisatorischen Fragen, insti-

tutionellen Arrangements und "Spielregeln" für die ökonomische und gesellschaftliche Bewältigung der Herausforderungen des technischen Wandels. Wie die Erfahrungen belegen, ist soziale Technikgestaltung jedoch nicht mit sozialverträglicher Technikgestaltung gleichzusetzen. Die Entdeckung des "sozialen Faktors" eröffnet jedoch eine Perspektive der Weiterentwicklung von technologiepolitischen Optionen, die die Vermittlung von ökonomischen Anforderungen mit den Ansprüchen einer sozialverträglichen Technikgestaltung verspricht.

4. Sozialverträgliche Technikgestaltung in Nordrhein-Westfalen

Im folgenden wird das nordrhein-westfälische Programm "Mensch und Technik
– sozialverträgliche Technikgestaltung" vorgestellt und charakterisiert. Es handelt sich um das größte Programmpaket, das bis dato mit dem expliziten Anspruch auf sozialverträgliche Technikgestaltung durchgeführt worden ist. Das
Ziel der Darstellung ist einerseits die Sammlung und Präsentation von Opera-
tionalisierungs- und Transferwissen und andererseits die Analyse von Optionen,
Chancen und Problemkreisen, die bei der Planung, Konzeptualisierung und
Durchführung des Programmes in NRW aufgetaucht sind.[6]

4.1. SoTech als Teil einer umfassenden Modernisierungsstrategie

Das SoTech-Programm wurde von der nordrhein-westfälischen Landesregierung 1984 als Teil der "Nordrhein-Westfalen-Initiative Zukunftstechnologien"
initiiert. Damit wurde eine breit angelegte Modernisierungspolitik eingeleitet,
die nicht nur auf industriellen Strukturwandel ausgerichtet war, sondern auch
die sozialen und ökologischen Aspekte berücksichtigte. Die Initiative war von
der Überzeugung getragen, daß eine Technologiepolitik, die auf die Ausschöpfung der Produktivitätspotentiale der neuen Technologien zielt, nur dann erfolgreich sein kann, wenn sich die genuin technische und wirtschaftliche Technologieentwicklung auf einer konsensualen Grundlage entfalten kann. Um die Aufnahmebereitschaft der Bevölkerung für den technischen Wandel zu erhöhen und
den Gefahren gegenzusteuern, die mit neuen Technologien verbunden sind,
wurde das SoTech-Programm in ein umfassendes technologiepolitisches Konzept miteinbezogen. Die "Initiative Zukunftstechnologien" war zunächst auf vier
Jahre (1984-1988) angelegt. Sie stellt den ersten großangelegten Versuch dar,
Forschungs-, Technologie-, Umwelt-, Wirtschafts-, Sozial- und Arbeitspolitik
gemeinsam auf das Ziel einer sozial- und naturverträglichen Technikentwicklung auszurichten. Insgesamt wurden dafür rund 400 Mio. DM zur Verfügung
gestellt, die sich auf vier Förderungsbereiche verteilten (vgl. Bröchler 1992,
120-123, 144-147):

---

6 Die Analyse stützt sich unter anderem auf sechs Interviews, die mit Proponenten und
Experten des SoTech-Programmes in Nordrhein-Westfalen im Sommer 1992 durchgeführt worden sind.

- Die Förderung von acht ausgewählten Technologiebereichen (Umwelttechnologie, Energietechnologie, Mikroelektronik, Meß- und Regeltechnik, Informations- und Kommunikationstechnologien, Humantechnologien und Werkstofftechnologien). Auf sie entfielen 60% der gesamten Mittel.
- Die Förderung des Technologietransfers insbesondere hin zu kleinen und mittleren Unternehmen.
- Die technologisch orientierte Forschungspolitik in den acht genannten Technologiebereichen.
- Das Nordrhein-Westfalen-Programm "Mensch und Technik – Sozialverträgliche Technikgestaltung". Für das SoTech-Programm wurden rund 15% (etwa 67 Mio. DM) der gesamten Fördersumme verteilt über einen Zeitraum von vier Jahren zur Verfügung gestellt.

Das Sotech-Programm durchlief verschiedene *Phasen der Programmentwicklung*: Die erste Phase von 1984 bis 1988 war durch eine starke *Wissenschaftsorientierung* gekennzeichnet. Die Neuartigkeit und Offenheit im Hinblick auf das Problemfeld der IuK-Technologien als auch im Hinblick auf die Bedeutung von "Sozialverträglichkeit" machte die wissenschaftliche Sondierung des Terrains erforderlich. Zu diesem Zweck wurde eine Gruppe von Wissenschaftlern beauftragt, den Forschungsbedarf zu eruieren (vgl. Alemann/Schatz 1987). Als Ergebnis dieser Arbeit wurde u.a. eine Vielzahl von Projektideen vorgelegt, die den Forschungsbedarf aus wissenschaftlicher Sicht formulierten. Zum zweiten wurde ein wissenschaftlicher Projektträger mit der Abwicklung des Programms betraut. Das garantierte eine hohe wissenschaftliche, aber nicht in jedem Fall eine hohe politische Legitimation einzelner Projekte. Eine dritte Besonderheit dieser ersten Phase war die breite inhaltliche Streuung der bearbeiteten Themen. Sie führte dazu, daß das Programm in der Öffentlichkeit nur schwer ein klares Profil gewinnen konnte.

Die zweite Phase, die mit den Vorarbeiten zur Neukonzeption des SoTech-Programmes 1988 eingeleitet wurde, brachte dagegen eine *pragmatische Orientierung*. Sie drückt sich darin aus, daß statt der Grundlagenforschung die sogenannte *"Umsetzungsforschung"* in den Mittelpunkt rückt. Die Aufgabe der Umsetzungsforschung besteht darin, die Bedingungen für die Induzierung nachhaltiger Lernprozesse im Hinblick auf sozialverträgliche Technikgestaltung zu eruieren und schon bei der Vergabe der Projekte darauf zu achten, daß sie diesbezügliche Anforderungen mitberücksichtigen. Zu diesen Anforderungen zählt, daß Projekte problem-, transfer- und vermittlungsorientiert geplant werden sollten.

Problemorientiert bedeutet, daß dort angesetzt werden soll, wo sich in der Praxis ein Handlungsbedarf abzeichnet. Projekte sollen zur Lösung von Problemen "vor Ort" beitragen, seien es Betriebe, Gewerkschaften, Verbände oder

Weiterbildungseinrichtungen und dergleichen. Die spezifische Aufgabe des So-Tech-Programms besteht darin, die klassischen arbeitsmarkt- und sozialpolitischen Maßnahmen um präventive Ansätze zu erweitern unabhängig davon, in welchem Technologiebereich ein solches Problem entsteht. Das Ziel dieses Ansatzes ist es zu verhindern, daß eine Spaltung der Gesellschaft in Modernisierungsgewinner und -verlierer eintritt.

Transferorientierung bedeutet, daß die aufgegriffenen Problemfälle systematisch daraufhin untersucht werden sollen, welche allgemeinen Schlußfolgerungen aus den konkreten Lernerfahrungen gezogen werden können, um in ähnlich gelagerten Fällen vorbeugend tätig werden zu können.

Die *Vermittlungsorientierung* schließlich zielt darauf, mit den einzelnen Projekten Multiplikatorwirkungen in der Praxis zu erzielen. Es kommt darauf an, daß Erfahrungen weitergetragen und Kriterien sozialverträglicher Technikgestaltung in andere institutionelle Zusammenhänge hineingetragen werden. Dafür ist es erforderlich, z.B. stärker mit Ingenieurverbänden und -vereinigungen oder auch mit Technologieförderstellen zusammenzuarbeiten. Aber letztlich stellt es ein noch weitgehend ungelöstes Problem dar, wie der Umschlag vom Einzelfall auf eine breite Praxis erfolgen soll. Es gibt bis jetzt noch keine wirklich entwickelten Instrumente, wie dieser "Umsetzungsproblematik" sozialverträglicher Technikgestaltung wirksam begegnet werden könnte. Die Idee der Gestaltungsnetzwerke läßt sich nur unter spezifischen Rahmenbedingungen realisieren. Ein Vorschlag, wie Gestaltungsnetzwerke tragfähiger gestaltet werden könnten, wäre z.B. die Schaffung zusätzlicher Gremien, in denen Unternehmungen, die Interesse an der Umsetzung von Ergebnissen haben, versammelt werden, um so die Kooperation zu institutionalisieren und auf Dauer zu stellen.

Inhaltlich und thematisch konzentriert sich das Programm nun stärker auf Probleme der Arbeitswelt, wobei aber auch die Schnittstelle zwischen Arbeits- und Lebenswelt (z.B. Probleme der Heimarbeit, Gestaltung von Dienstleistungssystemen wie neue Verkehrssysteme etc.) berücksichtigt werden soll. Auch wenn es letztlich eine politische Entscheidung ist, welches Themenspektrum gewählt wird, wird darauf zu achten sein, daß gesellschaftliche Problemzusammenhänge als solche wahrgenommen und aufgegriffen werden, will man nicht Synergieeffekte leichtfertig verspielen.

4.1.1. Ausgangspunkte, Aufgaben und Besonderheiten

Ausgangspunkt der Entwicklung des SoTech-Programms war die Überlegung, daß Technik das Produkt eines gesellschaftlichen Handlungsprozesses darstellt, in welchem die Beteiligten aufgrund der unterschiedlichen Interessen- und Machtverhältnisse in ungleichem Maße über Möglichkeiten der Mitwirkung und

Einflußnahme verfügen. Daraus ergab sich ein "kompensatorischer" Akzent, der am Anfang der Programmentwicklung stand. Die Durchsetzungschancen derjenigen gesellschaftlichen Bedürfnisse und Interessen sollten gestärkt werden, die von der technischen Entwicklung besonders betroffen und strukturell benachteiligt sind (vgl. Alemann/Schatz/Viefhues 1985, 5). Vier zentrale Aufgabenstellungen wurden benannt (vgl. Landesprogramm "Mensch und Technik" 1990, 5-6):

– Die Bereitstellung sachlicher Information und die Verbreiterung des öffentlichen technologiepolitischen Dialogs
– Die Stärkung der individuellen Handlungs- und Gestaltungskompetenz durch Qualifizierung und Beratung
– Die Erprobung und Demonstration von Modellen und Verfahren zur sozialverträglichen Technikentwicklung, -einführung und -nutzung
– Die Verbesserung der Mitwirkungs- und Mitbestimmungsmöglichkeiten

Da mit diesem Programm Neuland betreten wurde, mußten die erforderlichen Grundlagen und Instrumente für die Entwicklung einer langfristig tragfähigen Praxis sozialverträglicher Technikgestaltung erst geschaffen werden. Es wurde beschlossen, das Programm auf den Bereich der Informations- und Kommunikationstechnologien (IuK) zu begrenzen. Die Wahl der IuK-Technologien ist durch ihre Breitenwirksamkeit und ihren "generischen" Charakter begründet. Die IuK-Technologien sind Grundlage neuer Produkte und Verfahren und durchdringen als sogenannte "Querschnittstechnologie" alle Sektoren der Wirtschaft, aber auch von Politik und Gesellschaft und bringen spezifische Probleme im Hinblick auf ihren Einsatz und die Auswirkungen auf den Arbeitsmarkt mit sich (vgl. OECD 1988, 34-35). Da die Technikentwicklung ein komplexer sozialer Prozeß ist, sollten alle Handlungsfelder abgedeckt werden, die für die Gestaltung der Technik von Bedeutung sind. Als Ansatzpunkte sozialverträglicher Technikgestaltung wurden vier Ebenen identifiziert: das Individuum, der Betrieb, intermediäre Organisationen sowie Staat und Verfassung. Als vorrangig zu untersuchende Problemfelder des Einsatzes der IuK-Technologien sollten folgende Bereiche behandelt werden: der Arbeitsmarkt, Bildung und Qualifikation, die Arbeitsplätze weiblicher und älterer Arbeitnehmer, die Mitbestimmung in der Wirtschaft und im öffentlichen Dienst sowie "alltagsweltliche" Bereiche wie Freizeit, soziale Kommunikation, Familie, etc. In Verbindung mit der zum damaligen Zeitpunkt noch sehr schmalen Wissensbasis sollte das SoTech-Programm ein breites Spektrum von Themen und Methoden abdecken, um möglichst alle Dimensionen sozialverträglicher Technikgestaltung auszuloten. Dementsprechend wurde auch auf eine vorgängige Definition des Begriffs der Sozialverträglichkeit verzichtet. Stattdessen sollte die Operationalisierung von "Sozialverträglichkeit" kontext- und situationsspezifisch, in einem "wertentscheidenden" und insofern politischen Prozeß erfolgen, an dem die Betroffenen und Beteiligten unmittelbar mitwirken.

> Ziele und Kriterien von Sozialverträglichkeit sind interessenbestimmt. (...) Die Entscheidung über Prioritäten muß letztlich dem Prozeß der politischen Willensbildung überlassen bleiben, wobei jedoch gewährleistet sein muß, daß Chancengleichheit und Transparenz für die Betroffenen garantiert sind. (Alemann/Schatz 1987, 33)

Das SoTech-Programm ist durch folgende Besonderheiten ausgezeichnet:
- SoTech ist kein reines Forschungsförderungsprogramm, sondern zielt auf die *Veränderung der Praxis* der in der technischen Entwicklung und Anwendung tätigen Akteure. Es unternimmt den Versuch, im Sinne der "konstruktiven Technologiefolgenabschätzung" konkretes Handeln "vor Ort" unter Einbeziehung der von den neuen Techniken Betroffenen zu ermöglichen. Es geht um die Verbindung von Forschen und Gestalten.
- SoTech verfolgt eine *ganzheitliche Problemsicht*, die über die Arbeitswelt hinausgeht und die Frage nach den Folgen und Gestaltungsmöglichkeiten von Technik auch auf den außerbetrieblichen Alltag, das System der industriellen Beziehungen und die Ebene staatlicher Regulierung bezieht.
- SoTech ist auf die Verbindung von Analyse, Prognose, Gestaltung und Betroffenenmobilisierung angelegt, um dadurch ein neues Modell der *integrierten Gestaltung von technischer und gesellschaftlicher Entwicklung* anzuregen.

4.1.2. Institutionalisierung und Umsetzung

Nachdem in Kabinettssitzungen und im Rahmen einer ressortübergreifenden Arbeitsgruppe die Konturen einer neuen Forschungs- und Technologiepolitik beraten worden waren, erfolgte der offizielle Startschuß für die Durchführung des SoTech-Programms mit der Regierungserklärung von Ministerpräsident Johannes Rau im Juni 1984. Die Verantwortung für die Durchführung des Programmes wurde dem *Ministerium für Arbeit, Gesundheit und Soziales (MAGS)* übertragen. Das MAGS trug die politische Verantwortung sowohl für das Gesamtprogramm, für alle programmatischen Schriften als auch für die Vergabe einzelner Projekte. Die Programmabwicklung wurde einem organisatorisch selbständigen *wissenschaftlichen Projektträger*, dem Rhein-Ruhr-Institut für Sozialforschung und Politikberatung e.V. (RISP) in Duisburg übertragen. Seit Herbst 1989, dem Ende der ersten vierjährigen Projektphase, ist der Projektträger am Institut für Arbeit und Technik (AuT) des Wissenschaftszentrums Nordrhein-Westfalen in Gelsenkirchen angesiedelt. Die Aufgabe des Projektträgers

bestand zunächst darin, bei der Vorbereitung und Durchführung des Programms nach Vorgaben des MAGS mitzuwirken. Dazu gehörte:
– die Aufarbeitung des Forschungsstandes und die Ermittlung des Forschungsbedarfs
– die Entwicklung von Projektideen
– die Mitwirkung bei der Ausschreibung und Vergabe von Forschungsvorhaben (v.a. Begutachtung von Projektanträgen)
– die Betreuung, Begleitung und Auswertung der Projekte
– die Vorbereitung und Durchführung von Fachveranstaltungen, wissenschaftlichen Tagungen und Symposien
– die Erstellung eines Auswertungsberichts nach Ablauf der ersten Programmphase (1985-1988)
– die Beratung des MAGS im Hinblick auf das weitere Vorgehen und die Programmverwirklichung

Als zusätzliches Beratungsorgan wurde ein "*Programmbeirat*" berufen, der im Zeitraum von 1985-1989 ca. 20mal tagte. Er bestand aus 21 Mitgliedern, darunter je zwei Vertreter der Gewerkschaften und der Unternehmerverbände, drei Vertreter anderer Ressorts der Landesregierung sowie Wissenschaftler verschiedener Universitäten und Leiter von Forschungsinstituten. Dem Programmbeirat oblag die Aufgabe, Projektideen und -anträge zu bewerten, Ergebnisse zu diskutieren und programmpolitische Stellungnahmen zu formulieren. Zur organisatorischen Unterstützung des MAGS wurde darüberhinaus in den Jahren 1987/88 ein "*Vermittlungsbüro*" tätig, das Öffentlichkeitsarbeit für das Programm leisten und öffentliche Veranstaltungen organisieren sollte. Die letztgenannte Aufgabe wurde inzwischen an das Rationalisierungs-Kuratorium der Deutschen Wirtschaft e.V. in Düsseldorf übertragen. Die *Programmabwicklung* erfolgte in mehreren Schritten. Als erstes wurden Programmideen gesammelt. Zu diesem Zweck erfolgte einerseits eine öffentliche Aufforderung des MAGS, Projekte vorzuschlagen, während andererseits leistungsfähige Forschungsinstitute und Wissenschaftler gezielt angesprochen wurden. Als zweites wurden Vergaberichtlinien und -kriterien entwickelt und Projekte ausgewählt. Dabei handelte es sich um ein prozessuales und mehrstufiges Verfahren. Die eingelangten Projektskizzen (allein im Jahre 1985 waren es über 1000) wurden zuerst vom Projektträger schriftlich begutachtet (gegebenenfalls unter Hinzuziehung externer Experten), vom Programmbeirat bewertet und dem MAGS zur Entscheidung vorgelegt. Rund 150 potentielle Projektnehmer wurden dann im Rahmen begrenzter Ausschreibungen aufgefordert, detaillierte Förderungsanträge zu erstellen. Vier Arten von Projekten sollten abgedeckt werden (vgl. Alemann u.a. 1992, 12-13):

- *Technikfolgenuntersuchungen* in Betrieben, Branchen oder für bestimmte Berufsgruppen als Einzelfallstudien oder Längs und Querschnittsuntersuchungen
- *Gestaltungsprojekte* für exemplarische Anwendungen des SoTechKonzeptes
- *Prospektivstudien* über technologische, wirtschaftliche oder soziale Entwicklungsszenarien für Berufsgruppen oder Branchen
- *Verfahrensprojekte* im Sinne von Machbarkeitsstudien, der Entwicklung von Kriterien von Sozialverträglichkeit etc. Dieser Programmtyp wurde erst im weiteren Verlauf der Programmdurchführung initiiert.

Es folgten drei Vergabewellen, wobei 1985 sechs Projekte, 1986 47 Projekte, 1987 40 Projekte und 1988 17 Projekte vergeben wurden, sodaß insgesamt über 110 Projekte durchgeführt werden konnten. Die Laufzeit der Vorhaben betrug durchschnittlich eineinhalb bis zwei Jahre. Durchschnittlich wurden rund 450.000 DM pro Projekt aufgewendet.

4.2. Ergebnisse und Erfolge

Die Wirkungen des SoTech-Programmes sind in erster Linie an dem eigenen Anspruch zu messen, einen breiten öffentlichen Dialog über "SoTech" zu entfalten; die sozialen Innovationsanforderungen einer sozialverträglichen Technikgestaltung bewußt zu machen und entsprechende Praxisgestaltungs-, Qualifizierungs- und Mitwirkungsmaßnahmen zu initiieren. Eine Beurteilung des Programms darf jedoch nicht nur aus der Perspektive der Einzelprojekte erfolgen, sondern muß das Zusammenspiel der Projekte in seiner Ganzheit in Betracht ziehen.

4.2.1. *Initiierung eines breiten Dialoges über die Modernisierungsstrategie einer sozialverträglichen Technikgestaltung*

Hermann Heinemann, Minister für Arbeit, Gesundheit und Soziales des Landes NRW, stellt fest, "daß die mit dem Programm verfolgten Zielsetzungen in hohem Maße realisiert werden konnten" (in: Alemann u.a. 1992, VI). Der Begriff "Sozialverträglichkeit" ist heute "eine feste Größe in der Technologiepolitik". "Sozialverträglichkeit" konnte mit Hilfe des Programmes als ebenso allgemein akzeptiertes Kriterium einer innovativen Modernisierungspolitik etabliert werden wie der Begriff der Umweltverträglichkeit. Der gesellschaftliche Dialog über Technik und Technikgestaltung ist in einer überraschenden Intensität in Gang gekommen und entfaltete eine bemerkenswerte Breitenwirkung: über die Grenzen von NRW hinaus gilt das Programm als gelungener Einstieg in die

Versöhnung technologischer und sozialpolitischer Perspektiven und als Reservoir guter Ideen. In Bremen, Schleswig-Holstein und im Saarland sind ähnliche Programme und Konzepte entwickelt worden. Selbst auf Bundes- und EG-Ebene waren Wirkungen zu verzeichnen. So gab das Programm zahlreiche Anstöße für weitere Forschungen im In- und Ausland und führte zur Intensivierung der internationalen Kooperation. Innerhalb der EG avancierte das Programm zum "Referenzmodell" regionaler Technologiepolitik. Mit dem "FAST"-Programm der EG wurden Kooperationen und Projektverbünde aufgebaut. In Holland, Frankreich und Italien wurde das Programm vorgestellt und diskutiert (vgl. Landesprogramm o.J., 29-30). Entscheidend für diesen Erfolg war die dezentrale und intensive Vermittlungsarbeit, die sowohl von den einzelnen Projekten, dem Projektträger und dem MAGS geleistet wurde. Die Vermittlung und Verbreitung der Ergebnisse unter den Betroffenen und in interessierten Kreisen in Unternehmerverbänden oder Gewerkschaften war integraler Bestandteil vieler Projekte. Eine intensive Publikations- und Informationstätigkeit wurde entfaltet. Rund 700 Veröffentlichungen sind zu verzeichnen, die unterschiedliche Adressatenkreise in unterschiedlicher Form ansprechen. Ergänzt wurden diese Aktivitäten durch eine Vielzahl von Fachtagungen, Kongressen und Seminaren, die oft in Zusammenarbeit mit Unternehmerverbänden und Gewerkschaften organisiert wurden, sowie durch Ausstellungen, Technologiegespräche "vor Ort", Medienarbeit und den Aufbau eines Referentenpools. Das SoTech-Programm konnte sich somit als Vorreiter eines neuen Modells der Technologiepolitik in der sich intensivierenden internationalen Debatte etablieren. "Das ist einer der wichtigsten Aktivposten des Programms und der innovative Kern dieses 'starken Stücks' experimenteller Politik" (Alemann u.a. 1992, 1).

4.2.2. Entwicklung eines partizipations- und diskursorientierten Konzepts von "Sozialverträglichkeit"

Am Anfang der Programmentwicklung stand die Überzeugung, daß "Sozialverträglichkeit" nicht objektiv und allgemeingültig bestimmt werden kann, sondern in einem partizipationsorientierten und argumentativen Prozeß hergestellt werden muß. Damit war eine Absage an rein analytische Konzepte der Technologiefolgenabschätzung verbunden, die notwendigerweise an Prognoseproblemen und Wertkonflikten scheitern müssen (Alemann/Schatz 1987, 21-24). Eine Beschränkung auf Politikberatung hätte darüberhinaus den Verzicht bedeutet, einen aktiven Beitrag zum Modernisierungsprozeß zu leisten. Im Prozeß der Technikgestaltung ist der Staat und die Politik nur ein, wenn auch wichtiger Akteur neben anderen. Im Verlauf der weiteren Programmentwicklung wurden Versuche unternommen, die Kriterien für "Sozialverträglichkeit" zu präzisieren und das Konzept aufgrund der in den einzelnen Projekten gemachten Erfahrungen weiterzuentwickeln. Dabei stand auch zur Debatte, ob "Sozialverträglichkeit" ein neues Grundrecht sei oder in die Staatszielbestimmungen aufgenommen werden soll. Beide Fragen wurden verneint, da die Norm der Sozialverträglichkeit in allgemeiner Form bereits in den traditionellen Grundrechten und Staatszielen enthalten sei. Stattdessen wurde vorgeschlagen, *Sozialverträglichkeit als politischen Grundwert* aufzufassen, der aufgrund des spezifischen Gehalts des Sozialverträglichkeitskonzepts weder eingeklagt noch objektiv bestimmt werden kann, sondern in die politische Auseinandersetzung eingebracht werden muß. Die in dem Programm gewonnenen Erfahrungen bestätigten im wesentlichen die anfänglichen Bedenken gegen eine inhaltliche Festlegung des Begriffs, führten jedoch zu einer allgemeinen Klärung derjenigen Aspekte, die berücksichtigt werden müssen, wenn eine Technologie als "sozialverträglich" bezeichnet werden kann. Streng genommen handelt es sich bei den entwickelten Kriterien zur Feststellung der "Sozialverträglichkeit" nicht um die Beschreibung von Merkmalen einer bestimmten Technologie, sondern von Problemdimensionen, die in einem Prozeß der Technologiebewertung und -entwicklung zu berücksichtigen wären. Diese Problemdimensionen beinhalten normative, interessenspezifische bzw. subjektive, partizipative sowie kulturelle und historische Aspekte. (vgl. Alemann u.a. 1992, 66-67):

- Die Anwendung und Nutzung einer Technologie kann diesem Verständnis entsprechend nur dann als sozialverträglich bezeichnet werden, wenn sie mit den Normen der Verfassung und den grundlegenden Werten der Gesellschaft übereinstimmen und einen Beitrag zu ihrer Verwirklichung leisten.
- Technologien müssen gesellschaftlich akzeptiert werden. Ihre Verbreitung, Nutzung und Anwendung darf nicht gegen die Interessen sowie die Einstellungen breiter Bevölkerungskreise erfolgen.
- Die Einführung neuer Technologien in den Betrieben und in der Gesellschaft muß unter Mitwirkung der Betroffenen erfolgen, weil nur partizipative Formen und Verfahren die Berücksichtigung der Interessen der Betroffenen garantieren.
- Ob eine bestimmte Technologie sozialverträglich ist, läßt sich nicht allgemein, sondern nur bezogen auf einen konkreten Fall und im gegebenen gesellschaftlichen Zusammenhang ermitteln.

Will der Staat einen Beitrag zur sozialverträglichen Technikgestaltung leisten, befindet er sich angesichts der beschriebenen Problemlage in einem Steuerungsdilemma. Da die Technikentstehung und -nutzung ein Prozeß der interessengeleiteten sozialen Organisation von Wissen darstellt, kann der Staat lediglich die Rolle eines interessierten Mitspielers übernehmen, der die Ergebnisse des Prozesses nicht vorwegnehmen kann. Er kann aber Anstöße geben, Verfahren verbessern, Wege öffnen, Dialoge organisieren und Rahmenbedingungen verändern. Dazu zählt die Bereitstellung von Wissen über mögliche Technikfolgen ebenso wie die Veränderung der "Spielregeln" in bezug auf Art und Umfang der Mitbestimmung oder rechtlich verbürgte Schutzmaßnahmen z.B. im Bereich des Datenschutzes. Dem Staat kommt darüberhinaus eine wichtige Initiativfunktion zu, nämlich die Initiierung und Moderierung von Diskussionsprozessen. Das SoTech-Programm konnte die Bedeutung und praktische Relevanz eines offenen und diskursorientierten Sozialverträglichkeitskonzepts demonstrieren (vgl. Alemann u.a. 1992, 47-81).

4.2.3. Aufbau eines Gestaltungsnetzwerkes

Aus der prozessualen und inkrementalistischen Sicht von Technikentwicklung und -anwendung leitete sich die Anforderung ab, in den sozialen Prozeß gestaltend einzugreifen. Im Hinblick auf die neuen Technologien besteht deshalb ein hoher Gestaltungsbedarf, weil es politisch, wirtschaftlich und sozial zu riskant wäre, bei gegebenem hohem Druck zur schnellen Anwendung neuer Technologien in Arbeit und Lebenswelt allein auf die individuelle Anpassungsfähigkeit von Menschen und Unternehmen zu vertrauen. Da aber auch der Staat nur über beschränkte Gestaltungsmittel verfügt, wurde das Instrument des Gestaltungsnetzwerkes entwickelt. Nur in kooperativen Strukturen lassen sich gemeinsame Interessen finden und innovative Lösungen für die sozialverträgliche Gestaltung neuer Technologien erarbeiten.

Die besondere Leistung des SoTech-Programms besteht darin, einen Beitrag zur Errichtung eines solchen Netzwerkes in Nordrhein-Westfalen geleistet zu haben. Im Rahmen der Aktivitäten des SoTech-Programms konnten Kooperationsbeziehungen zwischen Wissenschaftlern, Unternehmern, Managern, staatlichen und kommunalen Verwaltungen, Angehörigen der Belegschaften, Interessenvertretungen, Verbänden, Kammern, Gewerkschaften, Bildungs- und Weiterbildungseinrichtungen, besorgten Bürgern und betroffenen Arbeitnehmern etabliert werden.

Kondensationskern für die breite Auffächerung von Kooperationsbeziehungen war eine pluralistische Zusammensetzung der Projektnehmer. 54 Teams an Universitäten und anderen staatlichen Forschungseinrichtungen, 32 private Forschungseinrichtungen und Stiftungen und 24 Unternehmen, Bildungseinrichtungen, Verbände und Gewerkschaften waren mit der Durchführung von Forschungs- und Gestaltungsprojekten betraut (vgl. Alemann u.a. 1992, 16-17). Zwei zentrale Kooperationslinien lassen sich identifizieren: (a) zwischen Unternehmen, Verwaltungen, Belegschaftsteilen und Interessenvertretern einerseits,

Wissenschaftlern andererseits und (b) zwischen Wissenschaft und Bildungs-, Weiterbildungs- und Beratungseinrichtungen.

Der Kooperation von *Wissenschaft und Wirtschaft* kommt dabei eine besondere Rolle zu, da die Unternehmen die zentralen Orte von Technikentwicklung und -anwendung darstellen. Von 12 Projekten wurden 25 Beteiligungsgruppen zur Systemeinführung und Systemgestaltung eingerichtet und betreut. Von 20 Projekten Qualifizierungsmaßnahmen für ca. 300 Betriebe durchgeführt und von 36 Projekten Beratungsleistungen für Interessenvertretungen, für das Management und für Belegschaftsgruppen aus über 240 Betrieben und Verwaltungen erbracht. Die Beratungs- und Weiterbildungsaktivitäten im Rahmen von einzelnen Projekten gingen von der Tatsache aus, daß die humanzentrierte Anwendung neuer Technologien Umdenkprozesse sowohl beim Management als auch auf Arbeitnehmerseite erfordern. So wurde z.B. in einem Projekt, das vom Institut der Deutschen Wirtschaft durchgeführt wurde, ein Konzept und Referentenmaterial zur Weiterbildung von betrieblichen Planungs- und Entscheidungsträgern erarbeitet, das alternative Modelle der Einführung neuer Technologien in Industrieunternehmen vorführen und das Bewußtsein für die Anforderungen sozialverträglicher Gestaltung der IuK-Technologien schärfen soll (vgl. Pieper/Strötgen 1990). In einem anderen Projekt wurde anläßlich der Einführung eines computergestützten Farbmetrik-Systems in einem Textilbetrieb ein Modell der betrieblichen Beteiligung und Mitbestimmung in Form von "Qualifikationsentwicklungszirkeln" erprobt. Ziel war die Kompetenzerweiterung der betroffenen Arbeitnehmer und die Gestaltung der Arbeitsorganisation (vgl. Bauer u.a. 1990). Wieder andere Projekte beschäftigten sich mit der Weiterentwicklung von Instrumenten zur sozialverträglichen Gestaltung der Betriebs- und Arbeitsorganisation. So wurden z.B. Musterbetriebsvereinbarungen für die Einführung von Betriebsdatenerfassungssystemen und CAD-Systemen und eigene "soziale Pflichtenhefte" entwickelt, die insbesondere den Betriebsräten Kriterien für die Beurteilung von Produktionsplanungs- und -steuerungssystemen (PPS) im Zusammenhang mit der Einführung von CIM-Fertigungssystemen an die Hand geben sollen (vgl. Alemann u.a. 156-158). Die genannten Projekte bilden nur einen kleinen Ausschnitt der betriebsbezogenen Aktivitäten des Programms. Ihr Zweck ist es, schlaglichtartig einige innovative Ansätze zu veranschaulichen.

Ein zweiter Schwerpunkt lag auf der Zusammenarbeit von *Wissenschaft, Betrieben und Bildungseinrichtungen.* Von 21 Projekten wurden neue Curricula und "Bildungsbausteine" entwickelt, die in mindestens 120 Seminaren und Weiterbildungsveranstaltungen erprobt und bis Ende 1988 von über 2100 Personen getestet wurden. Die Aufgabe bestand darin, Impulse und Anregungen aus Wissenschaft und Praxis in die Aus- und Weiterbildung zu tragen. Besonderes Augenmerk wurde darüberhinaus auf Interdisziplinarität in der Herangehensweise, Dialogbereitschaft zwischen Projektnehmern, Beteiligten und Betroffenen sowie die regionale Einbindung des Programmes gelegt (vgl. Alemann u.a. 1992, 15-22). Anzumerken ist, daß angesichts der Notwendigkeit der Erarbeitung von Grundlagen und der breiten Streuung der einzelnen Projekte lediglich Bausteine und Elemente für ein Gestaltungsnetzwerk zusammengetragen werden konnten, die im Rahmen des Programmes nur punktuell eine Umsetzung fanden.

4.2.4. *Entwicklung von Leitbildern und Modellen*

Der Einsatz von IuK-Technologien ist an einer "Verzweigungssituation" angelangt, die eine grundsätzliche *Alternative zwischen einer technikzentrierten oder einer humanzentrierten Entwicklung* anzeigt. Aus den betrieblichen Erfahrungen folgt als zentrale Erkenntnis, daß sich die in der Praxis gefundenen Lösungen für den Technikeinsatz nicht auf einem Kontinuum zwischen geringer und hoher Sozialverträglichkeit einordnen lassen, sondern polarisiert sind.

Die IuK-Technologien eignen sich in ihrer Plastizität für einander völlig entgegengesetzte Weisen der sozialen Implementation. Darin liegt die große Herausforderung und Chance für eine sozialverträgliche Technikgestaltung. Die "Verzweigungssituation" macht deutlich, daß die reale Entwicklung des *Technikeinsatzes* in der Arbeitswelt von Entscheidungen abhängt, die *legitimationsbedürftig* sind. Sie können nicht mehr mit dem Verweis auf den "Stand der Technik" abgetan werden, sondern müssen sich an dem messen, was möglich und wünschbar ist.

Der technikzentrierte Pfad führt in Richtung eines "computerintegrierten Neotaylorismus", während der humanzentrierte Pfad darauf setzt, den Computer als Werkzeug zu verstehen, das auf die Bedürfnisse des Anwenders zugeschnitten werden kann und muß und nicht umgekehrt. Die Entscheidung zwischen diesen Alternativen ist durch die Technik selbst nicht vorgegeben. Die Verwirklichung des *humanzentrierten Technikeinsatzes* wird damit zum *Angelpunkt sozialverträglicher Technikgestaltung*. Seine Umsetzung hängt wesentlich von Leitideen, konkreten Utopien und reflektierten Problemlösungshorizonten ab, die im Spannungsfeld von interdisziplinärer Forschung und Entwicklung unter Beteiligung der Betroffenen nur gemeinsam entwickelt werden können.

Die diesbezüglichen Erfahrungen des SoTech-Programms lassen sich verallgemeinern. Das *Leitbild sozialverträglicher Technikgestaltung* formuliert eine Art "regulative Idee", an der Technikentwicklung und -einsatz orientiert werden soll. Das Leitbild formuliert Ansprüche, die auf vier verschiedenen Ebenen ansetzen (vgl. Alemann u.a. 1992, 69-70):

- Technikanwender und Techniknutzer sollten (a) innovationsoffen, (b) partizipations- und lernfähig und (c) gestaltungskompetent sein.
- Technische Systeme sollten (a) fehlerfreundlich und risikoarm konzipiert, (b) transparent und (c) gestaltungsoffen sein.
- Die Arbeitsorganisation sollte (a) nicht diskriminierend (z.B. nach Geschlechterrollen), (b) partizipations- und lernfördernd sowie (c) humanzentriert aufgebaut sein.
- Anwendung und Nutzung der neuen Technologien sollten in eine staatliche Modernisierungsstrategie eingebunden sein, die (a) sozialverpflichtend, (b) demokratiefördernd und (c) Grundrechte sichernd angelegt ist.

Dieses Leitbild wurde in zahlreichen *Modellversuchen* zur sozialverträglichen Technikgestaltung entwickelt. Um den Umgang mit der Technik im Alltag zu schulen und zu erleichtern, wurden z.B. medienpädagogische Fortbildungsmodelle entwickelt. 1600 Eltern, Kinder, Erzieherinnen und Erzieher konnten dabei erfaßt werden. Computerbildungskurse wurden hinsichtlich ihrer geschlechtsspezifischen Wirkungen untersucht, woraus sich der Vorschlag einer zeitweiligen Trennung der Geschlechter im Computerunterricht ergab. Der Ausgleich von frauenspezifischen Benachteiligungen und von Schwierigkeiten, die ältere Menschen im Umgang mit den neuen IuK-Techniken haben, stand im Mittelpunkt mehrerer Projekte. Sie mündeten in eine Reihe von Einführungs- und Fortbildungskursen vor allem an Volkshochschulen. Arbeitsmaterialien und Gestaltungskriterien für die IuK-Technik im Haushalt wurden entwickelt. Das Verhältnis "Bürger-Staat" war der Ausgangspunkt für Projekte, die Angebote im Rahmen der politischen Bildung erstellten. Es kam zur Einrichtung von "Zukunftswerkstätten"; in Seminaren wurden Zukunftsvisionen der Technikgestaltung entworfen oder Verfahren zur besseren Beteiligung von Bürgergruppen an technologiepolitischen Diskussionen erprobt (vgl. Alemann u.a. 1992, 29-32, 229-256). In diesen und anderen Projekten konnten *exemplarische Erfahrungen* gewonnen werden im Hinblick auf Möglichkeiten

- zur Förderung der individuellen Gestaltungsfähigkeit im alltäglichen Umgang mit Technik und im Rahmen der beruflichen Bildung und Weiterbildung
- zur Gestaltung des Technikeinsatzes in der Produktion und im Büro
- zur sozialverträglichen tarifpolitischen Regelung von Arbeitszeit und Entlohnung
- zur überbetrieblichen Weiterbildung
- zur Beratung von Arbeitnehmern und Arbeitnehmervertretungen
- zur sozialverträglichen Normung der Technik als Gestaltungsaufgabe
- zur Entwicklung regionaler Technologiepolitiken und dem Aufbau regionaler Gestaltungsnetzwerke

– zur grundrechtssichernden und demokratieverträglichen Gestaltung von IuK-Technologien angesichts der damit verbundenen Gefährdungspotentiale (Datenschutz, Informationsfreiheit, etc.).

Obwohl in dem oben skizzierten Leitbild Kriterien der ökonomischen Effizienz und der ökologischen Verträglichkeit nicht im Zentrum stehen, wird davon ausgegangen, daß das Leitbild mit ihnen vereinbar ist und sie sogar ergänzt. Im Rahmen von "SoTech" gab es Projekte, in denen die betrieblichen Ergebnisse bis zu 50% verbessert werden konnten (Landesprogramm o.J., 26). Der Grund dafür liegt darin, daß hochkomplexe und flexible technische Systeme sich nicht von Niedrigqualifizierten in einem System von "Befehl und Gehorsam" kompetent und verantwortungsbewußt beherrschen lassen. *"Sozialverträgliche Technikgestaltung wird daher zunehmend zu einer wichtigen Voraussetzung der Leistungsstärke und Wettbewerbsfähigkeit der Wirtschaft"* (Landesprogramm o.J., 26; Hervorhebung der Autoren). Mit den vielfältigen Bemühungen, Gestaltungspotentiale und -möglichkeiten in den verschiedensten Handlungsbereichen aufzuzeigen und teilweise auch umzusetzen, war der Anspruch verbunden, Kriterien der Sozialverträglichkeit in den Kontext ökonomischer, sozialer und politischer Zielsetzungen einzubetten, ihre Fruchtbarkeit zu demonstrieren und zur Entwicklung einer Kultur sozialverträglicher Technikgestaltung beizutragen.

4.3. Perspektiven sozialverträglicher Technikgestaltung in Nordrhein-Westfalen

Mit Ende 1989 war das SoTech-Programm gemäß den Vorgaben weitgehend abgeschlossen. Der Projektträger wurde mit der Verfassung eines Endberichtes beauftragt, der inzwischen veröffentlicht wurde (Alemann u.a. 1992). Sozialverträgliche Technikgestaltung wird in Nordrhein-Westfalen als eine Aufgabe angesehen, die nicht ein für allemal erledigt werden kann. Eine steuernde Technikpolitik muß stets neu überdacht, umgesteuert, verlangsamt oder beschleunigt werden. Eine konstruktive Weiterführung der Bemühungen, dem Ziel der sozialverträglichen Technikgestaltung näherzukommen, sollte sich künftig an folgenden Richtlinien orientieren (vgl. Alemann u.a. 1992, 257-259):

Ganzheitlicher Charakter
Ebenso wie es mittlerweile unbestritten ist, daß Ökonomie und Ökologie untrennbar sind, sind auch wirtschaftliche Modernisierung und sozialverträgliche Technikgestaltung zusammenzudenken. Als Bindeglied zwischen Arbeits- und Lebenswelt wurde im SoTech-Programm die Bildung und neue Formen des Bürgerdialogs identifiziert. Sie bilden die Basis für die Förderung individueller Gestaltungskompetenz.

Netzwerkcharakter
Parallel zum Netzwerkcharakter der neuen Technologien sollte ein Netzwerk von lokalen, regionalen und überregionalen Gestaltungs-, Forschungs- und Qualifizierungsinitiativen entwickelt werden. Sie bilden die notwendige Infrastruktur für eine nachhaltige Beeinflussung der Technikentwicklung im Sinne von Sozialverträglichkeit.

Gestaltungscharakter
Der innovative Ansatz von SoTech liegt u.a. darin, daß auch die Technikentstehung ins Blickfeld von Gestaltungsoptionen gerückt wurde. Von der Art der Ingenieurausbildung bis hin zur technischen Normierung reichen die Möglichkeiten, gestalterische Impulse schon im Entwicklungsstadium von Technologien zu setzen.

Diskurscharakter
Sozialverträgliche Technikgestaltung impliziert, Ziele und Wege immer wieder neu unter dem Aspekt zu diskutieren, ob sie einander noch entsprechen. Dazu ist es erforderlich, neue Kommunikationsformen und -zusammenhänge zu erproben und den Dialog aktiv zu fördern.

Werkzeugcharakter
Technik sollte auf die Funktion eines Werkzeuges beschränkt bleiben und nicht Selbstzweck werden. Die Gestaltung der Arbeitsorganisation muß sich daran orientieren, die menschliche Arbeit zu erleichtern. Andererseits darf die Bedeutung der sozialen Arbeitsorganisation für die Produktivität gerade angesichts der neuen Technologien nicht übersehen werden.

Wissenschaftscharakter
Technikgestaltung ist auf wissenschafliche Forschung angewiesen. Sie erfüllt wichtige Funktionen sowohl im Hinblick auf die Erkenntnis möglicher unintendierter Folgen und Probleme, neuer Lösungsmöglichkeiten und hilft, begleitend und beratend die Praxis "vor Ort" zu gestalten.

Beteiligungscharakter
Beteiligung ist eine notwendige, aber keine hinreichende Bedingung für sozialverträgliche Technikgestaltung. Mehr Mitbestimmung trägt nicht nur dazu bei, Entscheidungen offener und ihre Umsetzung effektiver zu gestalten, sondern qualifiziert die Beteiligten nachhaltig durch "learning by doing". Partizipation hilft, die Gestaltungskompetenz jedes einzelnen zu erhöhen, sei es im Hinblick auf die Arbeits- und Systemgestaltung oder im Hinblick auf technologiepolitische Grundsatzentscheidungen.

Insbesondere der Landesbezirk Nordrhein-Westfalen des Deutschen Gewerkschaftsbundes hat frühzeitig die Forderung erhoben, das SoTech-Programm weiterzuführen. Nach einer Phase der politischen Diskussion, der Überprüfung der Programmwirksamkeit durch eine interministerielle Arbeitsgruppe und verschiedene politische Aussagen und Initiativen wurde die Fortsetzung der Gesamtinitiative noch 1988 von der Landesregierung beschlossen und mit der Weiterentwicklung des SoTech-Programms begonnen. In den nächsten Jahren sollen dafür rund 8 Mio. DM jährlich zur Verfügung gestellt werden. Mit der Funktion des wissenschaftlichen Projektträgers wurde inzwischen das neugegründete Wissenschaftszentrum NRW – Institut für Arbeit und Technik in Gelsenkirchen betraut. Die Konturen für die weitere Entwicklung der Aufgabe der "sozialverträglichen Technikgestaltung" zeichnen sich bereits ab (vgl. Alemann u.a. 1992, VI-VII; DGB 1988).

– Aufbauend auf der in der ersten Phase von "SoTech" breit angelegten Ermittlung von Gestaltungsoptionen, soll nun die *praktische Umsetzung* ins Zentrum der Aktivitäten rücken.

– Ein Schwerpunkt zukünftiger Projektarbeit soll in der *arbeits- und sozialpolitischen Gestaltung des Modernisierungsprozesses* liegen. Die Durchschlagskraft des Programms im Sinne einer nachhaltigen Veränderung der Praxis soll durch die Integration bisher erarbeiteter Detaillösungen und die thematische Konzentration auf arbeits- und sozialpolitische Fragestellungen erhöht werden.

– Anstelle der Fixierung auf IuK-Technologien soll in Hinkunft stärker *problemorientiert* vorgegangen werden. D.h., daß das Programm dort ansetzen soll, wo im Rahmen von Innovationsprozessen Engpässe, Probleme bzw. Modernisierungsbarrieren hinsichtlich der sozialverträglichen Technikgestaltung auftreten.

Die Spezifizierung der zukünftigen Aufgaben des SoTech-Programms hängt mit der Änderung der politischen und wirtschaftlichen Rahmenbedingungen in NRW, vor allem aber damit zusammen, daß nicht zuletzt auf Grund der Erfolge des ersten SoTech-Programms nicht mehr die Frage im Mittelpunkt steht, ob der Modernisierungsprozeß sozial gestaltet werden kann und soll, sondern wie und durch wen.

4.4. Optionen und Probleme

Die im ersten Teil vorgestellte Programmcharakteristik war das Ergebnis einer kontinuierlichen Entwicklung in NRW, in deren Verlauf verschiedene Optionen der Programmgestaltung zur Debatte standen. Im folgenden sollen spezifische Problemkonstellationen dargestellt werden, die Entscheidungsspielräume aber auch unvermeidliche Spannungsfelder bezeichnen.

Programmcharakter: Wissenschaft und Politik
Ein Programm zur sozialverträglichen Technikgestaltung muß *widersprüchliche Anforderungen* ausbalancieren, die sich aus den unterschiedlichen Rationalitäten bzw. Logiken des wissenschaftlichen und politischen Handelns ergeben. Wissenschaft verfährt – idealtypisch betrachtet – problemgeleitet sowie nach Standards, die innerhalb der Disziplin entwickelt wurden. Im Zentrum der Aufmerksamkeit steht deshalb einerseits die Problemlösung – unabhängig von Zeitfragen – und andererseits die wissenschaftliche Qualität. Die Politik sieht sich eingeschränkten Zeithorizonten und "von außen" herangetragenen Legitimationsansprüchen gegenüber. Gerade ein "weiches" Programm wie SoTech ist in hohem Maße legitimationsbedürftig. Die Initiierung von Lernprozessen, bewußtseinsbildende Aktivitäten und dergleichen lassen sich schwerer messen und bieten auch weniger Anschauungsmaterial als z.B. die Entwicklung eines neuen Produktes. Ein zweites Merkmal eines "weichen" Programmes ist, daß es im politischen Selbstverständnis weniger stark verankert ist. Aufgrund des innovativen und gestalterischen Anspruches sind die Ergebnisse weniger leicht absehbar, was Unsicherheiten und Interpretationsbedarf auslöst. Die Politik ist deshalb an kurzfristigen Erfolgen und vorzeigbaren Ergebnissen interessiert.

Daraus können sich *Spannungen* ergeben wie z.B. zwischen dem *politischen Legitimationsbedarf* und dem *wissenschaftlichen Zeitbedarf*. Am Beispiel SoTech in Nordrhein-Westfalen: Die Politik wollte möglichst rasch "Ergebnisse" sehen, die geeignet waren, den öffentlichen Legitimationsbedarf zu befriedigen, während es zumindest drei bis vier Jahre dauerte, bis erste Ergebnisse aus der wissenschaftlichen Forschung vorlagen. Von diesen Spannungen betroffen war hauptsächlich die Beziehung zwischen den Politikern und der ministeriellen Administration einerseits und dem wissenschaftlichen Projektträger andererseits.

Ein Spannungsverhältnis besteht darüberhinaus zwischen *politischer Opportunität* und *wissenschaftlicher Qualität*. Auch im SoTech-Programm zeigte sich, daß bei der Projektvergabe oft erst ein Ausgleich zwischen beiden Kriterien gefunden werden mußte. Es stellte sich heraus, daß wissenschaftlich weniger anspruchsvolle Projekte dennoch politisch erfolgreich sein können und umgekehrt. Ein drittes Spannungsfeld besteht zwischen *wissenschaftlichem Erkennt-*

nisstreben und *praktischem Handlungsbedarf*. Die neuartige Anlage des So-Tech-Programmes im Sinne eines wissenschaftsgeleiteten Gestaltungsprogramms erfordert Umdenkprozesse sowohl auf der Seite der Wissenschaft als auch auf der Seite von Betrieben, Gewerkschaften etc. Um eine Polarisierung der Ansprüche von Theorie und Praxis zu vermeiden, ist es erforderlich, daß sich die Wissenschaft den konkreten, oft restriktiven Bedingungen "vor Ort" stellt, während die Praxis sich auch gegenüber reflexiven Elementen öffnen muß.

Programmfunktion: Forschung versus Gestaltung

Das SoTech-Programm bewegte sich im Spannungsfeld zwischen wissenschaftlicher Technikfolgenabschätzung und Gestaltung. Technikfolgenabschätzung im engen Sinne ist – wie oben beschrieben – ein Politikberatungsinstrument. Es zielt darauf, ausgehend von bereits entwickelten Technologien, deren zukünftige Entwicklung abzuschätzen und mögliche Gefahren und Risiken wissenschaftlich-analytisch aufzuzeigen. Dieses Verständnis herrschte in NRW bis Mitte der 80er Jahre auch im Hinblick auf die öffentliche Wahrnehmung von "SoTech" vor. Im Laufe der Programmentwicklung wurde der Begriff weiterentwickelt. Unter dem Etikett der "konstruktiven Technikfolgenabschätzung" wurden prozessuale Elemente integriert. Anstelle einer rein analytischen Vorgehensweise wurden zunehmend Projekte initiiert, die stärker handlungsorientiert waren: die von der Technik unmittelbar Betroffenen wurden aktiv beteiligt; Lernprozesse wurden in Gang gesetzt und die partizipative Gestaltung von Technik rückte in den Vordergrund.

Thematische Reichweite

Das SoTech-Programm in NRW stellte die IuK-Technologien als abgrenzbares Feld technologischer Neuerungen ins Zentrum der Programmbemühungen. Die Beschränkung auf eine einzige Technologieschiene ergab sich aufgrund intensiver Diskussionen. Die Knappheit finanzieller und personeller Ressourcen machte eine thematische Konzentration unumgänglich. Mit ein Grund für die Wahl der IuK-Technologien war, daß es sich dabei um eine sogenannte "Querschnittstechnologie" handelt, die keinen gesellschaftlichen Bereich unberührt läßt. Dementsprechend breit gestreut waren die Ansatzpunkte und Erkenntnisinteressen: sie bezogen sich sowohl auf die verschiedenen Anwendungsfelder der IuK-Technologien (Betrieb, Alltag, Staat und Bürger), auf unterschiedliche Betroffenengruppen (Beschäftigte, Frauen, Kinder, ältere Menschen) als auch auf strategische Ansätze (Gestaltungskonzepte, Qualifikation, Mitbestimmung, Zukunftsvisionen) und Projektformen (analytische Projekte, Gestaltungsprojekte, Entwicklung von Szenarien, Curricula etc.). Die Begründung für die Auffächerung der Problemstellung liegt im wesentlichen darin, daß es anfänglich vor allem darum gehen sollte, einen gesamtgesellschaftlichen Diskurs über den Umgang und die sozialen Folgen der IuK-Technologien anzuregen. Dafür schien eine an möglichst vielen Punkten ansetzende Strategie am tauglichsten. Außerdem mußten Erfahrungen erst gesammelt werden, welche Ansätze in welchen Bereichen und in welchen Formen geeignet erschienen, die Technikentwicklung sozialverträglich zu gestalten. Die "Philosophie der 1000 Blumen" minimierte unter diesen Voraussetzungen das Risiko des Scheiterns.

Die thematische Breite war jedoch auch der Grund für einige Schwächen des Programms. Eine Vielzahl kleiner Projekte birgt die Gefahr, daß die Aktivitäten nach Beendigung der Projekte verpuffen, weil sie die kritische Masse, die notwendig ist, um Vermittlungs- und Umsetzungsaktivitäten in Gang zu setzen, nicht erreichen, oder weil es an der wissenschaftlichen Infrastruktur fehlt, um vielversprechende Ansätze auch nach Projektende weiterverfolgen zu können. Ein weiteres Problem besteht darin, daß die Konturen des Programms kaum mehr überblickt werden können, sodaß es schwer fällt, es in der Öffentlichkeit entsprechend darzustellen und politisch "zu verkaufen". Die Auffächerung des Programms nach Betroffenengruppen (Frauen, Ältere, etc.) habe es – laut Einschätzung mancher Beteiligter – erschwert, dem Programm ein eindeutiges Profil zu geben. Obwohl einzelne diesbezügliche Projekte sehr erfolgreich waren, wäre es aus der Sicht des Gesamtprogrammes sinnvoller, die Gruppenbezüge jeweils in inhaltlich ansetzenden Projekten zu berücksichtigen. Es sollte jedenfalls verhindert werden, daß die Interessen derer, die zu den "Modernisierungsverlierern" zählen, keine Berücksichtigung finden.

Fragen der Institutionalisierung
Die Umsetzung eines großangelegten Programms zur sozialverträglichen Technikgestaltung stellt besondere Anforderungen an die institutionelle Struktur. Es stellen sich insbesondere Fragen zur Ressortanbindung, Koordination sowie zur Organisationsstruktur und dem Projektmanagement.
– *Ressortanbindung*
  In NRW wurde die Zuständigkeit für die Abwicklung von "SoTech" dem Ministerium für Arbeit, Gesundheit und Soziales übertragen. Damit wurde "SoTech" in gewisser Weise aus der Gesamtinitiative "Zukunftstechnologien" ausgekoppelt, denn die sogenannten "harten" Programmteile der Technologieförderung fielen in die Zuständigkeit des Wirtschafts- und des Wissenschaftsministeriums. Frühzeitig wurde deshalb schon kritisiert, daß damit der Anspruch, eine integrierte, sozialverträgliche Technologiepolitik zu betreiben, unterlaufen werde, und die Gefahr bestehe, daß "SoTech" auf ein Alibiprogramm mit Spielwiesencharakter reduziert würde (Technologieberatungsstelle 1986, 27). Der Kritik wurde entgegengehalten, daß mit dieser organisatorischen Lösung der politische Widerstand gegen "SoTech"

entschärft werden konnte. Eine administrative Engführung von Technologieförderung und sozialverträglicher Technikgestaltung würde auf "Technikverhinderung" hinauslaufen, wurde von Teilen der Wirtschaft gemutmaßt. Andererseits bestanden auch umgekehrt Befürchtungen, daß eine zu enge Anbindung von "SoTech" vor allem an die wirtschaftsorientierten Technologieprogramme ihre innovativen Ansätze beschneiden, administrative Konflikte und Blockaden herbeiführen und mittelfristig die Durchsetzung von Ansprüchen sozialverträglicher Technikgestaltung erschweren würde, weil die eigenständigen Erfolge des SoTech-Programms unter diesen Umständen weniger zur Geltung kämen (Alemann u.a. 1992a, 211-213).
Bei der Entscheidung für ein bestimmtes Ressort ist zu bedenken, daß "SoTech" ein Querschnittsprogramm darstellt, das Materien und Fragestellungen berührt, die in die Zuständigkeit mehrerer Ministerien fallen. Die Erfahrung in NRW zeigt, daß dadurch große Reibungsverluste entstehen können, die auch durch eine Abstimmung mit den anderen Ministerien nur schwer zu vermeiden sind. Die interministeriellen Zuständigkeitskonflikte waren es nicht zuletzt, die zu Turbulenzen nach Beendigung des ersten SoTech-Programmes geführt haben. Die deutliche Akzentuierung der sozial- und arbeitspolitischen Ausrichtung bei der Neuauflage des Programms könnte hier eine Entspannung der Situation und einen reibungsloseren Ablauf bewirken.

— *Koordination*
Der Anspruch, mit der "Initiative Zukunftstechnologien" eine integrative und integrierte Modernisierungspolitik zu forcieren, erzeugt einen hohen politischen und administrativen Koordinationsbedarf. In NRW wurde eine interministerielle Arbeitsgruppe eingesetzt, die sowohl mit der Vorbereitung der Gesamtinitiative als auch mit der laufenden Abstimmung betraut war. Die Koordination funktionierte jedoch nur insofern, als ein gewisser Austausch über die Entwicklung der einzelnen Programmkomponenten erreicht, ein gemeinsames Verständnis erarbeitet und ein Interessenausgleich zwischen den Ministerien im Sinne "negativer Koordination" hergestellt werden konnte. Der kontinuierliche Erfahrungs- und Meinungsaustausch zwischen den für die einzelnen Programmteile zuständigen Ministerien war letztlich jedoch mit dafür verantwortlich, daß die Gesamtinitiative weitergeführt worden ist. Zwischen dem vom Bund durchgeführten Programm "Arbeit und Technik" (vgl. "Arbeit und Technik" Projektträgerschaft (Hg.) 1990), das sich die Aufgabe gestellt hat, die sozialen Probleme bei der Einführung neuer Technologien zu bewältigen, und dem "SoTech" Programm gibt es keine institutionellen Berührungspunkte und somit auch keine direkte Koordination. Konkurrenzgesichtspunkte und Abgrenzungen stehen im Vor-

dergrund. Es existieren jedoch zwischen den Programmverantwortlichen mehr oder weniger intensive persönliche Arbeitskontakte, über die ein Erfahrungsaustausch stattfindet.

Organisationsstruktur und Projektmanagement.
Entscheidende Bedeutung im Hinblick auf die Zielerreichung kommt der Frage zu, welche Einrichtungen geschaffen, wie sie zusammengesetzt, mit welchen Aufgaben sie betraut werden, auf welche Weise sie zusammenwirken und welche Verfahren etabliert werden. Im großen und ganzen hat sich die oben beschriebene organisatorische Lösung in NRW bewährt (Geschäftsstelle, jetzt Ressort im Ministerium, ausgegliederter Projektträger, Programmbeirat). Dennoch sollen im folgenden einige Problembereiche benannt werden.

Dem *Projektträger* kommt eine zentrale Funktion bei der Durchführung und Umsetzung des Programms zu. Zum einen hat der Projektträger eine Art Pufferfunktion zwischen der politischen Administration und dem gesellschaftlichen Umfeld. Dies ist deshalb von Bedeutung, weil ein innovatives Programm auch mit politischen Widerständen und Konflikten zu rechnen hat. Der Projektträger kann politische Kritik am Programm sozusagen "abfangen". Gerade im Falle eines dezidiert "politischen" Programms, das auf Gestaltung abzielt, ist es von Vorteil, wenn der Projektträger mit dem politisch verantwortlichen Ministerium "an einem Strang zieht". Aus der Perspektive des Ministeriums wurde die Übertragung der Projektträgerschaft an eine autonome wissenschaftliche Einrichtung als nicht optimal eingeschätzt. Als Konsequenz wurde nun die Geschäftsführerstelle des Projektträgers mit einem Referenten aus dem Arbeitsministerium besetzt. Eine klare Aufgabenstellung soll darüberhinaus dazu beitragen, das Programm- und Projektmanagement zu verbessern und die politischen Ziele effizienter zu erreichen.

Als unabdingbare Voraussetzung für die erfolgreiche Abwicklung eines SoTech-Programmes gilt darüberhinaus die Verfügbarkeit von wissenschaftlichem Know-how. Es gilt ein breites Spektrum von Fragestellungen wissenschaftlich abzudecken, was Interdisziplinarität und Expertise in einem Ausmaß erfordert, wie sie innerhalb der Administration nach einhelliger Auffassung in der Regel nicht gegeben ist. Darüberhinaus muß eine ausreichend starke Infrastruktur aufgebaut werden, die materiell wie personell dazu imstande ist, die Projekte solide vorzubereiten, auszuwählen, zu begleiten und auszuwerten.

Die zweite tragende Säule für die Programmdurchführung war der Programm-*Beirat*. Er vereinte die tragenden gesellschaftlichen Gruppen, die eine Art politische Lobby für "SoTech" bildeten. Dabei ist es von Vorteil, wenn die teilnehmenden Personen nicht nur Interessenvertreter, sondern zugleich auch Experten sind. Entscheidend für die Wirksamkeit ist eine personelle Konstellation, die das Gremium arbeitsfähig macht und sich nicht selbst paralysiert. Eine

Gefahr besteht darin, daß im Falle der Dominanz organisierter Interessenvertreter leicht ein Demokratiedefizit entsteht. Nur die konfliktfähigen Interessen können sich bei einer solchen Konstruktion durchsetzen, während die nicht organisierten Interessen unberücksichtigt zu bleiben drohen. Selbst am ersten SoTech-Programm, das stärker wissenschaftsbasiert operationalisiert wurde, wurde kritisiert, daß z.B. die Interessen von Arbeitslosen, Konsumenten, Frauen etc. zu wenig Berücksichtigung fänden. Dieser Gefahr kann durch eine ausgewogene Zusammensetzung des Beirates entgegengewirkt werden.

Resümierend ist festzustellen, daß das Programm zur sozialverträglichen Technikgestaltung einen wichtigen Beitrag zur Erarbeitung von Wissen, zur Analyse von Problemdimensionen und zur Erprobung von Lösungsansätzen für die sozialverträgliche Technikgestaltung erfüllt hat. Gleichzeitig muß betont werden, daß ein Programm allein die sozialverträgliche Technikgestaltung nicht garantieren kann. Es kann Informationen bereitstellen, Bewußtsein schaffen und Anstöße zum Aufbau einer Infrastruktur zur sozialverträglichen Technikgestaltung geben, wie das Programm "Mensch und Technik – sozialverträgliche Technikgestaltung" in Nordrhein-Westfalen eindrucksvoll belegt.

4.5. Zusammenfassung

1. Das Programm "Mensch und Technik – sozialverträgliche Technikgestaltung" in Nordrhein-Westfalen stellt den ersten großangelegten Versuch dar, ein praktikables Konzept der "sozialverträglichen Technikgestaltung" zu entwickeln und zu operationalisieren. Das Programm war Teil einer technologieorientierten Modernisierungsoffensive der sozialdemokratischen Landesregierung. Nach Abschluß des Programms wurde eine Weiterführung beschlossen, die sich stärker auf die praktische Umsetzung und Verbreitung der Ergebnisse, die Bearbeitung von arbeits- und sozialpolitischen Fragestellungen sowie auf eine problemorientierte Projektauswahl konzentrieren soll.
2. Der theoretische Ausgangspunkt des Programmes war die Vorstellung, daß Technik das Produkt eines gesellschaftlichen Aushandlungsprozesses darstellt, in dem bestimmte Interessen und Gruppen ungleiche Mitwirkungs- und Einflußchancen besitzen. Das Programm sollte solche Ungleichheiten kompensieren und die Durchsetzungschancen jener gesellschaftlichen Bedürfnisse und Interessen stärken, die von der technischen Entwicklung benachteiligt werden. Thematisch konzentrierte sich das Programm auf den Bereich der Informations- und Kommunikationstechnologien.
3. Das Programm verfolgte vier zentrale Aufgabenstellungen: die Erarbeitung von Wissen und Informationen; die Durchführung von Qualifizierungs- und

Beratungsmaßnahmen; die Erprobung von Modellen und Verfahren zur sozialverträglichen Technikentwicklung, -einführung und -nutzung sowie die Verbesserung der Mitwirkungs- und Mitbestimmungsmöglichkeiten. Zu diesem Zweck wurden rund 110 (wissenschaftliche) Projekte vergeben. Darunter waren Technikfolgenuntersuchungen, Prospektivstudien, Verfahrensprojekte und Gestaltungsprojekte. Die Projekte thematisierten Fragen der Arbeitswelt, des alltäglichen Umgangs mit Technik sowie des Verhältnisses von "Bürger und Staat". Die durchschnittliche Projektlaufzeit betrug einenhalb bis zwei Jahre und die durchschnittliche Projektsumme 450.000,- DM.

4. Die politische Programmverantwortung lag beim Ministerium für Arbeit, Gesundheit und Soziales (MAGS). Die Programmabwicklung erfolgte über einen organisatorisch selbständigen wissenschaftlichen Projektträger. Ein Programmbeirat, dem die Sozialpartner, Ressortvertreter und Wissenschaftler angehörten, bewertete Projektideen und -anträge, diskutierte die Ergebnisse und formulierte programmpolitische Stellungnahmen.

5. Mit dem Programm konnte ein wesentlicher Beitrag zur Verbreiterung des öffentlichen Dialogs über sozialverträgliche Technikgestaltung geleistet werden. Dies war das Ergebnis einer intensiven Publikations-, Informations- und Öffentlichkeitsarbeit. Mit Hilfe des Programms wurde der Begriff der "Sozialverträglichkeit" zu einem allgemein akzeptierten und international diskutierten Kriterium einer innovativen Technologie- und Modernisierungspolitik.

6. Das Program bekennt sich zu einem partizipations- und diskursorientierten Verständnis von "Sozialverträglichkeit". Dieser Auffassung zufolge kann die "Sozialverträglichkeit" nicht objektiv und allgemeingültig festgestellt werden. Sie wird in einem partizipativen und argumentativen Prozeß hergestellt. "Sozialverträglichkeit" kann nur dann gewährleistet werden, wenn normative, interessenbezogene, partizipative und historisch-kulturelle Aspekte in diesem Prozeß Berücksichtigung finden.

7. Der Aufbau eines Gestaltungsnetzwerkes wurde im Rahmen vieler Projekte in Angriff genommen. Sozialverträgliche Technikgestaltung ist auf die aktive Kooperationsbereitschaft aller Betroffenen angewiesen. Zahlreiche Projekte führten zur Zusammenarbeit von Wissenschaft, Wirtschaft und Bildungseinrichtungen mit dem Ziel, eine effiziente und humanzentrierte Technikentwicklung zu gewährleisten. Diese Kooperationsbeziehungen sind ein erster Schritt auf dem Weg zum Aufbau einer flächendeckenden Infrastruktur sozialverträglicher Technikgestaltung in Nordrhein-Westfalen.

8. Die Entwicklung von Leitbildern und Modellen sozialverträglicher Technikgestaltung zielte auf die Erarbeitung von Standards für einen humanzentrierten Technikeinsatz. Technische Systeme sollten unter diesem Gesichts-

punkt fehlerfreundlich, risikoarm, transparent und gestaltungsoffen konzipiert werden. Des weiteren formuliert das Leitbild Anforderungen an die Technikanwender und -nutzer, die Gestaltung der Arbeitsorganisation und die staatliche Modernisierungspolitik.

9. Die Planung und Durchführung eines wissenschaftlichen Gestaltungsprogramms muß eine Vielzahl von Problemen lösen. So bestehen z.B. Spannungen zwischen politischem Legitimationsbedarf und wissenschaftlichem Zeitbedarf, zwischen politischer Opportunität und wissenschaftlicher Qualität, zwischen dem wissenschaftlichen Erkenntnisstreben und dem praktischen Handlungsbedarf oder auch zwischen Wissensproduktion und Umsetzung. Es müssen weitreichende Entscheidungen getroffen werden in bezug auf die thematische Reichweite, die politische Verankerung des Programms, die Integration bzw. Koordination mit anderen Bereichen der Techologiepolitik und der Frage der Organisation des Programm- und Projektmanagements. Welche Entscheidungen letztlich gefällt werden und die Konturen eines Programms prägen, hängt von den konkreten politischen Strukturen und administrativen Gegebenheiten ab.

5. Voraussetzungen und Bedingungen sozialverträglicher Technikgestaltung in Österreich

Die Darstellung und Analyse innovativer technologiepolitischer Ansätze und Modelle hat auf die Bedeutung der spezifischen politischen, administrativen und ökonomischen Rahmenbedingungen sowie der nationalen Traditionen der Zusammenarbeit im Bereich der industriellen Beziehungen aufmerksam gemacht. Die länderspezifischen Konturen und Konstellationen formen die Bedingungen der Möglichkeit der Realisierung sozialverträglicher Technikgestaltung. Im folgenden werden die diesbezüglich wichtigsten Determinanten in Österreich skizziert: die Kleinstaatenproblematik, die ökonomischen und politischen Globalstrukturen, die technologiepolitischen Trends sowie deren Umsetzungsprobleme und -perspektiven.

5.1. Kleinstaatenproblematik

Daß nationale Technologiepolitik von "Kontexten" abhängt, ist eine naheliegende Einsicht. Vor einer detaillierten Analyse landesspezifischer Rahmenbedingungen gilt es im Hinblick auf technologiepolitische Strategien zunächst den "quantitativen" Faktor (und seine möglichen Konsequenzen) zu berücksichtigen:

> 'Small' and 'large', not only interpreted in their economic but also in their political and cultural context, ostensibly represent relevant distinctive features influencing the particular shape of technological and economic developments.
> (Tulder 1989, 1)

Wesentliches Kriterium zur Klassifikation einer Nation als "Kleinstaat" ist die Bevölkerungszahl: bei weniger als 20 Millionen Einwohnern verläuft nach Jacobs (1989, 43) die definitorische Grenze. Die folgenden Überlegungen beziehen sich zudem nur auf einen geographisch begrenzten Raum, d.h. es geht um Kleinstaaten in Europa. Bedeutung erlangt diese Zuschreibung durch die Vermutung, daß sich durch die beschränkte Größe eines Landes spezifische Gemeinsamkeiten ergeben, die den Handlungsrahmen der politischen Akteure präformieren. So gibt es nach Katzenstein (1985) einige Argumente, die es plausibel machen in bezug auf kleine Staaten von einer spezifischen Gruppe auszugehen: hier ist – in ökonomischer Hinsicht – insbesondere die Offenheit der Volkswirtschaften, der von den wirtschaftlichen "Giganten" verursachte Anpassungsdruck sowie die Produktion für schmale Weltmarktsegmente zu nennen. In politischer Hinsicht scheint eine Affinität zu korporatistischen Entscheidungsstrukturen gegeben – damit einher gehen kompensatorische Interventionsmaßnahmen, um die Auswirkungen der hohen Weltmarktexponiertheit wohlfahrtsstaatlich abzufedern. Auch in der weiteren diesbezüglichen Forschung (vgl. z.B. Glatz 1991 u.a., 38f.) wird allgemein davon ausgegangen, daß es eine "besondere Problemsituation" für Kleinstaaten im Hinblick auf die Voraussetzungen zur Teilnahme am Weltmarkt gibt, die sich im einzelnen in folgenden Punkten niederschlägt:

- Gestaltungsasymmetrie: Kleinstaaten sind den Folgen der zunehmenden Internationalisierung besonders ausgesetzt, haben ihrerseits jedoch wenig Einfluß auf die Gestaltung des Prozesses
- Offenheit der Wirtschaft: die Möglichkeiten zur Formulierung einer eigenständigen Wirtschaftpolitik sind sehr begrenzt
- kleiner Heimmarkt: starke Binnenregulierung geht zumeist mit offener Handelspolitik (zur Erzielung von "economies of scale") einher
- knappe Forschungsressourcen: die Forschung orientiert sich an den Großfirmen bzw. die Forschungsquote ist zumeist sehr niedrig
- Problem der Prioritätenfindung: sowohl Leadership in schmalen Marktsegmenten als auch die technologiepolitische Imitation von größeren Volkswirtschaften sind mit Risiken behaftet
- Strukturkonservatismus: die schmale industrielle Basis läßt meist nur einen beschränkten internen Wettbewerb zu und erschwert eine sanktionierende Politik gegenüber etablierten Sektoren

In Anbetracht der aufgeführten Problemaspekte erscheint die "Kleinheit" einer Nation offensichtlich als "Handicap" im Hinblick auf den technologischen Spielraum einer Nation. Eine solche Sichtweise erblickt in dem erhöhten ökonomischen Anpassungsdruck für Kleinstaaten Nachteile für die Wettbewerbsfähigkeit, die entscheidend von der technologischen Innovationsfähigkeit beeinflußt wird. Katzenstein (1985) vertritt demgegenüber die These, daß der ohnehin permanent vorhandene Anpassungsdruck auf kleinere Nationen deren Fähigkeit zur "aktiven Anpassung" erhöht, sodaß sie eine besonders ausgebildete Flexibilität als "Plus" verzeichnen. Ob sich diese optimistische Einschätzung auch in Zeiten einer außerordentlichen dynamischen internationalen Technologieentwicklung aufrechterhalten läßt erscheint fraglich. Als zutreffend beurteilt werden kann jedenfalls die (damit implizierte) Feststellung, daß die politisch-institutionelle Fähigkeit zur produktiven Verarbeitung internationaler Entwicklungen einen wesentlichen Einfluß darauf ausübt, wie die ökonomische bzw. wohlfahrtsstaatliche Bilanz eines kleinen Staates aussieht. Insofern lassen sich trotz gemeinsamer konstituierender Rahmenbedingungen von Kleinstaaten durchaus Unterschiede ausmachen in bezug auf die Frage des Erfolgs der je spezifischen nationalen Anpassungsstrategie.

5.2. Ökonomische Situation

Global betrachtet bietet sich im Hinblick auf die österreichische Wirtschaft ein –
auch im Vergleich mit den anderen europäischen OECD-Staaten – durchaus
zufriedenstellendes Bild (vgl. z.B. Nick/Pelinka 1989, 29ff.; Fesselhofer 1992).
Als wesentliche Komponenten der relativ guten Wirtschaftsentwicklung gelten
die gute Baunachfrage, der prosperierende Fremdenverkehr und – seit jüngster
Zeit – die Exporte nach dem Osten. In diesem Zusammenhang ist bisweilen gar
von einer "zweiten Gründerzeit" für Österreich die Rede:

> Die Flüge nach Osteuropa sind mit vollzahlenden Geschäftleuten ausgebucht.
> In ihren Aktenkoffern bringen sie das Wirtschaftswachstum der kommenden
> Jahre nach Hause. (Wörgötter 1992, 9)

Internationale Experten (so das Genfer "World Economic Forum") reihen Österreich in ihrer "Hitliste" über die Wettbewerbsfähigkeit in den 22 OECD-Län-
dern an die insgesamt siebte Stelle ("Der Standard" vom 20. August 1992, 1).
Dieses Vorzugszeugnis muß jedoch ergänzt werden um einige relativierende
Aspekte. So bleibt insbesondere der Industriesektor auch weiterhin ein Sorgen-
kind. Die mangelnde Dynamik dieses zentralen Bereichs führt zu einem Pro-
blemkomplex, der die österreichische Lage im "Spitzenfeld der Weltrangliste"
als eine prekäre und gefährdete aufweist. Denn obwohl durchaus eine Umstruk-
turierung großer Industriebereiche in Österreich in Angriff genommen wurde,
gibt es immer noch erhebliche "Strukturmängel" zu konstatieren (vgl. Tichy
1987, 67ff., Glatz u.a. 1991, 127ff., Kuntze 1990, 64ff., OECD 1992a, 232ff.):

– *veraltete Produktionsstruktur*
  Die österreichische Industrie ist gekennzeichnet durch Grundstofflastigkeit,
  dagegen sind die technologieintensiven Sparten der Produktionsstruktur
  unterrepräsentiert. Dementsprechend hat Österreich auch unter allen europäischen Industriestaaten die schlechteste Relation von Hochtechnologieex-
  porten zu Hochtechnologieimporten.

– *geringer aktiver Internationalisierungsgrad*
  Im Hinblick auf die Zahl der Industriebeschäftigten in österreichischen Nie-
  derlassungen im Ausland oder das Verhältnis österreichischer Direktinvestitionen im Inland zu den österreichischen Direktinvestitionen im Ausland
  (es wird auf etwa 2,5 : 1 geschätzt) liegt Österreich erheblich hinter den
  meisten europäischen Vergleichsländern.

– *zu geringe Wertschöpfung im Exportsektor*
  Österreichs Exporterlöse je Gewichtseinheit sind wesentlich niedriger als
  die seiner Konkurrenten in den hochentwickelten Industrienationen – hieraus kann auf sehr einfache, wenig spezialisierte Standardprodukte geschlossen werden. Diese Entwicklung hat sich in den 80er Jahren sogar ver-

schlechtert: Östereich muß mengenmäßig zunehmend mehr exportieren, um dieselben Exporterlöse zu erzielen. Dementsprechend ist es österreichischen Firmen nur selten gelungen, Marktführer auf Spezialmärkten zu werden (was eine – auch riskante – Setzung von Prioritäten voraussetzen würde).

– *Fehlen heimischer Großkonzerne*
Die private Industrie in Österreich ist überwiegend klein- und mittelbetrieblich strukturiert. Es fehlen weltweit operierende Unternehmen mit Flaggschiff-Funktion, die bei der Erschließung von Auslandsmärkten Breschen schlagen könnten. Bei der eher kleinstrukturierten Industrie wird Österreich zunehmend Schwierigkeiten haben, ausreichende "economies of scale" in Forschung, Organisation, Produktion und Marketing zu erreichen.

– *erheblicher "geschützter" Sektor*
Aus dem starken staatlichen Schutz von Teilen des Heimmarktes, vor allem in den Bereichen Dienstleistung und Gewerbe resultieren mangelnder Wettbewerb, erhöhtes Preisniveau und Behinderung von Strukturwandel.

– *geringe F&E-Quote*
Die für die technologische Wettbewerbsfähigkeit einer Nation wichtigen Ausgaben für F&E in Österreich nehmen sich im internationalen Vergleich äußerst bescheiden aus.

– *Kapitalschwäche*
Die Defizite des österreichischen Kapitalmarktes liegen vor allem in einem Überwiegen der Fremdkapitalfinanzierung (insbesondere über Banken und Versicherungen), einer geringen Finanzierung über internes und externes Eigenkapital und dem Fehlen von Risikokapital.

Ein in jüngster Zeit unternommener Versuch zumindest teilweise die angeführten Mängel zu beheben, soll hier noch Erwähnung finden: nach zunehmenden Defiziten der Verstaatlichten in den 80er Jahren wurde unter dem Druck des Primats der Budgetkonsolidierung der Versuch einer Neustrukturierung der verstaatlichten Industrie (mittels Privatisierung bzw. Auslagerung) unternommen. Die Bemühungen auf diese Weise einen potenten österreichischen "Multi" zu etablieren – und damit ein wichtiges technologiepolitisches Instrument zu lancieren – dürfen zumindest vorerst als gescheitert betrachtet werden. Derzeit laufen jedoch neue Restrukturierungsversuche bei der Verstaatlichten. Den Hintergrund dieser Entwicklungen bildet die wirtschaftspolitische "Wende" von einer austrokeynesianischen zu einer stärker angebotsorientierten Strategie. Mit dieser politischen Entscheidung zu einer grundlegenden Umorientierung der ökonomischen Ausrichtung sind auch neue Rahmenbedingungen für das Agieren der Sozialpartner entstanden.

5.3. Sozialpartnerschaftliches Politikmuster

Technologiepolitik unterliegt als eigenständiges Politikfeld in hohem Ausmaß den allgemeinen Bedingungen des politischen Systems und der politischen Kultur eines Landes. Kennzeichnend für das politische System Österreichs ist neben dem Parlamentarismus der starke Einfluß der Verbände auf die Politikformulierung – letzterer hat in der "Sozialpartnerschaft" eine spezifisch österreichische Ausformung gefunden. In der wissenschaftlichen Diskussion gilt Österreich als Paradebeispiel eines besonders ausgeprägten "Neokorporatismus" (Gerlich 1985b, 355) bzw. als Modellfall der Kooperation zwischen Arbeit, Kapital und Staat. Ein weitläufiges Netzwerk von institutionalisierten, formellen und informellen Interaktionen – teilweise beruhend auf personellen Mehrfachfunktionen – zwischen den großen Interessenverbänden einerseits (autonome Sozialpartnerschaft) sowie zwischen Verbänden und staatlichen Instanzen andererseits (nicht-autonome Sozialpartnerschaft) sind die Basis dieses Politikstils. Dabei bedeutet der hohe Grad an Organisiertheit durch das Nebeneinander von Zwangsverbänden und freien Verbänden eine Einbindung aller substantiellen, ökonomisch definierten Interessen. Die Strategie des konsensuellen Interessenausgleichs sowie die vorrangige Orientierung an gesamtwirtschaftlichen Zielen bei der Wahrnehmung der Partikularinteressen bilden die gemeinsame Plattform innerhalb der Sozialpartnerschaft. Als wesentliche Konsequenz dieser österreichischen Institution gilt die Vermeidung von Konflikten bzw. die Sicherung des sozialen Friedens – allerdings bei gegebener Machtverteilung (vgl. Nick/Pelinka 1989, 79).

Die Bedeutung des Netzwerks konzertierter Kooperation für die politische Techniksteuerung leitet sich ab vom Status der Sozialpartnerschaft als "zweites Entscheidungszentrum" (Pelinka 1992, 12) insbesondere in Fragen der Wirtschafts- und Sozialpolitik. Das Verhältnis des Verbändesystems zum politischen System ist in Österreich durch eine starke Interdependenz (vgl. Gerlich 1985a) gekennzeichnet, die eine Beschränkung des Handlungsspielraums für beide Seiten impliziert. Diese Machtbalance bedeutet zweifellos eine gewisse Entlastung der Regierungstätigkeit, aber zugleich auch eine partielle Konkurrenz zum demokratisch-parlamentarischen Willensbildungsprozeß. So wird dementsprechend als "Plus" des "gesellschaftlich-politischen Machtkartells" (Gerlich 1985a, 132) die erhöhten Chancen zur gesellschaftlichen Kompromißbildung und die daraus resultierende politisch-soziale Stabilität vermerkt. Andrerseits verzeichnet der sozialpartnerschaftliche Konkordanzmechanismus ein demokratietheoretisches "Minus": die nicht transparent gehaltene und öffentlich ausgetragene Entscheidungsfindung hat den Protest (neuer) sozialer Bewegungen hervorgerufen. Auch im Hinblick auf die inhärenten innovativen Potentiale erscheint die Sozialpartnerschaft defizitär: Fragestellungen erscheinen nur dann als legitim, wenn sie in den Rahmen der bestehenden gemeinsamen Philosophie passen (Gerlich 1993, 433). Diese grundsätzliche Fixierung der sozialpartnerschaftlichen Kräfte auf den Status quo wirkt also resümierend wie folgt (Nick/Pelinka 1989, 81): "sie ist besonders geeignet, innerhalb einer Gesellschaftsordnung maximale Ziele zu verwirklichen, jedoch kaum dafür geeignet, über die Grenzen dieser Ordnung hinaus wirksam zu werden." Infolgedessen bilden inkrementale Veränderungen bei hoher Zustimmung das typische Muster der Entscheidungsfindung (Pelinka 1981, 84-86).

Die sozialpartnerschaftliche, übergreifende Interessenbasis in Bezug auf Formulierung und Realisierung technologiepolitischer Strategien besteht in einer gemeinsamen Ausrichtung am Wachstumsziel. Der von daher ausgehende Einfluß kann allerdings die inhaltliche Ausgestaltung von Konzepten und Maßnahmen staatlicher Politik stärker in Richtung Abschottung gegenüber konkurrierenden Ansprüchen (z.B. Basisbewegungen) prägen als der konkurrenzdemokratische politische Prozeß. Für die Ausrichtung der Praxis der Technologiepolitik gewinnt damit die Fokussierung auf die Steigerung der internationalen Wettbewerbsfähigkeit unter Flankierung durch traditionelle Strategien sozialer Abfederung an Gewicht. Das so bestimmte Zweckbündnis zwischen Verbänden und politischem System stößt jedoch insbesondere in Zeiten einer ungünstigen Wirtschaftsentwicklung, in denen der Verteilungsspielraum schrumpft, an seine Grenzen. Dies macht sich gerade auch in Fragen von besonderer sozialer und ökologischer Relevanz bemerkbar. So läßt sich etwa das Politikfeld "Umwelt" nur schwer in die Mechanismen der Verbändeakkordierung hineinzwängen (vgl. Tálos/Leichsenring/Zeiner 1993, 178).

Häufig ist in diesem Zusammenhang von einer "Krise" der Sozialpartnerschaft die Rede. Tendenzen einer gewissen Abkoppelung und Einflußeinbußen der Sozialpartnerschaft auf die Regierungspolitik sind jedenfalls in den letzten Jahren ebenso festzustellen (vgl. Gerlich 1985a, 126-128) wie einige jüngst zutagegetretene Spannungen um bestimmte Reformvorhaben. Diese Auflösungserscheinungen sind Ausdruck von Veränderungen im gesellschaftlichen Umfeld (Pluralisierung der Sozialstruktur, Erosion ideologischer Bindungen, Themenerweiterung durch Wertewandel und soziale Bewegungen, Destabilisierung durch Veränderungen in der Parteienkonkurrenz, Internationalisierung der Wirtschaft; vgl. Prisching 1991), auf die die Sozialpartner gegenwärtig durch innere Reformschritte reagieren. Die jüngst beschlossene Einrichtung von Unterausschüssen für Fragen der Internationalisierung und des Umweltschutzes können als Ansätze dazu gelten.

5.4. Neue Herausforderungen

Im Zusammenhang mit diesen Krisenerscheinungen der Sozialpartnerschaft wurde auch immer wieder eine eher skeptische Einschätzung gegenüber dieser spezifisch österreichischen Ausprägung eines korporatistischen Politikstils geäußert und die folgende Frage aufgeworfen:

> (Kann) sie (die Sozialpartnerschaft, die Autoren) ihre Aufgabe auch unter schwierigeren Bedingungen erfüllen oder versagt sie angesichts intensiver Herausforderungen? (Gerlich 1985b, 356)

Solche Herausforderungen sind zu Beginn der 90er Jahre durch die sozialen Bewegungen und insbesondere durch die Globalisierung der Ökonomie massiv angestiegen. Der anvisierte europäische Binnenraum mit seinen erwarteten Folgen betrifft nämlich zentral auch die Nicht-EG/EU-Mitglieder und hat – so Kuntze (1990, 59) – in Österreich die Gemüter mehr erregt als in den meisten anderen westeuropäischen Ländern. Österreich zählt zur Gruppe der EFTA-Kleinstaaten, die aufgrund ihrer starken wirtschaftlichen Verflechtung mit der EG/EU stark von deren Entwicklung tangiert sind. Befürchtet wird, daß es nach dem Wegfall der EG/EU-internen Handelsbarrieren zu einer "neuen Diskriminierung" bei Nicht-Teilnahme kommt. Um den wirtschaftlichen Anschluß nicht zu verpassen, hat die österreichische Regierung im Juli 1989 ein offizielles Ansuchen um Mitgliedschaft in der EG gestellt. Der durch den beabsichtigten EG/EU-Beitritt herbeigeführte Anpassungsdruck für die österreichische Wirtschaft stellt die tradierte Sozialpartnerschaft auf eine harte Probe (vgl. Martinsen 1991, 513). Gleichzeitig erhoffen sich bestimmte Kreise von der Entwicklung hin zum europäischen Binnenmarkt eine Verschärfung des Konkurrenzwindes für die heimische Industrie. Die politische Durchsetzung von Strukturreformen (insbesondere im staatlichen Sektor) soll so mithilfe des "Hebels EU" erleichtert werden. Auf der anderen Seite zeigt auch die Ostöffnung ihre Auswirkungen auf die Entwicklungsperspektiven von Nationen, Regionen, Branchen und Beschäftigten.

Für Österreich ist diese Entwicklung wegen seiner exponierten geographischen Lage und den traditionell guten Beziehungen zum Osten von besonderer Bedeutung. Nicht zu vergessen ist auch der folgende Aspekt, auf den Wörgötter (1992, 10) verweist: "Österreich rückt wieder ins Zentrum des Geschehens." Aber sowohl der anvisierte EU-Beitritt wie auch die Ostöffnung werden – wie alle größeren ökonomisch-sozialen Umbrüche – voraussichtlich Nutznießer und Verlierer hervorbringen. So kommt es durch beide Entwicklungen zu einer massiven Umschichtung der Arbeitsplätze (vgl. hierzu "Der Standard" vom 10./11. Oktober 1992, 25; vom 11. September 1992, 1).

Österreich befindet sich aktuell – wie auch andere Kleinstaaten – in einer Art "Sandwich-Position". Einerseits muß es – nach oben gerichtet – versuchen, den Anschluß an die High-Tech-Entwicklung nicht zu verpassen, andrerseits birgt – mit entgegengesetzter Blickrichtung – die Ostöffnung die Gefahr, daß aufgrund der dortigen billigen Arbeitskräfte Low-Tech-Produkte in den östlichen Ländern billiger erstellt werden können. Zudem wird auch die Mittellage zunehmend ungemütlicher, wie das vermehrte Vordringen der "Newly Industrialized Countries" (NICs) in den Bereich mittlerer Technologien anzeigt (vgl. Hotz-Hart 1992, 195). Die ökonomische Rivalität hat eine ungeheure Dynamik erreicht: ein vielschichtiges Kopf-an-Kopf-Rennen prägt die "Ära des Kalten Friedens" ("Die Zeit" vom 2. Oktober 1992, 40). In einer solchen globalen Situation besteht ein erhöhter Druck auf die Nationen, Anstrengungen zur Sicherung der internationalen Wettbewerbsfähigkeit zu unternehmen.

Vor diesem Hintergrund wird international diskutiert, daß eine (sozial) integrierte Technologiepolitik, welche durch Ausnutzung von Synergieeffekten und Mobilisierung brachliegender Humanressourcen eine bestmögliche Ausnutzung des vorhandenen Wirtschaftspotentials bewirken könnte, das "Gebot der Stunde" bezeichnet. Dies gilt auch und gerade für einen Kleinstaat wie Österreich, der aufgrund der begrenzten Ressourcen statt auf eine Maximierungsstrategie eher auf eine Optimierungsstrategie setzen sollte.

5.5. Technologiepolitik in Österreich

Die Entwicklung einer expliziten Technologiepolitik hängt eng mit der gesamtwirtschaftlichen Entwicklung in Österreich zusammen. Nach dem Ende des Zweiten Weltkriegs begann der wirtschaftliche Aufbau mit Unterstützung des sogenannten "Marshall-Plans" und bescherte Österreich bis in die 50er und 60er Jahre hinein überdurchschnittliche Wirtschaftswachstums- und Produktivitätssteigerungsraten. Die Aufwärtsentwicklung erklärt sich einerseits aus der Tatsache, daß die österreichische Wirtschaft aus der Zwischenkriegszeit einen niedrigen technologischen Standard geerbt hatte und andererseits durch die eingeschlagene Strategie, durch Ankauf und Imitation ausländischen Know-hows die einheimische Wirtschaft zu modernisieren. Das Setzen auf Imitation hatte langfristig jedoch negativ wirkende Folgen: Abwanderung von qualifizierten Wissenschaftlern ins Ausland, Notwendigkeit des Lizenzerwerbs von Konkurrenznationen, Abhängigkeit vom Einkauf technologieintensiver Vorprodukte u.a. (vgl. Goldmann 1985, 194-195; Steindl 1977). Der Staat sah sich erst veranlaßt, technologiepolitisch aktiv zu werden, als der eingeschlagene Wachstumspfad in den sechziger Jahren Erschöpfungstendenzen zeigte, und die politische Aufmerksamkeit auf die Versäumnisse der vergangenen Jahre gelenkt wurde.

5.5.1. Die Konstituierungsphase

Mitte der 60er Jahre wurden von der OECD, der Österreichischen Arbeiterkammer und der Bundeswirtschaftskammer erstmals Untersuchungen über die Aufwendungen für Forschung und Entwicklung in Österreich durchgeführt (vgl. OECD 1965; Prager 1965). Es wurde ein eklatanter Nachholbedarf festgestellt, erreichten die Ausgaben für Forschung und Entwicklung in Österreich doch nur einen Anteil von 0,3% des Bruottinlandsproduktes, während er im übrigen Westeuropa zwischen 1,5% und 2,5% betrug (vgl. Goldmann 1985, 196). Nachdem sowohl österreichische Ökonomen und Experten der OECD wiederholt auf die Notwendigkeit einer zukunftsgerichteten F&T-Politik hingewiesen hatten (vgl. Volk 1983, 1), fiel in der zweiten Hälfte der 60er Jahre der Startschuß für eine zielgerichtete F&T-Politik. Äußeres Kennzeichen dafür ist die Verabschiedung des Forschungsförderungsgesetzes 1967, das die Grundlage für die Errichtung des "Fonds zur Förderung der wissenschaftlichen Forschung (FWF)" und des "Forschungsförderungsfonds der gewerblichen Wirtschaft" bildete. Diese erste, "naive" Phase der österreichischen F&T-Politik dauerte bis gegen Ende der 70er Jahre und war von der Vorstellung geprägt, daß F&E als solche zu höherem Wirtschaftswachstum und höherem Lebensstandard beitrügen (vgl. Zaruba 1985, 499). Diese erste Phase ist gekennzeichnet durch den allgemeinen Ausbau von Wissenschaft und Forschung und die Etablierung einer zentralistischen Forschungsorganisationsstruktur (siehe dazu Kapitel 5.6.). Die politischen Maßnahmen konzentrierten sich in der Konstitutionsphase auf die wissenschaftliche Angebotsseite. Dazu zählt der Ausbau der technisch-wirtschaftlichen Studienrichtungen; die "Öffnung" der Wissenschaft, insbesondere der Universität für wirtschaftliche Ansprüche und Interessen;[7] die Implantation wirtschaftlicher Verwertungskriterien bei der Forschungsförderung sowie informationspolitische Maßnahmen, die dem "Wissenstransfer" dienen sollten (Symposien, Wissenschaftsmessen, Dokumentation von Forschungseinrichtungen und -arbeiten etc.). Erste Erfolge stellten sich ein:

Die Ausgaben für Forschung und Entwicklung stiegen im Zeitraum von 1966-1981 real um das Dreifache und betrugen 1981 bereits rund 12,3 Mrd.

---

7 Dazu zählt u.a. die Einbeziehung der Sozialpartner bei der Gestaltung von Studienvorschriften ebenso wie die Modellversuche "Wissenschafter für die Wirtschaft" und "Wissenschafter gründen Firmen"; vgl. Bundeskammer der gewerblichen Wirtschaft (Hg.) (1981); BMWF (1984), 182-184.

Schilling. Ihr Anteil am BIP stieg von rund 0,85% auf rund 1,17%, was jedoch nach wie vor unter dem OECD-Durchschnitt lag.[8] Rund 50% der Ausgaben wurden in dieser Periode vom Staat und rund 50% vom Unternehmenssektor bestritten bei über die Zeit gleichbleibenden Anteilswerten (BMWF 1989a, 9). In den 70er Jahren erhöhte sich der Forschungspersonalstand von rund 7 665 auf rund 18 599 Beschäftigte in Vollzeitäquivalenten (VZÄ). Der Anteil der im Unternehmenssektor Beschäftigten erhöhte sich von rund 55% (1966) auf rund 63% (1981), während der Anteil der im Universitätssektor Beschäftigten relativ konstant bei rund 26% lag. Der Anteil der im staatlichen Sektor Beschäftigten Forscher und Ingenieure ging entsprechend von rund 17% auf rund 9% zurück und derjenige der im privaten gemeinnützigen Sektor Beschäftigten stieg von rund 1,8% (1966) auf rund 2,4% (1981) (Goldmann 1985, 198). Diese Strategie stieß aber alsbald an Grenzen, die eine Umorientierung erforderlich machten:

– Der intensivierte wirtschaftliche Verwertungsdruck gefährdete die wissenschaftliche Grundlagenforschung an den Universitäten. Bedenken wurden laut, daß dadurch langfristig die Leistungsfähigkeit der Universität beeinträchtigt würde (vgl. OECD 1988a, 75-78). Auch innerhalb der Universität regte sich Widerstand gegen eine zu enge Anbindung der universitären Forschung an die Tagesinteressen der Wirtschaft (vgl. Kneucker 1985, 230).

– Die Vernachlässigung des Problems der Umsetzung von Forschungsergebnissen in neue Technologien wurde offensichtlich. Applikationsforschung und Fertigungsüberleitung erfordern besondere infrastrukturelle (eigene Forschungseinrichtungen) und organisatorische Vorkehrungen (Kooperation und strategische Planung) sowie einen hohen finanziellen Mitteleinsatz (vgl. Detter 1985, 21-28).

– Die Absorptionsfähigkeit der österreichischen Wirtschaft für wissenschaftliche Forschungsergebnisse wurde überschätzt. Es gibt keinen Automatismus, der die Umsetzung neuen Wissens in Technologien und die Inkorporierung in den Produktionsprozeß garantierte. Zudem stößt direkte staatliche Forschungsförderung alsbald auf den (passiven) Widerstand der Wirtschaft, die befürchtet, "daß durch eine staatlich finanzierte und gesteuerte Technologiepolitik nachfolgend Eingriffe in den Bereich der freien unternehmerischen Entscheidung auftreten könnten" (Detter 1985a, 434).

---

8 vgl. Goldmann 1985, 198; BMWF 1989a, 9; Volk 1983, Tab.2.

5.5.2. *Die Integrationsphase*

Eine zweite Phase in der österreichischen Forschungs- und Technologiepolitik
zeichnet sich seit Beginn der 80er Jahre ab und kann noch nicht als abgeschlossen gelten. Die Erwartungen hinsichtlich der direkten ökonomischen Effekte der
Technologiepolitik werden an die strukturellen Beschränkungen angepaßt und
neue Anläufe zur Etablierung einer integrierten Technologiepolitik genommen.
Diese Phase erstreckt sich auch auf konzeptuelle und programmatische Überlegungen, die einer Umsetzung noch harren. Die Forschungskonzeption 80, mit
der die Umorientierung der österreichischen F&T-Politik eingeleitet wurde,
reagierte auf die neuen Herausforderungen mit der Forcierung gezielter
Schwerpunktbildungen, was die Forschungsförderung betrifft, und mit der Suche nach neuen Kooperationsformen zwischen Staat, Wirtschaft und Wissenschaft. Darüberhinaus wurden neue Akzente vor allem im Bereich der wirtschaftsbezogenen Maßnahmen gesetzt:

- Zur Unterstützung und Erleichterung der wirtschaftlichen Verwertung der
  Ergebnisse von F&E wurden nun verstärkt Instrumente der Investitions- und
  Steuerpolitik eingesetzt. Mit dem Inkrafttreten des Forschungsorganisationsgesetzes (FOG) 1981 wurden steuerliche Begünstigungen für F&E-
  Aufwendungen eingeführt und Investitionsförderungsaktionen wurden ins
  Leben gerufen.[9]
- Ein weiterer Schritt zu einer expliziten Technologiepolitik wurde mit der
  Schaffung des Innovations- und Technologiefonds (ITF) gesetzt. Laut Bundesgesetz (BGBl. 603/87) handelt es sich dabei um einen Fonds unter der
  Gestion des Bundesministeriums für Finanzen, dessen Aufgabe darin besteht, Forschung, Entwicklung und Umstellungen im Bereich der gewerblichen Wirtschaft zu unterstützen.[10] Im Jahre 1990 wurde ein neues Leitbild

---

9 Förderung von Investitionen mit leistungsbilanzverbessernder Wirkung und hohem
  F&E-Anteil; Förderung der Fertigungsüberleitung. Eigens geschaffene Institutionen
  (wie die österreichische Investitionskredit AG und die Finanzierungsgarantiegesellschaft des Bundes (FGG)) stellten im Rahmen besonderer Aktionen günstige Kredite
  und Haftungsgarantien zur Verfügung. Das Volumen der sogenannten TOP-Aktion
  1981-1984 betrug rund 8 Mrd. Schilling, wovon 270 Unternehmen profitierten. Weitere Kreditförderungsaktionen folgten. Das Volumen der Haftungsgarantiern betrug
  1981-1984 insgesamt rund 11 Mrd.Schilling (Goldmann 1985, 203).

10 Der ITF besitzt ein veranlagtes Kapital von 8 Mrd. ÖS, das aus Verkaufserlösen von
  Bundesbeteiligungen an Sondergesellschaften der Elekritizitätswirtschaft stammt. Aus
  den Zinserträgen werden die Förderungen bestritten. Eine Besonderheit des ITF besteht
  darin, daß die Abwicklung der Förderungsansuchen über die Verwaltungen des ERP-
  Fonds und des Forschungsförderungsfonds für die gewerbliche Forschung erfolgt. Die
  Organe des Fonds (das Kuratorium und der ITF-Ausschuß) beschließen über die Auf-

für die Tätigkeit des ITF verabschiedet, das den Fonds zur zentralen technologiepolitischen Schaltstelle machen soll: dem neuen Leitbild zufolge wird der ITF zukünftig als übergreifendes, strategisches Instrument für die Technologiepolitik des Bundes eingesetzt und soll damit eine besondere Aufgabe im Gesamtrahmen der Wirtschaftspolitik und des Förderungswesens erfüllen. Seine Aufgabe und Tätigkeit soll von einem integralen Ansatz ausgehen (ITF 1990, 9).

Tabelle 1:   Gesamtwirtschaftliche F&E-Ausgaben in Prozent des Bruttoinlandsproduktes (BIP) 1985-1992

Länder	1985	1987	1989	1991	1992
USA	2,93	2,87	2,82	2,82	2,77
Japan	2,77	2,82	2,98	3,04	...
Deutschland	2,72	2,88	2,88	2,58	...
Frankreich	2,25	2,27	2,34	2,42	...
Italien	1,13	1,19	1,24	1,35	1,41
Niederlande	2,09	2,33	2,16	...	1,95
Belgien	1,68	1,69	1,70	*1,69	...
Schweden	2,89	3,00	2,85	2,54	...
Schweiz	...	...	2,86	...	...
Dänemark	1,25	1,42	1,54	1,59	...
Norwegen	1,62	1,82	1,85	1,83	...
Finnland	1,57	1,73	1,80	1,87	...
Österreich	1,27	1,32	1,40	1,50	1,52
EU	1,91	1,97	2,00	1,96	...

* Daten aus 1990
Qelle: OECD 1993/1, 18-19, Table 5

Die gesamten Ausgaben für Forschung und Entwicklung betrugen in Österreich 1992 rund 31 Mrd. ÖS. Das sind rund 1,52% des Bruttoinlandsprodukts (BIP) (vgl. Tab. 1). Österreich liegt damit im Vergleich im unteren Mittelfeld der OECD-Länder. Die Forschungs- und Entwicklungsausgaben liegen im Durchschnitt der EU bei rund 1,96% (1991); sieben Länder liegen sogar darüber (siehe oben Tabelle 1). Auffallend ist, daß Österreich den Trend innerhalb der OECD zeitverzögert nachvollzieht. Von einem niedrigen Niveau ausgehend kam es in den 70er Jahren zu einer relativ starken Zunahme der F&E-Ausgaben. Anfang der 80er Jahre blieben die Zuwachsraten in Österreich deutlich hinter

---

teilung der zur Verfügung stehenden Mittel auf das Bundesministerium für öffentliche Wirtschaft und Verkehr und das Ministerium für Wissenschaft und Forschung und geben Entscheidungsempfehlungen sowohl in Einzelfällen als auch in Grundsatzangelegenheiten (vgl. ITF 1989, 5-7).

der internationalen Entwicklung zurück und erst seit 1988 sind überproportionale Steigerungsraten zu verzeichnen, die einen teilweisen Aufholprozeß des Unternehmenssektors anzeigen (vgl. Aiginger u.a. 1992, 38). Dementsprechend stieg der Finanzierungsanteil der Industrie von rund 48% (1986) auf rund 53% (1991), sank aber in der Folge wieder auf 51,8%. Die Staatsquote im Bereich von F&E sank von rund 49% (1986) auf einen Tiefstand von 43,8% im Jahre 1989, um bis 1992 wieder auf rund 46% anzusteigen. Die Beteiligung des Staates an der Finanzierung von F&E liegt damit über dem Durchschnitt in der EU (rund 41%), jedoch knapp unter dem Nordamerikas (rund 47%) (vgl. OECD 1993/1, 22).[11]

Tabelle 2: Gesamtwirtschaftliche F&E-Ausgaben nach ausführenden Sektoren (Anteil in Prozent)*

Länder	Unternehmenssektor	Staatlicher Sektor	Hochschulsektor	Privater gemeinnütziger Sektor
USA[1]	68,5	11,2	16,9	3,4
Japan[2]	70,7	7,6	17,5	4,2
Deutschland[2]	68,4	15,2	15,9	0,5
Frankreich[2]	61,1	23,5	14,5	0,8
Italien[1]	57,0	22,6	20,4	...
Niederlande[2]	55,5	18,1	23,5	2,2
Belgien[3]	72,6	6,1	17,4	3,9
Schweden[2]	63,2	3,8	33,0	0,1
Schweiz[4]	74,8	4,3	19,9	0,9
Dänemark[4]	55,5	19,1	24,8	1,1
Norwegen[2]	62,0	15,8	21,2	1,0[5]
Finnland[3]	62,6	18,8	18,7	0,5
Österreich[4]	58,6	7,5	32,4	1,6
EU	62,9[2]	18,5[2]	16,5[3]	1,6[3]

* aufgrund von Rundungsfehlern und der teils unterschiedlichen Jahresbasen ergeben die Werte in der Summe nicht immer 100.

[1] Daten aus 1992
[2] Daten aus 1991
[3] Daten aus 1990
[4] Daten aus 1989
[5] Daten aus 1987
Quelle: OECD, 1993/1, 24-25, Table 17-20

---

11 Die hohe Staatsquote ist auf die hohen Rüstungsausgaben der USA zurückzuführen.

Probleme im Hinblick auf die wirtschaftspolitische Effizienz der betriebenen Forschung werden daraus ersichtlich, daß rund 80% der staatlichen Ausgaben der Erweiterung des allgemeinen wissenschaftlichen Wissens zugutekommen. 64% davon fließen direkt in die universitäre Forschung (vgl. OECD 1992a). Daraus ergibt sich, daß rund ein Drittel aller F&E-Ausgaben im Universitätssektor wirksam werden – ein im internationalen Vergleich äußerst hoher Anteil; aber nur rund 59% im Unternehmenssektor – im internationalen Vergleich ein eher niedriger Wert (siehe oben Tabelle 2). Daraus kann geschlossen werden, daß staatlich finanzierte Forschung und Entwicklung in Österreich vor allem grundlagen- und weniger problem- bzw. wirtschaftsorientiert durchgeführt wird (vgl. Aiginger 1992, 44). Die Zahlen belegen, daß Österreich mit zwei strukturellen Problemen im Bereich der Technologieentwicklung zu kämpfen hat: mit großen Defiziten im Bereich der Applikations- und Anwendungsforschung (vgl. Glatz 1992, 60) und mit einer auf einige wenige Großunternehmen konzentrierten und aufwendungsbezogen unterdurchschnittlichen Forschungs- und Entwicklungstätigkeit im Unternehmensbereich (vgl. Passweg 1989, 526-527). Mit den Bemühungen um eine stärkere Integration der Technologiepolitik wurde ein Weg für die 90er Jahre eingeschlagen, der zu einer umfassenden, koordinierten und effektiven Technologiepolitik führen soll, wie sie das Technologiepolitische Konzept der Bundesregierung aus dem Jahre 1989 vorgezeichnet hat. Die Umsetzung eines integrierten technologiepolitischen Konzeptes stellt hohe Anforderungen an die Organisations- und Entscheidungsstrukturen, da nicht nur verschiedene Politikbereiche, sondern auch eine Vielzahl von Akteuren und Interessen aufeinander abgestimmt werden müssen. Die Effizienz einer umfassenden technologiepolitischen Strategie wird sich nicht zuletzt an der Leistungsfähigkeit des installierten Koordinations- und Konfliktmanagements bemessen.

5.6. Organisations- und Entscheidungsstruktur

5.6.1. Kompetenz- und Aufgabenverteilung

Forschung und Entwicklung sind kein eigener Kompetenztatbestand der Bundesverfassung. Nur insoweit Forschung und Entwicklung mit einer dem Bund übertragenen Kompetenz verbunden sind, sind sie Bundessache, sonst Landessache. Alle 9 Bundesländer zusammen gaben im Jahr 1990 allerdings nur geschätzte 1,5 Mrd. Schilling aus, was einem Anteil von rund 6% aller F&E-Ausgaben entspricht – inklusive der F&E-Ausgaben der Landeskrankenanstalten.[12] Forschung und Entwicklung gelten als den einzelnen Verwaltungsmaterien immanente Faktoren. So kommt es, daß jedes Bundesministerium innerhalb der ihm übertragenen Aufgaben auch für die damit verbundenen Forschungs- und Entwicklungsangelegenheiten zuständig ist. Das Bundesministeriengesetz und die Vollzugsklauseln der die einschlägigen Verwaltungsmaterien regelnden Gesetze legen fest, wer wofür im Bereich F&E zuständig ist. Die Folge ist eine Zersplitterung der Kompetenzen und Aufgabenstellungen in der Technologiepolitik. Die komplizierte Kompetenzverteilung führt zu einer unübersichtlichen Förderungslandschaft und zu konkurrierenden Ansprüchen verschiedener Ministerien. Das Bundesministerium für Wissenschaft und Forschung (BMWF), das Bundesministerium für öffentliche Wirtschaft und Verkehr (BMÖWV) und das Bundesministerium für wirtschaftliche Angelegenheiten (BMWA) sind die wesentlichsten Akteure in der österreichischen Technologiepolitik. Obwohl das Bundeskanzleramt im Rahmen seiner wirtschaftlichen Koordinationsfunktion auch eine technologiepolitische Koordinationsfunktion wahrnimmt, bildet das Problem der Koordination der vielfältigen technologiepolitisch relevanten Maßnahmen und Aktivitäten ein Haupthindernis für die Entwicklung einer integrierten Technologiepolitik. Wegen des Fehlens einer geeigneten Instanz übernahm die Bundesregierung eine Vorreiterrolle in der Formulierung und Initiierung einer absichtsvollen, integrierten Forschungs- und Technologiepolitik. Die Forschungskonzepte (1972, 1980), das Technologiepolitische Konzept (1989) und die ersten Schwerpunktprogramme (1985), die von der Bundesregierung beschlossen wurden, bilden die normative Grundlage der Forschungspolitik der öffentlichen Hand. Der Bundeskanzler führt darüberhinaus den Vorsitz im Kuratorium des ITF, in dem darüberhinaus noch der Bundesminister für wirtschaftliche Angelegenheiten, der Bundesminister für Finanzen, der Bundesminister für öffentliche Wirtschaft und Verkehr, der Bundesminister für Wissenschaft und Forschung, je ein Vertreter des Österreichischen Arbeiterkammertages, der Bundeskammer der gewerblichen Wirtschaft sowie je zwei Vertreter der beiden mandatsstärksten Parteien des Nationalrates vertreten sind.

Das Parlament zeichnet auf Bundesebene für die Verabschiedung des Forschungsförderungsgesetzes (1967) und des Forschungsorganisationsgesetzes

---

12 Die F&E-Ausgaben haben sich in den 80er Jahren allerdings fast verdoppelt; (BMWF 1989a, 9,11). Eine Besonderheit ist, daß das Land Steiermark seit 1987 alleiniger Eigentümer der Forschungsgesellschaft Joanneum ist, die mit ca. 300 Mitarbeitern das zweitgrößte außeruniversitäre Forschungsunternehmen Österreichs ist (nach dem "Forschungszentrum Seibersdorf"). Es arbeitet schwerpunktmäßig auf dem Gebiet der Elektronik und der Informationsverarbeitung und bietet vor allem wissenschaftliche Unterstützung bei er Entwicklung von Produkten und Produktionsverfahren für die steirische Industrie an (BMWF 1989a, 62-63; BMWF 1990, 11, Tab. 1.).

(1981) und ihrer Novellen verantwortlich. Das FOG bildet zwar die gesetzliche Grundlage für die Etablierung einer forschungspolitischen Struktur und für die Formulierung von Grundsätzen und Zielen, verabsäumte es aber, eine umfassende Kompetenzregelung vorzunehmen. Mit dem FOG isolierte sich das Parlament weitgehend selbst von der Forschungs- und Technologiepolitik. Die von ihm geschaffenen Organe (insbesondere die selbständigen Fonds), die als Instrumente der Koordination und Kooperation gedacht waren, entwickelten sich gemeinsam mit dem BMWF und dem BMÖWV zu den eigentlichen Trägern und Gestaltern der österreichischen Forschungs- und Technologiepolitik. Erst 1992 gab das Parlament wieder ein technologiepolitisches Lebenszeichen von sich, als es eine Enquete-Kommission einsetzte, die sich mit Fragen der Gentechnologie befaßte und eine Stellungnahme und Vorschläge zu den Gefahren und Risiken der Gentechnologie erarbeitete.

5.6.2. Forschungs- und technologiepolitische Entscheidungsstrukturen

In Österreich sind die Kompetenzen und Gestaltungsinstrumentarien hinsichtlich der wissenschaftlichen Forschung im Wissenschaftsministerium konzentriert. Infolgedessen nimmt das BMWF auch im Bereich der technologisch ausgerichteten Forschungspolitik eine zentrale Stellung ein. Die mit dem FOG 1981 im BMWF institutionalisierte Beratungsstruktur, in der Forscher eine tragende Rolle spielen, ist in Europa ohne Beispiel. Sie besteht aus dem Rat für Wissenschaft und Forschung (ÖRWF) und der Konferenz für Wissenschaft und Forschung (ÖKWF). Der ÖRWF gilt als eine Art "Rat der Weisen" (mit 8-12 Mitgliedern), der die Bundesregierung in grundsätzlichen und spezifischen Angelegenheiten von W&F berät und Vorschläge erstattet. Die ÖKWF (56 Mitglieder) besteht aus den Mitgliedern des ÖRWF, anderer wissenschaftlicher Institutionen, der einzelnen Bundesministerien und Länder, Parteien-, Kammer-, Industrie- und Gewerkschaftsvertretern. Realiter spielt die Konferenz für W&F jedoch keine Rolle. Wegen der engen Anbindung an und der Abhängigkeit vom BMWF stellt es kaum mehr als ein Akklamationsforum dar.
Wie bei der Erstellung der Österreichischen Forschungskonzeption und der Entwicklung von Förderungsschwerpunktprogrammen geht die Inititative in F&T-politischen Belangen hauptsächlich von Regierungsvertretern und den Ministerien aus. Die (interne) Willensbildung erfolgt durch den Einsatz eines umfänglichen Beratungssystems, das u.a. weit über 100 Koordinations-, Beratungs- und Projektteams umfaßt, die das BMWF seit 1972 eingerichtet hat, um Forschungskonzepte und Detailprojekte zu entwickeln. Dabei besteht eine enge institutionelle und personelle Verzahnung zwischen den beiden Forschungsförderungsfonds, dem Forschungsförderungsrat, den Projektteams und den beiden

114

beim BMWF eingerichteten Beratungsorganen, dem ÖRWF und der ÖKWF. Das Parlament und die Öffentlichkeit sind aus dem Willensbildungsprozeß praktisch ausgeschlossen, da die Meinungen und Vorschläge der Beratungsgremien nicht veröffentlicht werden (vgl. OECD 1988a, 100). Ein Organisationsmodell, in dem die Interessen der Beratenden tendenziell den Interessen der Nutznieser entsprechen, ist jedoch keineswegs mit einer effizienten und demokratischen Form der Entscheidungsfindung gleichzusetzen.[13]

Die Integrationsphase ist durch zwei hauptsächliche Stoßrichtungen gekennzeichnet: durch die "Erfindung" von technologiepolitischen Instrumenten[14] und durch Bemühungen, deren Einsatz zu koordinieren. Die Koordinierung und der zielgerichtete Einsatz der verschiedenen Instrumente hängt entscheidend davon ab, daß technologiepolitische Strategien in den verschiedenen Bereichen entwickelt werden, die von einer breiten konsensuellen Basis als Voraussetzung für die erfolgreiche Umsetzung getragen werden. Ist schon die Entwicklung von technologiepolitischen Schwerpunktprogrammen mit der Schwierigkeit der Selektion und der möglichen Verletzung angestammter Klientelbeziehungen konfrontiert, so vergrößern sich die Probleme noch im Falle der Strategiefindung, wenn das technologiepolitische Verhalten mächtiger Akteure beeinflußt werden soll. Die Implementierung übergeordneter technologiepolitischer Ziele stößt dabei auf die Trägheit und den Konservativismus eingespielter Routinen, institutioneller Strukturen und Verteilungsmuster.[15] Der technologiepolitische Willensbildungsprozeß war in der Vergangenheit durch folgende Besonderheiten gekennzeichnet (vgl. Melchior 1990, 257):

– Die Problemartikulation selbst wurde als forschungsmäßig zu bearbeitende Sachverhaltsfeststellung und die Politik-Konzeptualisierung als quasiwissenschaftliche verstanden. Das gilt insbesondere für die Erstellung von Schwerpunktprogrammen, denen in der Regel wissenschaftliche Studien bezüglich eines eventuell gegebenen "Bedarfes" zugrundeliegen, aus dem dann Schwerpunkte abgeleitet werden sollen.[16] Die Politikformulierung reduziert sich in der Folge auf die Vollziehung festgestellter "Sachzwänge".

---

13 Über die wiederspruchslose Akzeptierung eines solchen undemokratischen Zustandes wundern sich sogar die Begutachter der OECD-Länderprüfungsrunde; vgl. OECD 1988a, 73.

14 In der Regel erfolgt dies durch die Umorientierung herkömmlicher wirtschaftspolitischer Maßnahmen und Instrumente auf innovations- und technologiepolitische Ziele.

15 Die angesprochenen Schwierigkeiten exemplifizieren zwei Fallstudien zur Biotechnologiepolitik (vgl. Gottweis 1991a, 613-617) und zur Telekommunikationspolitik (vgl. Latzer 1991, 618-623).

16 Aktuelles Beispiel ist die Studie mit dem Titel "Austrian Technology Monitoring System" (ATMOS), die 1990 in Auftrag gegeben wurde und "Entscheidungsgrundlagen

– Verfahrensmäßig betrachtet resultierten Entscheidungen über die Institutionalisierung von Förderungsschwerpunkten aus einem internen Interessenausgleich zwischen konkurrierenden Gruppen in Wissenschaft, Wirtschaft und Zentralverwaltung.

– Technologiepolitische Entscheidungen besaßen bisher einen geringen Öffentlichkeitscharakter. Die technologiepolitische Willensbildung erfolgte in der Regel ohne Beteiligung des Parlaments, der Parteien oder der politischen Öffentlichkeit.

Die "konsensuelle Basis" der österreichischen F&T-Politik konstituierte sich bislang über die Einbeziehung von Arbeitnehmer- und Arbeitgebervertretern, sei es in den erwähnten Projektteams, die strategische Fragen der W&F-Politik behandelten, oder in interministeriellen Komitees, die sich um gemeinsame technologiepolitische Initiativen bemühen. Die "Sozialpartner" (in erster Linie die Bundeskammer der gewerblichen Wirtschaft und der Österreichische Arbeiterkammertag, weniger häufig auch der Gewerkschaftsbund und die Präsidentenkonferenz der Landwirtschaftskammern) sind in den meisten technologiepolitisch relevanten Foren vertreten und bilden das verbindende Glied in einer durch heterogene Interessenlagen geprägten technologiepolitischen Institutionenlandschaft.[17]

---

für die Schwerpunktpolitik des Innovations- und Technologiefonds (ITF) für die beginnenden 90er Jahre" liefern sollte. Auf Empfehlung der Studie wurden die Förderungsschwerpunkte "Umweltverfahrenstechnik", "Lasertechnik" und "Flex-Cim" eingerichtet. Eine Evaluation der Studie hat jedoch massive Bedenken gegen den Ansatz der Studie erhoben, der auf direkte Politikformulierung hin ausgerichtet war. Anstelle der Reduktion auf punktuelle Untersuchungen und einige wenige Experten wird eine stärkere Prozeßorientierung vorgeschlagen, die zur Verbreiterung des Willensbildungsprozesses beitragen und in einen "innovations- und technologiepolitischen Dialog" münden soll (vgl. BMWF u.a. o.J, 6-7; ITF 1990, 9).

17 Die Sozialpartner bestimmen weitgehend das Geschehen im Forschungsförderungsfonds für die gewerbliche Wirtschaft (FFF), sind aber auch im Förderungsfonds für die wissenschaftliche Forschung (FWF) vertreten (vgl. FOG, BGBl 341/1981). Die 1977 gegründete Finanzierungs-Garantie-GmbH (FGG) wird von den Sozialpartnern paritätisch beschickt, und sie halten Anteile an der 1984 gegründeten Innovationsagentur GmbH (vgl. Gottweis 1991a, 608). Durch ihre Beteiligung an der 1978 gegründeten Österreichischen Fernmeldetechnischen Entwicklungs- und Förderungsgesellschaft mbH (ÖFEG) und der vom Beirat für Wirtschafts- und Sozialfragen 1987 initiierten Arbeitsgruppe Telekommunikationspolitik, die als beratendes Gremium bei der ÖPTV angesiedelt wurde, haben die Sozialpartner ihr technologiepolitisches Engagement im Bereich der Telekommunikationspolitik verstärkt (vgl. Latzer 1991, 620). Der Beirat für Wirtschafts- und Sozialfragen gründete darüberhinaus 1984 einen "Arbeitsausschuß Innovation", der programmatisch tätig wurde und forschungs- und technologiepoliti-

Nachdem die OECD in ihrer Stellungnahme zur österreichischen Forschungs- und Technologiepolitik 1988 das Ministerium aufgefordert hatte, den Arbeitnehmer- und Arbeitgebervertretern größeres Gewicht und mehr Mitsprachemöglichkeiten einzuräumen, befinden sich die Sozialpartner weiter im Vormarsch. Besondere Bedeutung kommt dabei dem Innovations- und Technologiefonds zu, in dessen Organen die Sozialpartner prominent vertreten sind, und daß sich – geht es nach dem Willen der Sozialpartner – zum zentralen Ort der Technologiepolitik entwickeln soll (vgl. ITF 1990, 6, 9). Darüberhinaus besitzen die Sozialpartner im interministeriellen Komitee für die Technologieförderung Beobacherstatus und sind im 1989 konstituierten Rat für Technologieentwicklung vertreten, der dem Minister für Wissenschaft und Forschung beigeordnet ist. Charakteristisch für die Art der Einflußnahme der Sozialpartner im Bereich der Technologiepolitik ist die enge Verzahnung mit staatlichen Organen und Institutionen, die sie als "staatstragend" im Sinne der nicht autonomen Sozialpartnerschaft ausweist. Die Verflechtung ist inzwischen schon so weit gediehen, daß die Isolierung der sozialpartnerschaftlichen Einflüsse im Einzelfall kaum mehr – d.h. nur durch aufwendige Untersuchungen – möglich erscheint. Die feste Verankerung der Sozialpartner auf der Ebene operationeller Institutionen ist zugleich Bedingung und Grenze für konzeptuelle Überlegungen, die auf programmatischer Ebene angesiedelt sind, wie das Technologiepolitische Konzept der Bundesregierung aus dem Jahre 1989.

5.7. Das "Technologiepolitische Konzept" der Bundesregierung

Das Arbeitsübereinkommen zwischen der Sozialistischen (heute Sozialdemokratischen) Partei und der Österreichischen Volkspartei, das die inhaltliche Grundlage für die Bildung der Großen Koalition 1987 bildete, sah die Erarbeitung eines technologiepolitischen Konzepts vor, das eine "effiziente Innovations- und Technologiepolitik" als "wichtige Voraussetzung für die neuerliche Modernisierung der österreichischen Wirtschaft" einleiten sollte (BMWF 1989, 11). Am 11. April 1989 wurde das Technologiepolitische Konzept der Bundesregierung und ein Katalog operationeller technologiepolitischer Maßnahmen beschlossen. Damit liegt erstmals ein umfassendes Konzept zur österreichischen Technologiepolitik vor, die als "ein wesentlicher Teil der allgemeinen Wirtschafts-, Struktur-, Umwelt- und Industriepolitik" bestimmt wird (BMWF 1989, 12). Das Konzept formuliert vier strategische Ziele (BMWF 1989, 7-8):

---

sche Vorschläge erarbeitete, die in das Technologiepolitische Konzept der Bundesregierung einflossen (vgl. BMWF 1989, 12).

- Die Stärkung und Modernisierung der angewandten Forschung und Entwicklung durch ausreichende Finanzierung und durch Bildung von Schwerpunkten.
- Die Stärkung der internationalen Wettbewerbsfähigkeit der österreichischen Wirtschaft durch gezielte direkte und indirekte Förderungen.
- Die Intensivierung der Kooperation zwischen Wirtschaft und Wissenschaft.
- Die Verbesserung der strategischen Positionierung der öffentlichen Hand bei der Planung und Implementierung von langfristig wirksamen technischen Großvorhaben, die Reform der bundeseigenen Einrichtungen für Forschung, Entwicklung und technisches Versuchswesen sowie die mittel- und langfristig konzipierte Technologiefolgenabschätzung.

Die Ziele werden in 16 Punkten ausgeführt und durch einen technologiepolitischen Maßnahmenkatalog ergänzt, der die Aufgabenstellungen im Bereich Planung und Koordination, Ausbildung und Management, Forschung, Kooperation Wissenschaft und Wirtschaft, Internationale Kooperation, Spezielle Schwerpunkte, Innovationsorientierte Beschaffungspolitik und Finanzierung präzisiert. Den Abschluß bildet ein Katalog operationeller Maßnahmen, die in den einzelnen Ressorts im Rahmen des technologiepolitischen Konzeptes in Durchführung sind oder (1989) in Vorbereitung waren.

Mit dem Technologiepolitischen Konzept wurde erstmals ein Maßstab formuliert, an dem die Technologiepolitik gemessen und legitimiert werden kann. In die praktisch einhellige Zustimmung zur grundsätzlichen Ausrichtung des Konzepts mischt sich allerdings auch Kritik an mangelnder Konkretisierung, Verbindlichkeit und Erfolgskontrolle, verbunden mit Skepsis, was die Umsetzung betrifft (z.B. Goldmann 1990, 54-55; Hutschenreiter/Leo 1992, 459-460). Der Erfolg der Bemühungen hängt nämlich in erster Linie von der Entschlossenheit ab, "mit der die vorgesehenen Maßnahmen von den verantwortlichen Ministerien in die Realität umgesetzt werden, aber auch von der Kooperationsbereitschaft der aktiven Partner in Wirtschaft, Wissenschaft und Gesellschaft", wie der Bundesminister für Wissenschaft und Forschung im Vorwort erklärt (BMWF 1989, 7). Neben dem guten Willen wird es jedoch auch auf die Durchsetzungsfähigkeit der innovationsorientierten gegenüber den beharrenden Kräften und auf ein schlagkräftiges Instrumentarium ankommen, ob die hochgesteckten Ziele auch erreicht werden können.

5.8. Instrumente der österreichischen Technologiepolitik

Auch die im Technologiepolitischen Konzept der Bundesregierung aufgeführten Maßnahmen können nicht darüber hinwegtäuschen, daß es kein ausgereiftes und klar umgrenztes Instrumentarium für die Technologiepolitik gibt. Vielmehr hängt das zur Verfügung stehende Instrumentarium davon ab, wieweit technologiepolitische Ziele zur Orientierungsgröße in allen relevanten Politikbereichen werden. Das zur Verfügung stehende Instrumentarium verändert sich demgemäß mit dem Wandel der Bedeutung, die der Technologiepolitik von wichtigen politischen Akteuren beigemessen wird. In Österreich ist ein Trend zu beobachten, demzufolge die Technologiepolitik ausgehend von einer primär forschungspolitischen Orientierung zunehmend als integrales Element der Wirtschaftspolitik interpretiert wird. Dieser Entwicklung folgend sollen nun kurz die wichtigsten Instrumente der österreichischen Technologiepolitik dargestellt werden.

Technologieförderung
Die direkte Förderung der Technologieentwicklung wurde mit der Errichtung des Forschungsförderungsfonds für die gewerbliche Wirtschaft (FFF) 1967 begonnen. Die Förderung der betrieblichen Forschung bildete in den 70er Jahren das Hauptinstrument der staatlichen Technologiepolitik. Die Ausgaben des Forschungsförderungsfonds der gewerblichen Wirtschaft haben sich in den 80er Jahren von 487 Mio. ÖS (1981) auf 1037 Mio. ÖS (1991) erhöht, wobei rund die Hälfte davon Bundeszuwendungen darstellen.[18] Mit dem Innovations- und Technologieförderungsfonds wurde 1987 ein zweites Förderungsinstrument geschaffen, das sich insbesondere der Innovations- und Anwendungsförderung widmet.[19] Die zur Verfügung stehenden Mittel fließen einerseits der Weltraumforschung (ESA-Wahlprogramme) zu und andererseits direkt heimischen Betrieben. Während für die Weltraumforschung 1990 rund 121 Mio. ÖS ausgegeben wurden, betrug das Förderungsvolumen für die Betriebe rund 390 Mio. ÖS.[20]

1989 wurde vom BMWÖV ein auf 5 Jahre anberaumtes Pilotprogramm zur Förderung von Unternehmensneugründungen im High-tech-Bereich eingerichtet. Dieses sogenannte "Seed-Financing-Programme" fördert die Erstellung von Unternehmenskonzepten, Unternehmensgründungen und die begleitende Bera-

---

18 Rund 90% der Förderungsmittel fließen den Betrieben zu, der Rest verteilt sich auf Arbeitsgemeinschaften, Gemeinschaftsforschungsinstitute und andere (vgl. FFF 1991, 36).

19 Da es sich beim ITF nur um einen Geldtopf handelt, erfolgt die Projektabwicklung über den FFF und den ERP-Fonds, die als "Geschäftsführung" funktionieren.

20 Die Förderungen betrugen durchschnittlich rund 23% der Projektkosten, was ungefähr dem Dreifachen der üblichen Deckungsrate entspricht (vgl. ITF 1990, 16-17).

tung.[21] Trotz all dieser Maßnahmen machten die staatlichen Förderungen für F&E 1991 nur rund 6,4% der von den Unternehmungen getätigten F&E-Ausgaben aus. Damit ist der staatliche Beitrag an den Forschungs- und Entwicklungsausgaben des Unternehmenssektors im Vergleich mit anderen OECD Staaten (mit Ausnahme von Japan und der Schweiz) eher gering (vgl. Passweg 1989, 518, 527). Um die Förderungen stärker zu fokussieren, wurden seit 1985 verschiedene Technologieschwerpunktprogramme von der Bundesregierung beschlossen und implementiert. Dem Schwerpunktprogramm "Mikroelektronik und Informationsverarbeitung" folgte der Forschungsschwerpunkt "Biotechnologie und Gentechnik". Ein Technologieförderungsprogramm zur Entwicklung "neuer Werkstoffe" wurde etabliert ebenso wie zwei weitere Förderungsschwerpunkte im Bereich "Neue Werkstoffe" und "Umwelttechnologie" und zuletzt die Schwerpunkte "Weltraumtechnik" und "Lasertechnologie".[22]

Wie schon oben erwähnt, bildet die Schwerpunktbildung ein schwieriges Entscheidungsproblem. Anstelle einer eigenständigen Technologiesteuerung wurde bei der Auswahl der Schwerpunkte der internationale Trend nachvollzogen, wodurch es eher zu einem "Imitationswettlauf" mit anderen Ländern kommt (vgl. Tulder 1988, 47). Während damit das Risiko des alleinigen Scheiterns reduziert wird, begibt man sich aber auch der Chance, Wettbewerbsvorteile zu erwerben (vgl. Glatz 1992, 61). Ein zusätzliches Problem besteht darin, die einzelnen Förderungsinstanzen tatsächlich auf die Schwerpunktprogramme zu verpflichten bzw. sie so konkret zu machen, daß tatsächlich eine Konzentration der Mittel erreicht wird. Es gibt auch keine starken intermediären Organisationen (wie in Holland, Finnland oder Schweden), die eine koordinierte Durchführung einer kohärenten Technologiepolitik garantieren könnten (vgl. Glatz u.a. 1991, 66). Das unterstreicht nur die allgemeine Einsicht, "that the way in which the aid is distributed is more important than its total amount" (Gaudin 1985, 18).

Kooperation
In den 80er Jahren wurde der Wissenstransfer vor allem von der Universität zur Wirtschaft als Schwachstelle erkannt ebenso wie die größenmäßig bedingte strukturelle Schwäche in Forschung und Entwicklung. Als Gegenmaßnahmen wurde eine Verstärkung der Kooperation zwischen Wissenschaft und Wirtschaft angestrebt und eine Intensivierung der internationalen Forschungs- und Ent-

---

21 1990 wurden insgesamt rund 43 Mio. ÖS an Förderungszusagen erteilt. Davon wurden im selben Jahr rund 19 Mio. ÖS ausbezahlt, rund 9 Mio. ÖS in Form von Darlehen (ITF 1990, 27).

22 Die Förderungsprogramme wurden jeweils auf drei Jahre projektiert, in der Regel jedoch nach Ablauf der Laufzeit verlängert. Sie richten sich vorrangig an österreichische Klein- und Mittelbetriebe, aber auch an einschlägige Forschungseinrichtungen (BMWF 1988a; ITF 1990, 9).

120

wicklungskooperation. Zu den Maßnahmen zur Förderung des Wissenstransfers zählt u.a. die Gründung von Technologie- und Innovationszentren und die von den Sozialpartnern angeregte Einrichtung der Innovationsagentur. Die Innovationsagentur, die zu Mitte der 80er Jahre installiert wurde, ist als Schnittstelle zwischen Forschung und industriell-gewerblicher Praxis gedacht. Sie vermittelt insbesondere zwischen dem Forschungszentrum Seibersdorf und dem Arsenal auf der einen Seite und Gewerbe- und Industriebetrieben auf der anderen. Sie dient überdies als Sekretariat der 1989 gegründeten Vereinigung Österreichischer Technologiezentren (VTÖ) und als Durchführungsorgan für das Seed-financing-Programm (BMWF 1989a, 36-37; ITF 1990, 27). Zu Beginn der 80er Jahre wurden die Aktionen "Wissenschafter für die Wirtschaft" und "Wissenschafter gründen Firmen" in Zusammenarbeit von BMWF und Bundeswirtschaftskammer eingeführt, die den Wissenstransfer durch Personaltransfer anpeilen (vgl. Bundeskammer 1981). Die Anzahl von universitären Außen- und Forschungsinstituten (gem. § 83 und/oder § 93 Universitätsorganisationsgesetz (UOG)), die verstärkt Forschungskooperationen eingehen und Auftragsforschung betreiben sollen, ist in den 80er Jahren auf 35 oder 4% aller Universitätsinstitute gewachsen (vgl. BMWF 1991, 21). In Zusammenarbeit mit der Verstaatlichten Industrie wurden die "Christian Doppler-Laboratorien" eingerichtet, die von der ÖIAG finanziert werden und eine enge Kooperation mit der universitären Forschung herstellen sollen.[23] Ein weiterer Schritt, der eine engere Anbindung der universitären Forschung an die Wirtschaft ermöglichen soll, wurde durch die Erweiterung der Teilrechtsfähigkeit der Universitäten gesetzt. Seit 1988 besitzen die Universitäten die Möglichkeit, die Drittmittel, die sie durch Forschungsaufträge einwerben, für eigene Zwecke zu verwenden und privatrechtliche Dienstverträge abzuschließen (vgl. BMWF 1991, 19). Dadurch wird eine Intensivierung der Zusammenarbeit von Wirtschaft und Universität erwartet.

Die Intensivierung der internationalen Forschungs- und Entwicklungskooperation im Rahmen der EG/EU soll darüberhinaus helfen, den technologischen Anschluß nicht zu verlieren. Österreichs Weg in die Europäische Technologiegemeinschaft hat Anfang der 70er Jahre mit der Beteiligung an 20 Aktionen im Rahmen von COST (Coopération européenne dans le domaine de la recherche scientifique et technique) begonnen (vgl. Pichler 1990, 317-320). Erst seit 1985 ist eine Intensivierung der technischen Forschungs- und Entwicklungskoopera-

---

23 Bis 1991 wurden 11 Laboratorien an österreichischen Hochschulen eingerichtet, die pro Labor 10-15 Wissenschaftler beschäftigen. 5 weitere waren in Planung. Sie arbeiten vorwiegend im Bereich von Expertensystemen, Lasereinsatz in der Werkstoff-Forschung, Hochtemperatur-Supraleitung und anderen High Tech-Bereichen (vgl. Ztg. Der Standard, 2./3. November 1991, 11; BMWF 1989a, 20)

tion mit der EG/EU zu beobachten. Insbesondere die Teilnahme an EUREKA, einem Programm das die grenzüberschreitende Kooperation von Unternehmungen und Forschungseinrichtungen im Bereich der marktnahen Forschung und Technologieentwicklung vorsieht, hat sich seit 1985 expansiv entwickelt (vgl. BMWF 1991, 175-176). Mit dem Inkrafttreten des Abkommens über den EWR am 01.01.94 ist schließlich nahezu die volle Teilnahme Österreichs an den sogenannten "Rahmenprogrammen" der EG/EU im Technologiebereich realisiert worden. Um die damit gegebenen Möglichkeiten der internationalen Kooperation ausschöpfen zu können, wird es in Zukunft jedoch nötig sein, die Forschungs- und Entwicklungspotentiale der verstaatlichten Industrie und der Klein- und Mittelbetriebe an die Aktivitäten der EU anzupassen. Bisher waren es nämlich vor allem Universitäts- und Forschungsinstitute sowie Töchter ausländischer multinationaler Unternehmungen, die von der Forschungskooperation mit der EG profitiert haben (vgl. Hutschenreiter/Leo 1992, 457). Vereinzelt wurde auch die internationale Kooperation von Unternehmen durch Betriebsansiedlungen unterstützt (z.B. Siemens-Villach; AMI-VÖEST) (Detter 1985a, 437, 444). Vorwettbewerbliche Forschungskooperationen gibt es in Österreich kaum. Eine Intensivierung dieser Form von unternehmerischer Zusammenarbeit wird allerdings durch die verstärkte Teilnahme Österreichs an den "Rahmenprogrammen" der EU erwartet.[24]

Technologieorientierte Forschungspolitik
Die Einsicht, daß eine einseitig und pauschal an der Wissensproduktion ansetzende Strategie der Förderung der Wirtschaftsentwicklung zum Scheitern verurteilt ist, wirkte sich auch im Bereich der Wissenschafts- und Forschungsförderung aus. In den 80er Jahren ist eine Diversifizierung der Förderungspolitik zu beobachten, die vor allem im Zusammenhang mit den technologieorientierten Schwerpunktprogrammen zu einer monetären- und ausstattungsbezogenen Privilegierung der technisch-naturwissenschaftlichen Wissenschaftsdisziplinen sowie der in Österreich hochtechnisierten medizinischen Forschung geführt hat. Die Möglichkeiten der Drittmittel-Requirierung seitens der Universitäten wurden vergrößert[25] sowie die Gründung neuer Forschungsinstitute mit den neuen

---

24 Der technologiepolitische Zweck bestünde in der Etablierung projektorientierter Gemeinschaftsforschung (Bildung eines "Forschungspools"), die es erlaubt, "kritische Massen" aufzubauen; vgl. BMWF (1988). Mikroelektronik und Informationsverarbeitung. Forschungskonzept 1988, Wien, 87-89; für die Charakterisierung der Forschungspolitik der EG vgl. Carpentier 1992 und Schlüter 1992.

25 Seit der UOG-Novelle 1987 fällt auch der Abschluß von Verträgen über die Durchführung wissenschaftlicher Arbeiten im Auftrage Dritter gemäß §15 FOG unter die "Privatrechtsfähigkeit" der Universität; vgl. BMWF (1989a), Forschungsbericht, Wien, 18.

122

Schwerpunktprogrammen abgestimmt.[26] Im Bereich der Forschungsorganisati-
on wird eine Verzahnung von Wissenschaft, Staat und Wirtschaft angestrebt, die
über die bisherigen Formen und den bisherigen Umfang hinausgehen.[27] Insbesondere bei der Programmformulierung sollen die Unternehmungen schon frühzeitig miteinbezogen werden. Die jüngsten Förderungsempfehlungen des österreichischen Forschungsförderungsrates zielten deshalb auf eine derartige
Schwerpunktbildung "von unten" (vgl. Steinhöfler 1992, 496). Allerdings gibt
es bis heute mit Ausnahme der Wirtschaftsförderung "kein kooperatives Zusammenwirken von Unternehmen und Staat in einem konzeptstrategischen Sinn, das
auch das nationale Interesse im Auge hat" (Goldmann 1992, 465).

Finanzierung
Die Finanzierung von Forschungs- und Entwicklungsaktivitäten stellt bekann-
termaßen einen Engpaß dar. Aus diesem Grund wurden in den 80er Jahren die
Bemühungen verstärkt, ein risikoorientiertes Finanzierungssystem und einen
funktionierenden Kapitalmarkt aufzubauen. Die Bereitstellung von venture-
capital (vgl. die seed-financing-Aktion des ITF), die Erschließung neuer Finanz-
quellen und die Orientierung der herkömmlichen Wirtschaftsförderung an Kriterien der Innovation zählen hierzu. In diesem Zusammenhang wurden die Mittel des ERP-Fonds verstärkt zur Förderung anwendungsorientierter Forschungsvorhaben aus dem industriell-gewerblichen Bereich eingesetzt (BMWF 1988,
18). Die Österreichische Investitionskredit AG hat über die 1981 ins Leben ge-
rufene TOP-Aktionen langfristige Kredite für struktur- und innovationspolitisch
interessante Investitionsprojekte vergeben. Von 1981-1984 wurde in der TOP-
Aktion ein Projektvolumen von über 19 Mrd. Schilling finanziert. Wegen des
Erfolges wurden die TOP-Aktionen auch weitergeführt (Goldmann 1985, 203).
Mit der Steuerreform 1989 wurde darüberhinaus die Risikokapitalaufbringung
erleichtert (vgl. BMWF 1989a, 8).

Staatliche Beschaffungspolitik
Die Konzeptualisierung einer technologieorientierten Nachfragepolitik auf Seiten großer staatlicher und kommunaler Einrichtungen (Post, Bundesbahn, E-

---

26 Unter den fünf neu eingerichteten Instituten im Jahre 1988 befand sich das Institut für
   Mikroelektronik und das Institut für Apparate und Anlagenbau (TU-Wien) sowie das
   Zentrale Radionuklidlabor (Graz); (vgl. BMWF 1989a, 20).

27 Die Vorschläge reichen von einer informellen Einbindung des möglichen späteren industriellen Verwertungspartners schon bei der Vergabe von Förderungen durch den
   FWF, die Bildung von Projektteams in allen Bereichen und Stadien der Technologieentwicklung mit stärkerer Beteiligung der Industrie bis hin zur "Verbundforschung",
   die eine direkte, vor allem staatlich finanzierte Zusammenarbeit von universitären und
   außeruniversitären Forschungsinstituten mit der Industrie gewährleisten soll (vgl. Detter 1985, 439-455).

Wirtschaft, Verstaatlichte Industrie, Krankenhausträger) soll helfen, die strukturellen Beschränkungen der österreichischen Wirtschaft zu überwinden, indem
sie über die Auftragsvergabe an österreichische Unternehmen neue technologische Entwicklungen initiiert, von denen spin-off-Effekte erhofft werden.[28] Der
gezielte Einsatz der staatlichen Beschaffungspolitik für technologiepolitische
Zwecke ist über einige wenig erfolgreiche Ansätze (vgl. Btx-Einsatz) und die
Etablierung von Technologieberatungsstellen bei Post und Bahn kaum hinaus-
gediehen.[29] Im Zuge der Etablierung des EWR (Europäischer Wirtschaftsraum)
und der Annäherung an die EG/EU dürfte sich die positive Diskriminierung von
heimischen Unternehmungen bei der öffentlichen Auftragsvergabe jedoch zunehmend schwieriger gestalten, wodurch eine Einschränkung des technologiepolitischen Spielraums zu erwarten ist (vgl. Latzer 1991, 621).

Rechtliche Rahmenbedingungen
Die Verbesserung der Rahmenbedingungen zur Erleichterung industrieller Um-
strukturierungen erfolgte in erster Linie durch eine wachstums- und innenfi-
nanzierungsorientierte Steuerpolitik und über eine liberalisierte Außenhandels-
politik, "die der vielleicht wichtigste Anstoß für den positiven Strukturwandel
der Industrie war" (Goldmann 1992, 465). Im Zuge der Ostöffnung gerieten
manche österreichische Industriezweige, die durch erhöhte Umweltauflagen auf
hohem technologischen Niveau produzieren, unter massiven Konkurrenzdruck
durch Billigimporte aus den östlichen Nachbarstaaten. Mit dem Hinweis auf die
ungleichen Wettbewerbsbedingungen wird deshalb für einen "temporären Aus-
senhandelsschutz" argumentiert (vgl. Goldmann 1992, 467). Grundsätzlich hat
sich Österreich jedoch für den Weg der Liberalisierung entschieden, der eine
Intensivierung des Wettbewerbs bedeutet.[30] Dadurch wird im Einklang mit der
Entwicklung in der OECD das Hauptgewicht im technologiepolitischen Handeln den Unternehmungen zukommen. Der Staat wird dafür zu sorgen haben,
die Unternehmungen bei ihren Anpassungsbemühungen zu unterstützen, etwai-
ge Hindernisse zu beseitigen und die materielle und immaterielle Infrastruktur
(Ausbildung, Design, Engineering, Organisation der Produktions- und Arbeits-
beziehungen, Marktforschung, Software) zu verbessern (vgl. Steinhöfler 1992,
495). Die Gestaltung der rechtlichen Rahmenbedingungen kann aber auch dazu

---

28 Vgl. Nowotny 1985, 420-423; Goldmann 1985, 208

29 Erst in jüngster Zeit werden vor allem im Umfeld von Verkehrskonzepten ("Neue
Bahn") verstärkt Schritte in diese Richtung gesetzt, etwa durch die Ausrichtung auf
Stimulierung branchen- und fächerübergreifender Vernetzung in sogenannten "umbrel-
la"-Projekten.

30 So wurde z.B. in Vorwegnahme der Etablierung des europäischen Binnenmarktes die
Gewerbeordnung in Österreich liberalisiert.

verwendet werden, soziale und Umweltgesichtspunkte in der Technologieentwicklung wirksam werden zu lassen. Ansätze zu einer in diesem Sinne sozial integrierten Technologiepolitik stellen die Einführung der Katalysatorpflicht, eines Öko-Punktesystems im Bereich der Verkehrsabgaben, die Vorbereitung eines Gentechnik-Gesetzes und die Diskussion um die sogenannte "Umweltverträglichkeitsprüfung" dar.

Technologiefolgenabschätzung
Technologiefolgenabschätzung wird in Österreich von der Industrie und den Sozialpartnern mit Skepsis betrachtet, da sie in der Regel als Innovationshemmnis und Technik-Verhinderungsstrategie angesehen wird (vgl. Gottweis/ Latzer 1991, 606). Im Rahmen der Schwerpunktfindung im Bereich der Technologieförderung kamen bisher nur Instrumente der technisch-ökonomischen Technologiebewertung zum Einsatz (z.B. im Sinne des "technology monitoring"). Die wissenschaftliche Technologiefolgenabschätzung wurde bislang auch nicht im Rahmen des technologiepolitischen Entscheidungsprozesses institutionalisiert. Dementsprechend unterentwickelt bzw. erst im Aufbau begriffen sind die Instrumentarien und Institutionen einer Technologiefolgenabschätzung, die die gesamtgesellschaftlichen Auswirkungen berücksichtigte.[31] Erste Schritte zur Technologiebewertung wurden 1992 durch die Einrichtung einer parlamentarischen Enquete-Kommission zu Fragen der Gentechnologie gesetzt, die diesbezügliche Empfehlungen erarbeitet hat. Damit wird eine Aufwertung des Parlaments in technologiepolitischen Belangen und eine Demokratisierung des technologiepolitischen Willensbildungsprozesses angestrebt (vgl. Enquete-Kommission "Gentechnologie" 1992, 128-131).

5.9. Ansätze und Probleme integrierter Technologiepolitik

Die Behebung der wirtschaftlichen Strukturprobleme und der in Österreich ausgeprägten Umsetzungsschwäche im Bereich von Forschung und Entwicklung avancierte im Zuge der Ausdifferenzierung einer expliziten Technologiepolitik in den 80er Jahren zu einem vorrangigen Ziel. Als Leitidee einer Technologiepolitik, die sich auf die Lösung dieser Probleme ausrichtet, fungiert die Vorstellung, daß die Innovationsfähigkeit der Wirtschaft von einer aktiven und umfassenden Technologiepolitik abhänge. Dieser Leitidee verdankt sich die Ausarbei-

---

31 Umfassende und interdisziplinäre Technikfolgenabschätzung wird lediglich von zwei spezialisierten Instituten an der Österreichischen Akademie der Wissenschaften betrieben, wenngleich es eine Reihe von wissenschaftlichen Instituten gibt, die auch mit Fragen von Technikfolgen im weitesten Sinne beschäftigt sind (vgl. Braun/Nentwich/Rakos. 1991; Bruckmann 1985).

tung des "Technologiepolitischen Konzepts der Bundesregierung". Seitdem konzentriert sich die technologiepolitische Diskussion in Österreich auf Fragen der konkreten strategischen Ausgestaltung und Umsetzung. Die Beurteilung der Umsetzung des Programms einer offensiven und zugleich gesamtgesellschaftlich ausgerichteten Technologiepolitik kann in diesem Zusammenhang nicht detailliert erfolgen, sondern muß sich auf einzelne Evaluierungsstudien, Einschätzungen und exemplarische Indikatoren stützen.

5.9.1. *Struktur und Profil technologiepolitischer Ziele und Maßnahmen*

Die österreichische Technologiepolitik bedient sich hauptsächlich angebotsseitiger Förderinstrumente. Dazu gehört primär die finanzielle Förderung von Forschung und Entwicklung. Das Ziel der Angleichung der F&E-Quote an das OECD-Niveau konnte bislang jedoch nicht realisiert werden. In Hinkunft soll der Technologieanwendung und -diffusion größeres Augenmerk geschenkt werden. Zu diesem Zweck werden Kooperationen zwischen Wissenschaftseinrichtungen und Unternehmungen sowie die internationale Forschungszusammenarbeit verstärkt unterstützt. Inhaltlich konzentriert sich die Förderungspolitik auf die Entwicklung von Prozeßtechnologien. Wegen des im internationalen Vergleich überproportionalen Anteils an staatlichen Förderungsausgaben, die den Hochschulen zufließen, nimmt die Grundlagenforschung einen breiten Raum ein. Die Applikationsforschung ist institutionell kaum ausdifferenziert und hat im Vergleich nur geringes Gewicht. Darin unterscheidet sich das österreichische Förderungsprofil recht deutlich von denjenigen in anderen Kleinstaaten (vgl. Glatz 1992, 60).

Der Einsatz finanzieller Mittel bietet für den Staat prinzipiell die Möglichkeit, direkt steuernd in die Technologieentwicklung eingreifen zu können. Die Chance der zielgerichteten technologiepolitischen Steuerung wurde jedoch aufgrund des vorherrschenden "Gießkannenprinzips" und der mangelnden Verbindlichkeit der Richtlinien in der Vergabepraxis nur begrenzt realisiert. Darüberhinaus beeinträchtigt die historisch gewachsene Aufsplitterung in vielfältige institutionelle Träger und Förderformen die Effizienz des Fördersystems. Es kommt dadurch zu Mehrgleisigkeiten und unkoordiniertem Vorgehen (Tichy 1990, 285; Hutschenreiter/Leo 1992, 459).

Die Einrichtung von Förderungsprogrammen zu bestimmten Technologieschwerpunkten in neuen Schlüsseltechnologien war Mitte der 80er Jahre ein erster Schritt zur technologiepolitischen Bündelung der Projektförderung in Österreich. Die Programme waren weitgehend auf Klein- und Mittelbetriebe ausgerichtet. Der Schwerpunkt lag auf der Förderung der Mikroelektronik und der Informationstechnologien. Anfang der 90er Jahre wurden neben dem Technologieschwerpunktprogramm Mikroelektronik/Informationsverarbeitung auch die Förderungsschwerpunkte CAD/CAM und Biotechnologie/Gentechnik erstmals einer umfassenden Evaluierung unterzogen (vgl. Hutschenreiter u.a 1991). Der intensivierte Einsatz von wissenschaftlichen Evaluierungen kann zugleich als Anzeichen für das Bemühen um eine stärker strategisch ausgerichtete und kohärentere Technologiepolitik gedeutet werden.

Die Evaluierung verbuchte den in das Förderungskonzept eingebauten Anreiz zur Kooperation zwischen beantragendem Unternehmen und einschlägigen Forschungsinstituten als begrüßenswerte Innovation, bemängelte allerdings, daß dieser Anspruch nur teilweise realisiert werden konnte. Die Konzentration auf Klein- und Mittelbetriebe, der hohe Anteil an Produktinnovationen und die positiven betriebswirtschaftlichen Effekte wurden als Aktiva der Schwerpunktprogramme ausgezeichnet. Die Kritik richtete sich auf folgende Punkte:
- die als zu breit beurteilte inhaltliche Streuung der Projekte
- den Verzicht auf eine genauere Spezifizierung der Förderungskriterien, was relativ hohe Mitnahmeeffekte zur Folge hatte
- die Vernachlässigung der Beratungs- und Informationskomponente, was als ein Grund für die insgesamt geringe Reichweite angesehen wird
- die Verunsicherung der Förderungsbewerber durch eine "stop-and-go"-Politik
- Mängel in der Abstimmung zwischen den beteiligten Förderungsinstanzen.
Neuere Technologieförderungsprogramme wie z.B. "Flexible Automation" erlauben nunmehr die Förderung von Organisations- und Managementfunktionen innerhalb der Innovationsprojekte. Dadurch soll sowohl ein Beitrag zur Überwindung der Fixierung auf die "Hardware"-Komponente geleistet als auch die Erfolgschancen von Innovationen, die betriebliche Umstellungen erfordern, erhöht werden. Dies stellt angesichts der von den Unternehmen häufig zum Ausdruck gebrachten Organisations- und Umsetzungsprobleme bei Prozeßinnovationen eine wichtige Verbesserung dar. Regulative, technologiepolitisch relevante Maßnahmen wurden bislang nur spärlich und punktuell gesetzt. Im Bereich der Umwelt- und Verkehrspolitik wurde die Katalysatorpflicht und ein "Öko-Punkte-System" für den Transitverkehr eingeführt. Eine gesetzliche Regulierung der Gentechnik ist – wenn im internationalen Vergleich auch verspätet – in Vorbereitung. Die öffentliche Nachfrage wurde bisher nur in bescheidenem Umfang als technologie- und innovationsorientiertes Instrument genutzt. Die Technologiefolgenabschätzung befindet sich in Österreich erst in den Anfängen und fließt nur zögernd in Entscheidungsprozesse ein.

Resümierend kann festgestellt werden, daß einiges auf der Linie der angestrebten Ziele in Bewegung geraten ist: die Anläufe zur Reorganisation des Förderungswesens, die Intensivierung des Wissenstransfers, der Ausbau von Kooperationsnetzwerken, aber auch die Verbesserung der Informationsbasis durch Evaluationsstudien, technology monitoring und technology assessment müssen hier erwähnt werden. Aktuelle Reformvorschläge zielen auf eine Konzentration des Fördersystems und die Einrichtung einer zentralen Koordinationsstelle, eventuell beim Innovations- und Technologiefonds. Die Erfolgsaussichten einer solchen institutionellen Veränderung werden jedoch eher skeptisch beurteilt. Bemühungen um eine umfassende, strategisch ausgerichtete Technologiepolitik sind darüberhinaus im Rahmen einer Reform der Wirtschaftsförderung zu beobachten. Die angestrebte Reallokation von Ressourcen von der traditionellen Investitionsförderung hin zur Forschungs-, Technologie- und Umweltförderung scheint jedoch nur zögernd in Gang zu kommen. Die ungenügende Datenlage läßt in dieser Hinsicht jedoch keine abschließende Beurteilung zu. Das gleiche gilt im Hinblick auf die Entwicklung des Verhältnisses der direkten zu den indirekten Formen der Forschungs- und Technologieförderung (wie z.B. Steuerbegünstigungen etc.).

Die Umsetzung des "Technologiepolitischen Konzepts" stößt auf eine Reihe von Schwierigkeiten. Es besteht z.B. nur ein begrenztes Interesse an der Bildung von Schwerpunkten, die Orientierung an längeren Zeithorizonten fällt in der Regel schwer, und es gibt Probleme bei der Projektbegutachtung (vgl. Tichy 1990, 289-290). Die Zersplitterung der Entscheidungskompetenzen und die Probleme bei der Maßnahmenadministration angesichts der unübersichtlichen Institutionenlandschaft tragen ein Übriges dazu bei, daß die Verwirklichung der hochgesteckten Ziele nur langsam in Gang kommt (Glatz 1992, 62; Hutschenreiter/Leo 1992, 459). Auch das "Technologiepolitische Konzept" selbst muß als ein erster tastender Versuch zur Formulierung und Konzeptualisierung einer umfassenden Technologiepolitik betrachtet werden. Inzwischen wurde allerdings eine Evaluierung des Technologiepolitischen Konzeptes in Auftrag gegeben und seine Weiterentwicklung und Verbesserung wird betrieben. Ungeachtet dessen dürfte die Formulierung einer umfassenden Innovationsstrategie auch das Anliegen einer revidierten Fassung des technologiepolitischen Konzeptes bleiben. Somit stellt sich die Frage, inwieweit die österreichische politische Praxis dem in der Programmatik verankerten Ziel einer *sozial integrierten* und *umweltverträglichen* Technologiepolitik Rechnung getragen hat.

5.9.2. Ansätze einer sozial- und umweltverträglichen Technologiepolitik in Österreich

In der internationalen technologiepolitischen Diskussion hat sich – wie oben ausgeführt – die Einsicht weitgehend durchgesetzt, daß die Technikentwicklung nicht isoliert betrachtet werden kann. Sie verändert ihre soziale und natürliche Umwelt ebenso wie sie selbst von "sozialen Faktoren" geprägt ist. Das daraus sich ableitende Verständnis von Technologiepolitik als "sozio-ökonomischer" Innovationsstrategie zielt auf die antizipative Berücksichtigung möglicher gesellschaftlicher Folgen im Zuge einer "sozialverträglichen Technikgestaltung". Auch in der Programmatik der österreichischen Technologiepolitik (vgl. insbesondere BMWF 1989) finden sich Elemente einer solchen antizipatorisch-integrativen Orientierung. Im Technologiepolitischen Konzept der Bundesregierung wird z.B. der "wirtschaftliche und soziale Fortschritt als Zielsetzung der Technologiepolitik" ausgewiesen (BMWF 1989, 12). Sie soll unter anderem zur Verbesserung der Arbeitsbedingungen und des Arbeitnehmerschutzes beitragen und "mögliche negative Entwicklungen durch vorausschauende Maßnahmen ... verhindern" (BMWF 1989, 13). Um diese Ziele erreichen zu können, bedürfen die technischen Innovationen "einer gesellschaftlichen, betroffenenorientierten Gestaltung" (13). Zugleich wird daran die Erwartung geknüpft, daß eine solchermaßen konzipierte Innovationsstrategie zur Sicherung und Erhöhung sowohl der "sozialen Produktivität" als auch der "technischen Produktivität" (13) beiträgt und die Akzeptanz neuer technologischer Entwicklungen sichern hilft. Die Integration gesellschaftlicher Gestaltungs- und Wirkungspotentiale technischer Innovationen wurde auch schon in forschungspolitischen Strategiedokumenten wie der "Forschungskonzeption 80" gefordert. Das Hauptaugenmerk lag damals auf der Nutzung von Informationstechnologien und der antizipativen Berücksichtigung ihrer Auswirkungen auf die Arbeitswelt. Im Rahmen der Etablierung der ersten Technologieschwerpunktprogramme im Jahr 1985 war dementsprechend auch der Einsatz und die Förderung des "Technology Assessment" vorgesehen.

Die Praxis folgte diesen Vorgaben allerdings nur punktuell. Es wurden Studien im Bereich des "Technology Assessment" vergeben (z.B. über die ökonomischen und sozialen Aspekte der Mikroelektronik, wobei alternative Szenarien basierend auf quantitativen Modellrechnungen ausgearbeitet wurden; vgl. Fleissner 1987). Ein Forschungsschwerpunkt "Arbeitswissenschaften" wurde beim Fonds zur Förderung der wissenschaftlichen Forschung eingerichtet; ein außeruniversitäres "Institut für Arbeitswissenschaften" wurde etabliert, das gemeinsam vom Arbeitsministerium und den Sozialpartnern getragen wird; sodann wurden diverse Enqueten und Symposien (z.B. über die "Humanisierung der Arbeitswelt") veranstaltet. Darüber hinausgehende, größer angelegte Initiativen blieben jedoch aus.

Die explizite Einbeziehung sozialer Aspekte in die Technologieförderungsprogramme stellt in dieser Hinsicht einen Fortschritt dar. Das Schwerpunktprogramm Mikroelektronik und Informationsverarbeitung schreibt beispielsweise vor, daß Projektanträge, die sozialwissenschaftlich fundierte Begleitmaßnahmen unter Mitwirkung der Belegschaftsvertreter bei der Einführung neuer Technologien auf betrieblicher Ebene vorsehen, bevorzugt behandelt werden sollen. Tatsächlich wurde von der Möglichkeit der sozialwissenschaftlichen Begleitforschung und Beratung allerdings kaum Gebrauch gemacht, obwohl diese den Unternehmen kostenlos angeboten wurde. Ähnliches gilt für die Berücksichtigung ökologischer Kriterien bei der Projektbeurteilung. Es war vorgesehen, daß Förderungsansuchen Angaben über eventuell erforderliche Umweltschutzmaßnahmen beinhalten sollten und daß gegebenenfalls ein Nachweis über die ordnungsgemäße Abwasserbeseitigung erbracht werden muß. In der Praxis allerdings erwiesen sich auch diese Vorkehrungen zur Sicherung der Umweltverträglichkeit als wenig wirksam (vgl. Dimitz/Hartmann 1991, 355).

Die Gründe für den mangelnden Erfolg dieser ersten explizit sozial- und umweltverträglich angelegten Förderungsprogramme sind vielfältig. Als Hauptgründe werden Informationsdefizite, die damals vorherrschende Angst vor negativen sozialen Auswirkungen (Reduktion von Arbeitsplätzen), der mangelnde Druck von Seiten der Arbeiterinteressenvertretungen und nicht zuletzt die Dominanz ökonomischer Motive im Förderungskonzept angeführt (vgl. Dimitz/ Hartmann 1991; Hutschenreiter u.a. 1991). Die spezifische Form der Projektbeurteilung und Vergabepraxis könnte dabei ebenfalls eine Rolle spielen, denn

> auch die grundsätzliche Problematik des Verhältnisses von Politikform und -inhalt muß berücksichtigt werden: Für die Institutionen, wie die Bundesministerien, ist es schwierig, bei Förderfällen inhaltliche Fragen zu behandeln. Die Rationalität der Bürokratie kennt nur formale Kriterien. Dadurch wird es sehr wichtig, wem die ausgelagerte Behandlung qualitativer Fragen in Form von Gutachten übertragen wird (Flecker 1986, 58).

Die Möglichkeiten einer wirksameren Inkorporierung der sozialen und ökologischen Dimension in die Technologieförderung sind damit jedoch keineswegs erschöpft. So führten ökologiepolitische Bemühungen zur Einrichtung eines Schwerpunktes "Umwelttechnik" im Rahmen der Technologieförderung. Darüberhinaus wurden Anfang der 90er Jahre allgemeine Richtlinien für die Bewertung von Förderansuchen erarbeitet, um die Sozialverträglichkeit technischer Projektvorhaben sicherzustellen. Es wurde ein Bewertungsschema entwickelt, in dem neben einigen sozialen auch ökologische Kriterien enthalten sind. Der ursprünglich umfassender angelegte Kriterienkatalog schmolz in den Beratungen einer interministeriellen Kommission allerdings auf eine sehr verkürzte Liste zusammen.[32] Der Wirkungsbereich der Richtlinien erstreckt sich auf alle Förderansuchen, die an den "Innovations- und Technologiefonds" sowie den "Forschungsförderungsfonds für die gewerbliche Wirtschaft" herangetragen werden. Angesichts der theoretischen Diskussion über ein angemessenes Verständnis von "Sozialverträglichkeit" muß die Reduzierung des konzeptuellen Anspruchs auf ein von Sachbearbeitern anzuwendendes Kriterienraster als unangemessen und ungenügend qualifiziert werden. Die "Sozialverträglichkeit" des technologischen Wandels scheint durch den Aufbau einer kommunikativen und öffentlichkeitsorientierten Infrastruktur, von Wissenspotentialen und Gestaltungsnetzwerken besser erreichbar. Bisher sind in dieser Hinsicht erst spärliche Ansätze sichtbar: die Institutionalisierung von wissenschaftlichen Instituten des "Technology Assessment"; die Einsetzung der parlamentarischen Enquete-Kommission im Zusammenhang mit der Vorbereitung eines Gentechnik-Gesetzes; der Entwurf für eine gesetzliche Regelung der "Umweltverträglichkeitsprüfung" und nicht zuletzt das Aufgreifen dieser Problematik im Kernbereich sozialpartnerschaftlicher Institutionen. Die Wahrung der "Sozialverträglichkeit" der technisch-ökonomischen Entwicklung war bislang vor allem dem sozialpartnerschaftlichen Grundkonsens überantwortet. Dieser Grundkonsens betraf jedoch nicht unmittelbar die sozialverträgliche Gestaltung der Technik, sondern die allgemeine Sicherstellung von sozialen Mindeststandards über die Absicherung gegen Risiken in der Produktion und am Arbeitsmarkt. Diese Strategie dürfte sich jedoch als ungenügend erweisen, wenn es um die komplexe Aufgabe und die Bewältigung der objektiven Herausforderungen und Ansprüche der sozialverträglichen Technikgestaltung im Hinblick auf neue Technologien geht. Wie für andere Länder gilt daher besonders auch für Österreich, daß die gesellschaftliche Reflexion und die Entwicklung von Formen partizipativer Willensbildung im Hinblick auf Fragen der Technologieentwicklung erst in den Anfängen steckt (vgl. Glatz 1992, 65). Das Lernen von ausländischen Erfahrungen und die Adaptation von Ansätzen, die in anderen Ländern bereits erprobt worden sind, erscheint unter diesen Umständen als in besonderem Maße geboten.

---

32 Zu den Bewertungskriterien der "sozialen und strukturellen Angepaßtheit" von Förderanträgen zählen die Auswirkungen auf die Qualifikation der Mitarbeiter, auf die Gleichbehandlung der Geschlechter, die Frage nach der Auflösung regionaler Strukturen, nach der Verstärkung von Zentralisierungstendenzen, nach dem Bedarf an Verkehrsverbindungen, Leitungsnetzen, Energieversorgungs- und Entsorgungseinrichtungen. Die ökologische Verträglichkeit wird in 17 Bewertungsdimensionen überprüft (vgl. Information des BMWF o.J. anläßlich der Sitzung des Rates für Technologieentwicklung am 18.12.1991: "Bewertungsschema für die Prüfung der ökologischen und sozialen Verträglichkeit von ITF/FFF-Anträgen").

5.10. Zusammenfassung

1. Die politischen und ökonomischen Rahmenbedingungen sind in Österreich durch die sogenannte "Kleinstaatenproblematik" geprägt. Trotzdem gibt es einige österreichische Besonderheiten. Im Ökonomischen sind dies eine veraltete Produktionsstruktur, ein geringer Internationalisierungsgrad, eine relativ geringe Wertschöpfung im Exportsektor, das Fehlen heimischer multinationaler Konzerne, ein erheblicher "geschützter" Sektor, eine geringe F&E-Quote und eine ausgeprägte Kapitalschwäche. Im Politischen ist es das "sozialpartnerschaftliche Politikmuster".

2. Die technologiepolitische Relevanz des sozialpartnerschaftlichen Kooperationssystems ergibt sich aus seiner Rolle als politisches Steuerungsmuster der Interessenvermittlung und der privilegierten Einbindung in die staatliche Politikformulierung und -implementation. Der sozialpartnerschaftliche Grundkonsens im Bereich der Technologiepolitik besteht in einem hohen Ausmaß in einer Wachstums- und Produktivitätskoalition. Die Praxis der Technologiepolitik ist daher auf die Steigerung der internationalen Wettbewerbsfähigkeit und traditionelle Strategien der sozialen Abfederung fokussiert.

3. Zweifel an der sozialpartnerschaftlichen Problemlösungskapazität bestehen im Hinblick auf die neuen Herausforderungen, die sich angesichts der Politisierung der Technikentwicklung im Rahmen "neuer sozialer Bewegungen" und der Globalisierung der Ökonomie ergeben. International diskutierte Forderungen nach einer sozial integrierten Technologiepolitik, welche auf die Ausnutzung von Synergieeffekten und die Mobilisierung brachliegender Humanressourcen zielen, könnten an die Grenzen sozialpartnerschaftlicher Kompromißbildung stoßen. Dies gilt insbesondere hinsichtlich der sozialen und ökologischen Dimensionen einer integrierten Technologiepolitik.

4. Die österreichische Technologiepolitik durchlief zwei Phasen: die "Konstituierungsphase" dauerte von Mitte der 60er Jahre bis Anfang der 80er Jahre, die "Integrationsphase" schließt sich an. Die Integrationsphase zeichnet sich dadurch aus, daß eigene Technologieförderungsschwerpunkte eingerichtet, wirtschaftspolitische Maßnahmen verstärkt auf technologiepolitische Ziele ausgerichtet, neue Kooperationsformen zwischen Staat, Wirtschaft und Wissenschaft zur Innovationsbeschleunigung gesucht und eigene technologiepolitische Konzepte erarbeitet werden.

5. In Österreich gibt es keine zentrale technologiepolitische Kompetenz. Die technologiepolitischen Kompetenzen sind breit gestreut. Neben zahlreichen Ministerien spielen die Sozialpartner eine Vermittlerrolle, zumal intermediäre Koordinationsinstanzen nur wenig effizient ausgebildet sind. Der

technologiepolitische Willensbildungs- und Entscheidungsprozeß erfolgte bislang unter weitgehendem Ausschluß des Parlaments, der Parteien und der politischen Öffentlichkeit in Form eines internen Interessenausgleichs zwischen wichtigen Gruppen in Wissenschaft, Wirtschaft und Zentralverwaltung.

6. Mit der Vorlage des "Technologiepolitischen Konzepts" der Bundesregierung im Jahr 1989 wurde erstmals ein umfassendes Programm vorgelegt, das einen ersten Schritt auf dem Weg zu einer integrierten und kohärenten technologiepolitischen Strategie darstellt. Neben der Fixierung des herkömmlichen strategischen Ziels einer Modernisierung und Stärkung der internationalen Wettbewerbsfähigkeit der österreichischen Wirtschaft finden sich hier erstmals Ansprüche an eine intensivierte Technologiefolgenabschätzung, eine antizipativ-integrierte Orientierung und eine "gesellschaftliche, betroffenenorientierte Gestaltung" des technischen Innovationsprozesses formuliert.

7. Anspruch und Wirklichkeit der Technologiepolitik klaffen auseinander. Das Niveau der gesamten F&E-Ausgaben liegt nach wie vor beträchtlich unter dem in der OECD. Das "Technologiepolitische Konzept" hat die eingespielte Praxis der Technologieförderung und des Wissenstransfer bisher kaum zu verändern vermocht. Neuerdings kommen jedoch neue Kriterien bei der Projektvergabe sowie Instrumente zur Evaluation von Förderungsschwerpunkten, des technology monitoring und des technology assessment vermehrt zum Einsatz. Die Umsetzungsprobleme wurzeln im mangelnden Interesse an der Bildung von Schwerpunkten, in Problemen der Projektbegutachtung und fehlender Langfristorientierung, in Koordinationsproblemen im Hinblick auf Entscheidungen und der Maßnahmenadministration.

8. Ansätze zu einer stärkeren Berücksichtigung sozialer und ökologischer Aspekte in der Technologiepolitik sind vorhanden, im internationalen Vergleich allerdings nur rudimentär entwickelt. Manche Initiativen scheiterten am bürokratischen Vollzug (z.B. die Beurteilung der Sozialverträglichkeit von Förderungsansuchen), am fehlenden Problembewußtsein auf seiten von Unternehmungen (z.B. hinsichtlich der sozialwissenschaftlichen Begleitforschung) und der Dominanz kurzfristiger ökonomischer Überlegungen.

9. Die Gewährleistung der "Sozialverträglichkeit" des technologischen Wandels war bislang weitgehend implizit dem sozialpartnerschaftlichen Grundkonsens überantwortet. Sollte sich der jüngste Trend fortsetzen, wonach eine auch praktisch wirksamere Einbeziehung der sozialen und ökologischen Aspekte angestrebt wird, so werden neue Instrumente und neue Formen der technologiepolitischen Willensbildung erprobt werden müssen. Die Berücksichtigung sozialer Kriterien und insbesondere eines fortgeschrittenen

Modells von "Sozialverträglichkeit" kann nur gelingen, wenn sie mit einer Ausweitung des sozialpartnerschaftlichen Prioritätenkatalogs und einer Öffnung der Entscheidungsmechanismen einherginge. Die objektiven Herausforderungen und Ansprüche sozialverträglicher Technikgestaltung lassen das Lernen von ausländischen Erfahrungen und die Adaptation von innovativen technologiepolitischen Ansätzen und Modellen angeraten erscheinen.

6. Aufnahmebereitschaft gegenüber SoTech in Österreich

6.1. Einleitung

> "Die Akteure sind bei uns wenig inno-
> vationsfreudig, auch die, welche sich
> hauptberuflich mit Innovation beschäf-
> tigen."
> (Sozialpartner)

Die Chancen zur Realisierung von innovativen technologiepolitischen Strategi-
en – in unserem Falle insbesondere von SoTech – hängen nicht nur ab von den
faktischen Voraussetzungen in diesem Politikfeld, sondern ebenso auch von der
Aufnahmebereitschaft gegenüber einer "gesamtgesellschaftlich" konzipierten
Technologiepolitik auf Seiten der maßgeblich handelnden Akteure. Diese Themenstellung soll exemplarisch am Beispiel Österreichs untersucht werden. Zu
diesem Zweck wurden Repräsentanten der Sozialpartner, der Ministerien, der
Parlamentsclubs, der Fonds, der Wirtschaft und der Wissenschaft interviewt.
Die Interviews bieten aufgrund der zahlenmäßigen Beschränkung keine breite
repräsentative Bestandsaufnahme, wohl aber ein Meinungsspektrum quer durch
unterschiedliche, relevante Gruppen von politischen und gesellschaftlichen Akteuren[33]. Hierbei wird sich zeigen, ob und in welcher Weise es im Hinblick auf
die Frage der Integration sozialer Aspekte in technologiepolitische Entwicklungen Spannungen gibt zwischen objektiven Feststellungen und Trends (siehe
Kapitel 3-5) und den subjektiven Beurteilungen der beteiligten Personen. Auch
das "Bild" von SoTech in den Köpfen der Akteure bildet eine konstitutive Rahmenbedingung für "Technologieinitiativen", die verstärkt den "Kontext" von
technologischen Entwicklungen berücksichtigt wissen wollen.

---

33 Die 25 Interviews mit insgesamt 32 beteiligten Experten wurden von den Autoren im
Rahmen eines vom BMWF geförderten Projektes über "Sozialverträgliche Technikge-
staltung – eine neue Aufgabe für Staat und Gesellschaft" im Zeitraum Oktober 1992 bis
Januar 1993 durchgeführt und auf Band aufgezeichnet. Die Tonbandprotokolle wurden
anschließend zum Zwecke der Auswertung transkribiert.
Im Zentrum des sechsten Kapitels steht die thematisch strukturierte Wiedergabe der
Expertenaussagen i.S. von vorhandener Sachinformation, dargelegten Begründungszu-
sammenhängen und subjektiven Einschätzungen. Dennoch wird nicht durchgängig im
Konjunktiv formuliert bzw. nur sporadisch darauf hingewiesen, daß es sich bei den
Ausführungen um Expertenstatements handelt – diese stilistische Vorgehensweise soll
eine bessere Lesbarkeit gewährleisten.

Die Interviewauswertung bewegt sich von mehr allgemeinen Fragen zum Stellenwert und zu Problemfeldern der österreichischen Technologiepolitik über die Eruierung des Verständnisses und den angenommenen Handlungsbedarf von SoTech bis hin zu konkreten Aspekten der Ausgestaltung und Institutionalisierung eines möglichen SoTech-Programms.[34]

6.2. Stellenwert von Technologiepolitik in Österreich

> "Man muß davon ausgehen, daß es in der Öffentlichkeit durchaus nicht bewußt ist, daß Technik etwas ist, was nicht vom Himmel fällt, sondern gestaltet werden kann."
> (Wissenschaftler)

Wenn das von Vizekanzler und Wissenschaftsminister Busek geäußerte Bonmot zutrifft, daß es heutzutage (fast) nichts gibt, was nicht mit Technik zu tun hat, dann wird schlagartig die Bedeutung der Frage evident, ob und wie der Staat die technologische Entwicklung gestaltend beeinflussen soll und kann.

Technologiepolitik gilt im Vergleich mit anderen Politikfeldern als relativ neuer Bereich staatlichen Handelns. Entsprechend als unzureichend empfunden wird häufig der Bewußtseinsstand sowohl in der Öffentlichkeit als auch bei sogenannten "Experten" darüber, was Technologiepolitik beinhaltet. Demnach haben zwar viele eine Vorstellung, worum es sich bei (herkömmlicher) Industriepolitik handelt, aber Technologiepolitik erscheint demgegenüber als weithin

---

34 Bei der Interviewauswertung wird folgende Zitierweise für die einzelnen Expertengruppen benutzt:

a) *Politiker-Reg.* = Parlamentarier und Minister der Regierungsparteien ÖVP und SPÖ

b) *Politiker-Opp.* = Parlamentarier der Oppositionsparteien FPÖ (bzw. Liberales Forum) und Grüne

c) *Sozialpartner-AG* = Arbeitgeberverbände (Kammer der gewerblichen Wirtschaft, Vereinigung österreichischer Industrieller, Landwirtschaftskammer)

d) *Sozialpartner-AN* = Arbeitnehmerverbände (Arbeiterkammer, Gewerkschaft)

e) *Wissenschaftler* = Wissenschaftler der Technikbewertungsstelle und des Instituts für sozio-ökonomische Entwicklungsforschung der Österreichischen Akademie der Wissenschaften sowie des Forschungszentrums Seibersdorf

f) *Firmenvertr.* = Vertreter der Firmen Alcatel und Krause

g) *Fondsvertreter* = Forschungsförderungsfonds für die gewerbliche Wirtschaft, Innovations- und Technologiefonds, Invest Kredit

h) *Ministerialbeamte* = Repräsentanten des Wissenschafts-, Wirtschafts-, Verkehrs- und Sozialministeriums sowie des Bundeskanzleramtes

unbekannte Novität (Sozialpartner-AN). Dieses angenommene Informationsdefizit wiegt umso schwerer als oft gleichzeitig der hohe und wachsende Stellenwert von Technologiepolitik hervorgehoben wird.

Mit dem Wandel in den industriepolitischen Anpassungsstrategien der westlichen Länder in den 80er Jahren (weg von der Philosophie des Gegensteuerns gegen Markttrends und hin zur Förderung erwünschter Markttrends) wird Technologiepolitik immer mehr zu einem Schlüsselfaktor der Industriepolitik. Er gilt manchem/mancher als zentraler Kernbezirk einer neuen wirtschaftspolitischen Strategie in Österreich (Sozialpartner-AN, Wissenschaftler, Ministerialbeamter). Politikintervention erscheint nicht nur unter makroökonomischen (Marktunvollkommenheiten, Externalisierung von Kosten) und damit eher defensiven Gesichtspunkten vonnöten (Wissenschaftler), sondern auch in positiver Hinsicht wünschenswert, nämlich zur Erzielung von Optimierungseffekten. Es sei ein Erfordernis, die Technologieentwicklung zu planen (Theuretzbacher, S.17) (Firmenvertr.), um im Rahmen eines ganzheitlichen Konzepts (Abstimmung von Forschung, Lehre, industrieller Realisierung usw.) Synergiewirkungen zu erzielen. Ein sparsamer Umgang mit Ressourcen bedeutet demnach nicht muddlingthrough, sondern erfordere vielmehr ein wohlüberlegtes Programm.

Der konstatierte prinizipiell hohe Stellenwert von Technologiepolitik erhält verschiedentlich eine gewisse Relativierung durch die Annahme äußerer Restriktionen. Hierbei geht es weniger um die Frage, ob der Staat regulieren soll, als vielmehr um die Frage, ob er dazu überhaupt in der Lage ist. Zwar verbleibt nach wie vor ein nationaler Spielraum, doch kann sich die Industriepolitik im Zuge der EG/EU-Integration künftig nicht mehr autonom zeigen, sondern muß sich in den Rahmen der europaweit vorgegebenen Grundsätze einfügen (Politiker-Reg., Sozialpartner-AN). Demnach sind "technologische Dinge" heutzutage über weite Strecken eine internationale Angelegenheit. Verschärft wird diese Sicht durch den Aspekt der Größenrelation: als Kleinstaat sei es schwierig, die für Innovation nötigen "kritischen Massen" zu erlangen (Sozialpartner-AN) und daher sei Österreich nicht dazu berufen, technologiepolitisches "Trendsetting" zu betreiben (siehe hierzu auch Kapitel 6.3).

In diesem Zusammenhang läßt sich auch die Frage aufwerfen, ob der Begriff "nationale Industrie" nicht zunehmend zur Worthülse wird, weil es für eine Industrie, die sich in einem europäischen Umfeld behaupten muß, von vorrangiger Bedeutung ist, sich Standortvorteile zu sichern. Aus dieser Überlegung resultiert der Vorschlag, die Steigerung der Wettbewerbsfähigkeit der in Österreich angesiedelten Industrie als technologiepolitische Zielgröße ins Auge zu fassen.

Aber nicht nur die zunehmende Globalisierung der Industrie bildet eine Schranke für das souveräne staatliche Agieren im technologischen Umfeld. Die konstatierte Dominanz des ökonomischen Subsystems in der Gesellschaft läßt eine staatliche Akzentsetzung nur in eingeschränktem Maße als durchführbar erscheinen (Politiker-Opp.).

Hieran anschließen lassen sich – wenn auch mit etwas anderer Wertung – ordnungspolitisch motivierte Hinweise auf die Bedeutung des richtigen "Verständnisses" von Technologiepolitik: gewarnt wird vor den kontraproduktiven Effekten eines interventionistischen Staatseingriffs in die Wirtschaft. Nur in gewissen Bereichen (z.B. Ökologie, Grundlagenforschung) bzw. als behutsame Rahmensetzung solle der Staat technologiepolitisch aktiv werden, sich aber davor hüten allzu detaillierte inhaltliche Vorschriften zu erlassen (vgl. Politiker-Reg., Sozialpartner-AG, Fondsvertr., Ministerialbeamter). Die Bedenken gegenüber einer dirigistisch ausgerichteten Wirtschaftslenkung führen hier zur Befürwortung einer Einschränkung der technologiepolitischen Agenda.

Aus der angenommenen Resistenz des ökonomischen Feldes gegenüber staatlichen Eingriffen läßt sich auch eine weitere Konsequenz ableiten: nämlich ein Plädoyer für eine veränderte Form staatlicher Steuerung. Die "Inputs" müssen demnach aus dem Unternehmenssektor kommen (Wissenschaftler), die Politik moderiert zwischen den verschiedenen Bedürfnissen und gestaltet die Rahmensetzung. Sie soll weniger durch restriktive Vorgaben als durch die Schaffung einer Anreizstruktur ihren Einfluß geltend machen. In dieser Richtung weiterführend wird argumentiert, daß in einer durch zunehmende Komplexität gekennzeichneten Gesellschaft eine zentrale gesamtgesellschaftliche Steuerungsinstanz notwendigerweise versage (Politiker-Reg.). Daher müsse die Eigenlogik der sich selbst regulierenden Subsysteme für staatliche Steuerungsversuche im Technologiesektor fruchtbar gemacht werden.

6.3. Problemfelder österreichischer Technologiepolitik

> "Wir reagieren politisch eher nach dem
> Muster: wenn die Folgen sichtbar sind,
> dann will man schnell, daß etwas getan
> worden wäre vor 10 Jahren."
> (Parlamentarier)

Zur Frage einer allgemeinen Einschätzung der real existierenden Technologiepolitik in Österreich differieren die Äußerungen. Die Vertreter des Forschungsförderungsfonds für die gewerbliche Wirtschaft etwa ziehen eine sehr positive Bilanz: es gäbe relativ gute Regionalförderungen, Forschungsinfrastrukturförderung, Nachwuchsförderung, Schwerpunktförderung – das Ergebnis dokumentiere sich u. a. in vielen Firmengründungen und der Schaffung von zahlreichen Technologiezentren.

Auf der anderen Seite gibt es kritische Stimmen, welche die österreichische Technologiepolitik als "konturlos" (Politiker-Opp.) bezeichnen: vielfältige Bedürfnisse treffen demnach auf keine zielgerichtete Schwerpunktbildung. Auch ansonsten wird die österreichische Technologiepolitik als unzureichend kritisiert: eine wirksame eigentliche Technologiepolitik gebe es nur in Randbereichen, wie etwa bei der Mitwirkung an EG/EU-Forschungprogrammen. Wirkungen gezeitigt – wenn auch als unintendierte Handlungsfolge – habe das staatliche Agieren sodann im Bereich Nuklearenergie, wo ein Reagieren durch Sozialunverträglichkeiten im Zusammenhang mit Atomkraftwerksbauten erforderlich wurde. Demnach funktioniert die Technologiepolitik derzeit weniger nach dem Modell der klugen Vorausschau als vielmehr nach dem Modell der "Pannenbehebung" (Firmenvertr.). Ein Politiker verweist auf die relativ langen Zeiträume, die technologische Umrüstungsvorgänge benötigen (Bild von der "Unbeweglichkeit des Tankers"), da es sich um eine komplexe Materie handele und man in der Realität nur mit kleinen Schritten vorwärtskomme (Politiker-Reg.).

Die spezifischen Probleme einer gezielten Förderung der Technologieentwicklung in Österreich werden auf eine Reihe von relevanten Faktoren zurückgeführt.

Ein erster zentraler Problembereich resultiert aus der Tatsache, daß Österreich zu den sogenannten "Kleinstaaten" zählt. Die (einwohnermäßig definierte) Kleinheit einer Nation und daraus resultierende Umstände bildet offensichtlich ein gewisses "Handicap" im Hinblick auf ihren technologiepolitischen Spielraum. So wird das weitgehende Fehlen einheimischer initiativer Großbetriebe (und damit auch die Absenz von ausgeprägten High-Tech-Kernen) bzw. die in Österreich ausgeprägte klein- und mittelbetriebliche Industriestruktur mehrfach als bedeutsame "Eingangsvoraussetzung" benannt (Politiker-Reg., Sozialpartner-AN, Fondsvertr., Ministerialbeamter). Diese Ausgangslage bedinge auch eine Kapitalknappheit, die es erschwere, "kritische Massen" für die Forschung zu erzielen und beinhalte die Gefahr zum Zulieferanten für die ausländische Industrie zu werden ("verlängerte Werkbank"). Dies führe letztlich zu einem "Hinterherhinken" hinter den großen Kernnationen, welche für Technologiepolitik richtungsweisend sind. Der Umstand der "Kleinheit" mit seinen Folgen hat indes auch positive Seiten (Fondsvertr., Ministerialbeamter): der Vorteil der nachziehenden Kleinen sei es, daß sie die erkannten Fehler der Pioniere nicht zu wiederholen brauchen und sich so Umwegkosten ersparen helfen.

Als weitere Strukturmängel im Hinblick auf die österreichische Wirtschaftsstruktur werden die geringe aktive Verflechtung (Politiker-Reg.) sowie der überproportional ausgebildete geschützte öffentliche Sektor (Sozialpartner-AG) genannt. Auch bei dem letztgenannten Aspekt besteht eine gewisse Verbindung zur Größenrelation: kompensatorische Schutzmaßnahmen zur Abfederung der hohen Weltmarktexponiertheit sind durchaus typisch für Kleinstaaten.

Als ein entscheidender Aspekt im Hinblick auf die Frage der internationalen Wettbewerbsfähigkeit – gerade auch bei einem Kleinstaat – wird allgemein die Frage der Schwerpunktbildung thematisiert. Hierzu findet sich eine differenzierte Palette von Einschätzungen und Anregungen. Einerseits wird von dem Erfordernis einer gezielten Förderungsstrategie gesprochen: die Notwendigkeit einer differenzierten Nischenpolitik bzw. des Ansetzens an "aufnehmenden Strukturen" (Sozialpartner-AG, Sozialpartner-AN, Wissenschaftler, Fondsvertr.,) und vorhandenen Stärken wird betont. Die Teilnahme an den EG/EU-Schwerpunktprogrammen bedinge ohnehin eine gewisse Präformierung der Forschungsausrichtung (Firmenvertr.). Kritische Stimmen (Politiker-Opp., Sozialpartner-AG, Sozialpartner-AN) vertreten die Ansicht, daß man in Österreich von einer eigentlichen Schwerpunktbildung nicht sprechen könne, da es zu viele flächendeckende Förderbereiche gebe. An dieser Stelle wird darauf verwiesen, daß zwar einerseits der Kleinstaatenaspekt (Kapitalmangel) die technologische Fokusbildung erschwere, diese aber andererseits auch in den anderen europäischen Staaten nicht wirklich ausgeprägt sei: ein Vergleich verdeutliche, daß überall die gleichen programmatischen Technologiefelder vorfindbar seien (Fondsvertr.). Dies führt schließlich zur Thematisierung der prinzipiellen Schwierigkeit einer Schwerpunktbildung: das Auffinden der wesentlichen Technologiefelder der Zukunft bezeichne ein grundsätzliches Problem in der Technologieförderung (Fondsvertr.). Aufgrund dieser Schwierigkeiten und der Gefahr einer möglichen Fehlsteuerung vom "grünen Tisch" aus, wird auch dem "Gießkannenprinbzip" eine gewisse Berechtigung zugesprochen (Sozialpartner-AG, Firmenvertr.) bzw. eine gemischte phasendifferenzierte Förderungsstrategie (erst breiter, dann enger) als sinnvoll erwogen (Fondsvertr.). Zuletzt erfolgt der Hinweis darauf, daß die über die Fonds erfolgende Förderungspolitik zwar eine gewisse Einflußnahme auf technologische Entwicklungen ermöglicht, aber nur einen Teilaspekt darstelle und eine umfassende kohärente Technologiepolitik nicht "ersetzen" könne (Firmenvertr.).

Ein sich anschließender zweiter Problembereich kristallisiert sich um das Stichwort "Forschung". Zunächst wird in quantitativer Hinsicht das Problem des – im internationalen Vergleichs – zu geringen Anteils der Forschungs und Entwicklungsausgaben am Bruttosozialprodukt vermerkt (Politiker-Reg., Fondsvertr., Ministerialbeamter). Aber auch die Forschungsstruktur bedarf der Beachtung: der zu geringe Stellenwert der industriellen Umsetzungsplanung (Förderung der Technikdiffusion, Ausrichtung auf Anwendungsorientierung) und die zu starke Konzentration auf abgehobene "Prestigeprojekte" (z.B. hoher Mittelaufwand für das Raumfahrttechnologieprogramm ESA) werden von den meisten

Interviewten als problematisch eingestuft (Politiker-Reg., Sozialpartner-AN, Wissenschaftler, Ministerialbeamte). Hier gelte auch zu beachten, daß die zunehmende Integration in EG/EU-Programme zugleich eine Abnahme der Mittel für davon unabhängige Forschungsprojekte bedeutet (Sozialpartner-AN).

In Bezug auf die institutionelle Dimension der Forschungsstruktur gibt es folgende Kritikpunkte: zum einen wird der geringe Aufwand an Firmenforschung als Defizit genannt (Fondsvertr.), zum anderen wird die mangelhafte Praxisorientierung der österreichischen Hochschulen sowie der geringe Anteil von Studenten an Technischen Universitäten bedauert – dieses Forschungsnachwuchsdefizit wird auch auf eine unzureichende Imagepflege der technischen Disziplinen in der Öffentlichkeit zurückgeführt (Politiker-Reg.).

Einen "neuralgischen" Punkt bezeichnet der nächste überaus häufig genannte Problemkreis: es geht um den Aspekt der technologiepolitischen Kompetenzzersplitterung in Österreich (Politiker-Reg., Sozialpartner-AG, Sozialpartner-AN, Wissenschaftler, Ministerialbeamter). Stimmen, welche diese Situation als unvermeidbar erachten (Politiker-Reg., Ministerialbeamter), da es sich bei "Technologie" um eine Querschnittsmaterie handle, stehen überwiegend skeptische Einschätzungen gegenüber (vgl. z.B. Politiker-Opp., Sozialpartner-AN), welche durch die Zersplitterung der Kompetenzen eine gezielte sachgerechte Förderpolitik beeinträchtigt sehen. Die unklare Kompetenzverteilung beinhalte die Gefahr von "Lobbying" bei der Fördervergabe und führe zur Ressourcenvergeudung durch Unübersichtlichkeit und der damit einhergehenden Doppel- und Dreifachförderung (Politiker-Opp., Sozialpartner-AN). Hieraus abgeleitet werden Forderungen nach einer Reformierung des Förderwesens (z.B. Verobjektivierung der Projektförderung durch Einführung einer internationalen Begutachtung) und nach der Etablierung einer nationalen technologiepolitischen Koordinierungsstelle.

Das technologiepolitische Konzept der Bundesregierung von 1989 war gedacht als Versuch, die Kompetenzaufspaltung durch einen Fokus zu bündeln (Sozialpartner-AN, Wissenschaftler). Sie wird dieser Koordinierungsfunktion nach der Einschätzung des zuständigen Ministers (Politiker-Reg.) relativ gut gerecht. Von anderer Seite wird die reale Wirksamkeit des Programms eher gering eingeschätzt – insbesondere weil es auf der Ebene "mittlere Programme" unterbelichtet bleibe und damit die Operationalisierbarkeit von Zielvorgaben nicht ausreichend gewährleiste (Ministerialbeamter).

Ein weiteres Instrument zur Koordinierung der Technologiepolitik bildet der Innovations- und Technologiefonds (ITF) – im Rahmen dieses Gremiums sollen in den letzten Jahren auch bereits wesentliche Koordinationsfortschritte erzielt worden sein (Ministerialbeamter). Der ITF gilt – nicht zuletzt aufgrund der hohen politischen Ansiedelung und der vorhandenen Ressourcen – formal als hoffnungsvoller Ansatzpunkt für eine effektive Koordinierung technologiepolitischer Angelegenheiten – allerdings wird die derzeitige Organisation und Förderausrichtung von vielen als reformbedürftig bezeichnet. Hier ist offensichtlich auch innerhalb des ITF-Kuratoriums selbst eine Umgestaltungsdiskussion in Gang (Politiker-Reg., Sozialpartner-AG, Sozialpartner-AN, Fondsvertr., Ministerialbeamter). Auch im ITF, wo man die technologiepolitischen Entwicklungslinien zusammenführen könnte, schlagen wieder die Ressortvielfalten im Hinblick auf die Zuständigkeiten durch (Politiker-Reg., Fondsvertr.). Ähnlich könnten – so wird argumentiert – auch innerhalb eines eigenen Technologieministeriums wieder die vorhandenen Antagonismen zum Tragen kommen – manchem scheint es so, als ob es für österreichische (sozialpartnerschaftliche) Verhältnisse der gegebene Weg sei, sich auf die Frage des adäquaten "Ins-Verhältnis-Setzens" von Bedürfnissen zu konzentrieren (Ministerialbeamter). So gesehen wäre es von nachgeordneter Bedeutung, ob dies organisatorisch innerhalb einer zentralen Institution oder zwischen verschiedenen Institutionen abläuft.

Mit dem Problem der Kompetenzzersplitterung zusammen hängt der nächste konstatierte technologiepolitische Defizitbereich: die Durchsetzbarkeit von technologiepolitischen Maßnahmen erscheint als zu wenig gewährleistet. Dies wird – außer auf Kompetenzzersplitterung – auch auf weitere Gründe zurückgeführt: Zum einen darauf, daß Technologiepolitik als mögliches eigenes Politikfeld erst im Konstitutierungsprozeß befindlich ist (Wissenschaftler, Ministerialbeamter) und überlagert wird von seit Jahrzehnten funktionierenden Wirtschaftsförderungen. Zudem scheint der Verpflichtungscharakter technologiepolitischer Vorsätze oft nicht wirklich gegeben, es mangelt an politischer Schubkraft, was die Umsetzung von Richtlinien anbelangt (Politiker-Reg., Politiker-Opp., Sozialpartner-AN, Ministerialbeamter). Hieraus resultiert die Forderung nach Evaluierung der Instrumente (Sozialpartner-AN) – ihnen müßte vorrangig das Augenmerk gelten.

In diesem Zusammenhang wird der Rat für Technologieentwicklung einerseits als Informations- und Diskussionsgremium überwiegend für sinnvoll erachtet, andererseits wird die Folgenlosigkeit mancher Diskussionen als unbefriedigend empfunden (Politiker-Opp., Sozialpartner-AG, Sozialpartner-AN) – wollte man dies ändern, müßten andere gesetzliche Vorgaben bzw. ein eigener Etat realisiert werden.

Ein kommender Problembereich wird durch die sich verschärfende Konkurrenzsituation Österreichs zwischen Ostöffnung und EG/EU-Integration gesehen (Ministerialbeamter). In einigen Jahren wird eine massive ökonomische Rivalität auch im "Middle-Tech-Sektor" (Österreichs Stärke) durch die neuen europäischen "Tigerstaaten" (Tschechei, Ungarn) prognostiziert. Die Gewerkschaftsstrategie lautet hier, (Sozialpartner-AN) sich sinnvollerweise nicht nach unten

(Niedrig-Lohn-Schiene), sondern sich nach oben (in Richtung Hochtechnologie) zu orientieren.

Der letzte große Antwortkomplex auf die Frage nach spezifischen Problembereichen der österreichischen Technologiepolitik bezieht sich auf die Vernachlässigung sozialrelevanter Faktoren. Zunächst wird konstatiert, daß eine reine Förderpolitik, die nur eine finanzielle Förderung von Technologieentwicklung beinhaltet, zu kurz greift: in diesem Sinne zielt die Kritik auf einen Mangel an Technikbewertungsstudien. Durch eine einseitige Ausrichtung der Förderpolitik auf wirtschaftliche Prioritäten werde versäumt, Technik in Einklang zu bringen mit gesellschaftlichen Entwicklungsproblemen (Sozialpartner-AN). Mitverantwortlich für die geistige Trennung (wirtschaftliche – soziale Aspekte) in technologischen Angelegenheiten könnte auch der Umstand sein, daß Technologiepolitik in Österreich von Ökonomen gemacht wird bzw. daß sich die Sozialwissenschaften in Österreich erst sehr spät konstituiert haben und noch nicht die wünschenswerte Akzeptanz in der Gesellschaft genießen (Sozialpartner-AN). Der letztgenannte Punkt bildet die Grundlage für ein weiteres Defizit: es mangelt an "interdisziplinär" ausgebildeten Sozial- und Technikwissenschaftlern, welche für eine "kontextuell" ausgerichtete Technikforschung wichtig sind (Sozialpartner-AN, Ministerialbeamter). Der schwache Versuch einer Berücksichtigung von sozialrelevanten Faktoren, wie er im technologiepolitischen Konzept der Bundesregierung schon 1985/87 mittels einer möglichen sozialwissenschaftlichen Begleitforschung angeboten wurde, war faktisch ohne Relevanz. Die konzeptionelle Anlage der Einbeziehung des Humanfaktors in Förderungsaktionen müßte somit neu überdacht werden (Sozialpartner-AG, Fondsvertr.).
Schließlich wird noch von verschiedenen Seiten auf ein Informations- und Bildungsproblem verwiesen. Die ungeheure Dynamik der technologischen Entwicklung, für die es historisch kein Präzedenz gäbe, werde allgemein weithin unterschätzt (Ministerialbeamter). Die Belebung der Diskussion über technologische Entwicklungen in der Öffentlichkeit gilt als sehr bedeutsam (Politiker-Reg., Politiker-Opp., Sozialpartner-AN, Firmenvertr., Ministerialbeamter): Einerseits könnte sie zur frühzeitigen Erkennung risikoreicher Technologiebereiche verhelfen, andrerseits könnte sie die Unterscheidung befördern zwischen tatsächlich erwartbaren Folgen einer technologischen Innovation und irrationalen Ängsten aufgrund von ungenügender Information. Denn das Nicht-Informiertsein über technologische Entwicklungen führe zu Verunsicherungen in weiten Bevölkerungskreisen und bilde ein schwerwiegendes gesellschaftliches Problem (Ministerialbeamter).

6.4. Technikfolgenabschätzung

> "Bei Technologie gibt es ja nicht nur
> Risiken, sondern auch Chancen. Daher
> glaube ich, daß die Untersuchung von
> Technikauswirkungen auf verschiede-
> nen Ebenen ansetzen muß ... das ist
> doch ein sehr interdisziplinärer Be-
> reich."
> (Ministerialbeamter)

Die Frage nach der Einschätzung von Ansätzen zur Technikfolgenabschätzung
(TA) in Österreich kann dahingehend zusammengefaßt werden, daß die Ansicht
vorherrscht, TA habe in Österreich derzeit noch keine allzu große Bedeutung
erlangt. Es sei, wie ein Interviewpartner meinte, derzeit "noch nicht im Ge-
spräch" (Ministerialbeamter). Ein Experte (Wissenschaftler) hält – angesichts
der sehr jungen Geschichte von TA in Österreich – gewisse Durchsetzungspro-
bleme für normale Anlaufschwierigkeiten. Nur eine offizielle Stimme (Politiker-Reg.) hebt hervor, daß in dieser Richtung schon viel getan worden sei. Und
wiederum nur von einer Seite wird das Ansinnen, TA in Österreich zu betreiben, hauptsächlich negativ bewertet (Sozialpartner-AG), nämlich als überflüs-
sig.

Die Gründe dafür, daß sich TA in Österreich nicht gerade leicht tut, einen
prominenten Platz zu erobern, erscheinen vielfältig: sie hängen zunächst einmal
zusammen mit allgemeinen technologiepolitischen Problemen (siehe hierzu
Kapitel 6.3): der Status Österreichs als Kleinstaat engt den wirtschaftspolitischen Handlungsspielraum ein (Politiker-Reg., Sozialpartner-AG, Sozialpartner-AN) und die – aufgrund des technologiepolitischen "time-lags" – noch ver-
hältnismäßig geringe technologische Orientierung der Wirtschaft führt dazu, daß
der technologischen Entwicklung "angehängt" erscheinende Faktoren eine
nochmals zurückgestufte Gewichtung erfahren (Ministerialbeamter). Hinzu
komme, daß die in Österreich lange Zeit praktizierte Imitationsstrategie das
Bewußtsein des "Mitmachens", nicht aber der bewußten Gestaltung von Technologie befördert habe (Sozialpartner-AN).

Es fehle die Kultur der vorausschauenden Überlegungen im Hinblick auf die
Auswirkungen der Einführung einer Technologie auf die gesamte Gesellschaft
(Firmenvertr.). Auch der schon erwähnten "Verspätung" bei der Installierung
der Sozialwissenschaften in Österreich sowie mangelnden Kontakten zwischen
technischen und sozialwissenschaftlichen Disziplinen wird hierbei eine gewisse
Rolle zugewiesen. Zum allgemein geringen gesellschaftlichen Druck in dieser
Hinsicht kommt noch ein weiterer Umstand: es wird als ein österreichisches

Spezifikum betrachtet, daß wirtschaftspolitische Fragen sehr stark von Verbänden strukturiert sind – und in der Arbeitgeber-Arbeitnehmer-Logik waren Technikfolgenfragen aber nie ein aktueller Kostenfaktor (Ministerialbeamter). Zudem werden auch mögliche inhaltliche Bedenken auf Seiten der Sozialpartner nicht ausgeschlossen: auf der Seite der Arbeitnehmervertretung kann Technikfolgenabschätzung dann zum "heiklen Bereich" werden, wenn das TA-Ergebnis ein Negativurteil über eine geplante Technologieeinführung verhängt, welche womöglich neue Arbeitsplätze geschaffen hätte. Es bestünde dann der Konflikt zwischen dem verbandsspezifischen Interesse der Arbeitsplatzerhaltung und dem der gesamtgesellschaftlichen Risikoabwägung (Sozialpartner-AN). Für die Seite der Arbeitgebervertretung wiederum gehen einige Interviewpartner davon aus, daß Befürchtungen dahingehend virulent sein könnten, TA werde sich womöglich hemmend auf Modernisierungsprozesse auswirken (Sozialpartner-AN). Verwiesen wird auch auf überzogene Horrorszenarien in TA-Programmen in den 70er und frühen 80er Jahren, in denen – irrealerweise – die "menschenleere Fabrik" prophezeit wurde (Sozialpartner-AG). Vereinzelt besteht die Ansicht, daß TA bei den Sozialpartnern, im Parlament und bei den Förderstellen – auch historisch bedingt – einen etwas "linksgrün dramatischen Anstrich" besitze (Ministerialbeamter). Diesem von einigen Seiten unterstellten "Negativvorzeichen" von TA korrelieren Ängste auf Seiten interessierter Sozialpartnerschaftsvertreter durch eine Dauerthematisierung von Technikfolgen aus einer Minderheitenposition heraus Einfluß zu verlieren – ohne jedoch mittels solcher Diskurse praktische Relevanz zu erzielen (Sozialpartner-AN). Für die Einzelbetriebe indes scheint meist nicht ausreichend Anlaß gegeben, TA zu betreiben, da die Hoffnung besteht, Kosten zu externalisieren. Dies hängt auch damit zusammen, daß Normierungs-Richtlinien auf den Ort des Verbrauchs von Produkten oder Verfahren und weniger auf den Ort der Erzeugung abheben. Außerdem wird darauf verwiesen, daß bei zu restriktiven Regelungen etwa in ökologischer Hinsicht die Firmen ins Ausland abwandern könnten und so wirtschaftliche Nachteile entstünden (Fondsvertr.).

Zu diesen technologiepolitisch und bewußtseinsmäßig bedingten Hemmfaktoren für TA-Entwicklung tritt indes noch als weiterer relevanter Aspekt die politisch-institutionelle Dimension hinzu. Sicherlich zu Recht vermerken vor allem mit TA näher befaßte Wissenschaftler darauf, daß gewisse Durchsetzungsschwierigkeiten von TA "keine rein österreichische Geschichte" sind. Sie verweisen auf generelle Probleme der TA-Einführung – wenn auch mit länderspezifischen Unterschieden – im gesamten europäischen Raum bzw. im OECD-Raum (Sozialpartner-AN, Wissenschaftler). Der Status von TA hänge ab von Ausprägungen des politischen Systems und für das österreichische Parlament gilt, daß es – um einen außereuropäischen Vergleich zu liefern – nicht einen

analogen Stellenwert zum Kongress in den USA besitzt. In den Vereinigten
Staaten ist TA etabliert als Politikberatungsinstrument, die Trägerinstanz OTA
(Office of Technology Assessment) ist institutionell an den Kongreß angebun-
den, verfügt über genügend Ressourcen, um sich Beratungsleistungen von außen
zuzukaufen und um Veranstaltungen mit Interessengruppen zu finanzieren
(Wissenschaftler). Die dadurch etablierte politische und gesellschaftliche Verankerung von TA in den USA scheint in den europäischen Ländern so nicht
gegeben.

Dennoch lassen sich verschiedene Institutionalisierungsansätze von TA in
Österreich festhalten. Nachdem frühe Versuche der Etablierung von TA Anfang
der 80er Jahre sich nicht durchsetzen konnten (Sozialpartner-AN), kam es Mitte
der 80er Jahre zu ersten Erfolgen in dieser Hinsicht. Zuvorderst in der Wahrnehmung stehen die beiden zentral mit TA befaßten (ursprünglich zusammen-
gehörenden) Institute der Österreichischen Akademie der Wissenschaften: zum
einen das Institut für Technikfolgen-Abschätzung (ITA), sodann auch die Forschungsstelle für Sozioökonomie (bei ihm bildet TA einen der vier etablierten
Schwerpunkte). Daneben gibt es verschiedene (häufig an bestimmte Personen
gebundene) Ansätze in sozialwissenschaftlichen Instituten wie z.B. im Österreichischen Institut für Wirtschaftsforschung (WIFO), im Institut für Höhere Studien (IHS), im Institut für Gestaltungs- und Wirkungsforschung an der Technischen Universität, im Zentrum für soziale Innovation (ZSI) oder bei Institutionen, wie dem Österreichischen Forschungszentrum Seibersdorf (ÖFS), der For-
schungs- und Beratungsstelle Arbeitswelt FORBA (Betriebsratsberatung) oder
der Invest-Kredit (zuständig bei Langfristkrediten für Firmen), die unter einem
gewissen Gesichtspunkt auch Aspekte von TA berücksichtigen. Auch der Rat
für Technologieentwicklung bietet ein Diskussionsforum für TA-Fragen – allerdings wird bemängelt, daß bei den wenigen Sitzungen des Rates pro Jahr das
Tagungsprogramm so überfrachtet ist, daß nur ein Teil der vorgesehenen Themen in der Diskussion behandelt werden kann (Sozialpartner-AG). Seit jüngster
Zeit gibt es auch Versuche, TA beim Parlament zu institutionalisieren. Diese
Versuche werden meist positiv bewertet, da sie als Aufwertung des Parlaments
und damit als ein Plus an Demokratisierung in der Behandlung gesellschaftlich
relevanter Themen eingestuft werden (Politiker-Reg., Politiker-Opp., Ministerialbeamter). Parlamentspräsident Heinz Fischer gilt als verdienstvoller Pro-
motor der Beförderung einer Befassung mit TA im parlamentarisch-politischen
Raum (Sozialpartner-AN, Wissenschaftler). Als eine Art Pilotprojekt der Institutionalisierung von TA wird in diesem Sinne die parlamentarische Enquete-
Kommission betreffend Technikfolgenabschätzung am Beispiel der Gentechnologie betrachtet. Der für diesen ersten Gehversuch gewählte Fokus ist allerdings
umstritten: die Befürworter sehen hierin ein Thema, das näher beim Menschen

146

angesiedelt sei (Politiker-Reg.). Es überwiegen indes kritische Stimmen: hier habe man bewußt ein politikfernes Thema gewählt, das weniger konfliktträchtig erscheine als etwa die (arbeitsmarktnahen) Informations- und Kommunikationstechnologien (Ministerialbeamter). Außerdem wird die "Vorbelastung" dieses Approaches problematisiert: gerade zu dieser Materie existiere bereits ein Gesetzesentwurf in der Schublade des Gesundheitsministers. Zuletzt wird auch die technologiezentrierte Vorgehensweise der Enquete-Kommission bemängelt: demgegenüber wäre eine problemzentrierte Herangehensweise als sinnvoll zu erachten (Politiker-Reg.). Die aus Mitgliedern aller im Parlament vertretenen Parteien zusammengesetzte Kommission habe – so ein Mitglied – dem Parlament einen gemeinsamen Empfehlungsteil präsentiert, der sich auch mit generellen Fragen der Institutionalisierung von TA beim Parlament beschäftigt, um die politische Diskussion in dieser Hinsicht anzuregen (Politiker-Reg.). Von Seiten aller beteiligten Parlamentarier wird die unzureichende Infrastruktur beklagt: die Enquete-Kommission verfüge nicht einmal über ein eigenes Sekretariat. Der Frage der Institutionalisierung eines Sekretariats für TA-Fragen beim Parlament wird auch von wissenschaftlicher Seite Sympathie entgegengebracht – allerdings sollte dies nicht auf Kosten der Ressourcen der TA-Institute geschehen. Vielmehr präferiert man dort die Vorstellung einer parlamentarischen Koordinierungsstelle, die sich von außerhalb wissenschaftliche Beratungsleistungen zukauft. Letztlich wird die Frage der konkreten Ausgestaltung von TA beim Parlament auch als Machtfrage zwischen den Ministerien und dem Parlament erkannt (Wissenschaftler).

Im Hinblick auf den Aspekt der Intensität der Kommunikationsprozesse zwischen den einzelnen "Inseln" von TA und gesellschaftlich und politisch davon tangierten Gruppen überwiegt allgemeine Ernüchterung. An den wissenschaftlichen TA-Instituten wird von politischer Seite aus kritisiert, daß sie z.T. zuviel Wert auf "Bewertung" legen – dies gehe auf Kosten analytischer Aspekte (Politiker-Reg.). Und ihre Ergebnisvermittlung sei zu abstrakt: um gesellschaftliche Wirksamkeit zu erzielen, müsse TA für die breite Masse aufbereitet werden (Politiker-Opp.). Auch seien ihre TA-Aktivitäten im politischen Raum wenig bekannt (Politiker-Reg., Politiker-Opp., Ministerialbeamter). Auf der anderen Seite wird zugestanden, daß für die TA-Institute eine längerfristige Basisfinanzierung sinnvoll wäre (Ministerialbeamter) und daß ein Erschwernis ihrer Arbeit darin besteht, daß sie im Parlament nur wenige Ansprechpartner finden (Sozialpartner-AG).

Von Seiten der in TA-Prozesse involvierten Wissenschaftler wird berichtet, daß sich in letzter Zeit die Zusammenarbeit mit der Administration intensiviert habe (Wissenschaftler) und ein zunehmendes Interesse aus Teilen der Industrie zu verzeichnen sei (Wissenschaftler). Auch werden von dieser Seite Wege gesucht, die Öffentlichkeit stärker zu informieren und partizipieren zu lassen. Erwähnt wird auch ein vor einigen Jahren unternommener Versuch zur Verstärkung der Kommunikation zwischen den verschiedenen mit TA beschäftigten Instituten in Form der Schaffung eines entsprechenden Netzwerkes (ein Versuch, der nicht zuletzt an mangelnden finanziellen Mitteln zur Schaffung einer Infrastruktur scheiterte).

Im Unterschied zu den USA, wo es auch ausreichend finanzielle Mittel für TA-Öffentlichkeitsarbeit gibt, sind solche Ressourcen im Rahmen österreichischer TA-Aktivitäten nicht vorgesehen. Dies bildet aber ein massives Hindernis für eine effektive Öffentlichkeitsarbeit und damit für die Verankerung von TA im gesellschaftlichen Raum (Wissenschaftler).

Daß die Bedeutung des Faktors "Öffentlichkeit" auch im Bewußtsein der Parlaments-Enquetekommission eine Rolle spielt, wird durch den Hinweis unterstrichen, daß die Enquete eine Empfehlung an das Parlament zur Integration von NGOs (Non-Governmental-Organisations) verfaßt hat.

Diese Einschätzung verdeutlicht auch, daß bei verschiedenen damit befaßten Personen in Österreich ein Verständnis vorherrscht, das sich nicht auf die Erstellung wissenschaftlich-analytischer Studien beschränkt, sondern die gesellschaftliche "Öffnung" der Technologiedebatten intendiert.

In eine ähnliche Richtung zielt auch das Plädoyer für Methodenvielfalt (Wissenschaftler). Zwar gibt es Vertreter, die prognostischen Modellen skeptisch gegenüberstehen: hierzu habe man keine ausreichenden Instrumentarien und darum ließen sich "neue Dinge" schwerlich TA-mäßig erfassen. Hier wird das nachträgliche Abfedern von negativen Folgen eines Technologieschubs ins Zentrum gestellt (Sozialpartner-AG, Fondsvertr.). Diese Einschätzung wird aber mehrheitlich überlagert von einer Sichtweise, die für ein umfassendes "Assessment" plädiert. Hierbei ginge es darum, Chancen und Risiken einer technologischen Entwicklung frühzeitig zu eruieren – dies inkludiert auch eine Abschätzung der (negativen) Folgen für die Gesellschaft bei Nicht-Einführung der neuen Technologien. In diesem Zusammenhang wird der Begriff "Technikfolgenabschätzung" mehrfach als "unglückliche" Übersetzung von "assessment" problematisiert (Sozialpartner-AN, Wissenschaftler, Firmenvertr.), da er eine negative technizistische Sicht suggeriere – z.T. wird dem Begriff "Technikbewertung" der Vorzug gegeben oder der Vorschlag gemacht, die amerikanische Bezeichnung zu übernehmen (Wissenschaftler). Es geht jedenfalls nach Einschätzung der Experten bei TA auch verstärkt um so etwas wie das Aufzeigen von verschiedenen technologischen Entwicklungspfaden und deren Bewertung gemessen am Begriff der gesellschaftlichen "Optimierung" (Politiker-Reg., Politiker-Opp., Wissenschaftler).

6.5. Integration des Sozialfaktors als Modernisierungsstrategie

> "Ich bin Praktiker auf diesem Gebiet und habe einen Laden, wo es auf Motivation ankommt. Ich kann es mir nicht leisten, jemandem auf den Zehen herumzutrampeln (...), denn ich bin verantwortlich in einer Mehrheitsgesellschaft, die optimalen Output will."
> (Wissenschaftler mit Geschäftsführerfunktion)

> "Die Innovation bei diesem Förderprogramm war, daß das Kriterium nicht lautete: Du bekommst Deine Subvention weil Du arm und schwach bist und weil Deine Arbeitsplätze wackeln, sondern, weil Du gezeigt hast, daß Du mit Kapital etwas anfangen kannst."
> (Forschungsförderungsrepräsentant)

Es gibt internationale Studien (siehe Kapitel 3), die zu dem Schluß kommen, daß eine integrative Betrachtung von ökonomischen und sozialen Faktoren zunehmend an Bedeutung gewinnt.

Den Hintergrund dieser Entwicklung bildet die Erkenntnis, daß die Frage der sozialen Form der Organisation ein wichtiger Bestimmungsfaktor für die Produktivität sei. Moderne "Sozialverträglichkeitskonzepte" verfolgen hieran anknüpfend eine offensive Strategie, in welcher SoTech nicht als Abfederung negativer Folgen konzipiert wird, sondern als fortschrittliche Form der Modernisierung. Bezogen auf diese Thematik wurden folgende Gesichtspunkte erörtert: Zum einen wurde nach der Einschätzung der Wahrnehmung dieser Entwicklungen in der österreichischen Öffentlichkeit sowie bei den Interviewten selbst gefragt. Zum anderen sollte im Anschluß daran die Zielvereinbarkeit von Humanitätssteigerung und Produktivitätssteigerung diskutiert werden – auf diesen Zusammenhang zielt die in internationalen Studien vertretene These, daß mittlerweile über die Ausnutzung der "Ressource Humankapital" in weiten Bereichen ein bedeutsamerer Produktivitätsschub initiiert werden könnte, als dies mittels eines "mehr an Technik" möglich wäre.

In Bezug auf die Wahrnehmung der Bedeutung internationaler Erkenntnisse über den Zusammenhang von Sozialfaktoren und Technologieentwicklung in der österreichischen Öffentlichkeit vertritt eine Mehrzahl von Befragten die Ansicht, daß es zwar allgemein eine gewisse Bewußtseinssteigerung in dieser

Richtung gäbe – diese stecke allerdings erst in den Anfängen. Vorherrschend sei demgegenüber ein Verhalten – insbesondere im politischen Bereich – das auf einer defensiven Sicht aufbaut: eine Reaktion wird nur erwogen zur nachträglichen Absicherung von sozialen Unverträglichkeiten (Politiker-Opp.). Als Beleg hierfür gilt die große Anzahl von Beispielen einer mißglückten Technologieeinführung. Die Vernachlässigung von adäquaten Begleitmaßnahmen führe z. B. dazu, daß – wie sich erwies – bei einer Telefonanlage mit 300 Leistungsmerkmalen, die meisten Benutzer nur drei bis vier Funktionen kannten (Firmenvertr.). Ebenso vergeudeten viele Leute eine Menge Zeit damit, über Computerprobleme nachzudenken, weil die EDV-Einführung nicht sozial-integrativ erfolgt sei. Daß so etwas geschähe, sei ein Beleg für die unzureichende Erkenntnis der Bedeutung des Sozialfaktors für die Produktivitätsentwicklung. Noch skeptischer klingt eine weitere These: danach ist die Ansicht noch weit verbreitet, SoTech-Ansätze als Technikverhinderungsstrategie zu interpretieren bzw. SoTech wird mit Technikfeindlichkeit identifiziert – hier sei aufklärende Information dringend erforderlich. Verwiesen wird auch darauf, daß Arbeitsunfälle durch mangelhafte Schutzvorrichtungen zwar Kosten verursachen, dieser Zusammenhang sich aber nicht so offensichtlich darstellt und zudem durch Sozialversicherung "verwälzt" werde. Desgleichen wirken sich psychische Probleme durch Leistungsdruck am Arbeitsplatz auf die Arbeitsqualität aus – aber diese Kosten seien nicht eindeutig kalkulierbar und würden deshalb gerne unter den Teppich gekehrt (Ministerialbeamter).

Jedoch sei auch in anderen Ländern wie Frankreich und Italien der Bewußtseinsstand in Bezug auf die Notwendigkeit eines erhöhten Stellenwerts des Sozialfaktors im Modernisierungsprozeß unterentwickelt, heißt es relativierend von anderer Seite (Wissenschaftler).

Interessanterweise wird die Frage der Integration von sozial orientierten Elementen in Arbeitszusammenhänge nicht mehr vorwiegend als eine "ideologische Frage" betrachtet – mittlerweile hat sich bei vielen Entscheidungsträgern die Einsicht durchgesetzt, daß Friktionen für die Wirtschaftlichkeit eines Unternehmens schädlich seien (Fondsvertr.).

Insgesamt gelte, daß eine sozialverträgliche Modernisierungsperspektive theoretisch bzw. in der Literatur sehr wohl als sinnvoll erkannt sei (- davon zu unterscheiden sei allerdings die Frage der Operationalisierung bzw. der "nachhinkenden" Praxis) (Fondsvertr., Ministerialbeamter). Zum ersten Mal rezipiert worden sei der Aspekt eines Zusammenhangs von sozialer Organisation und Technologieentwicklung in Österreich im Rahmen des TEP-Programms (Technology/Economy Programme) (Ministerialbeamter). Ansätze von öffentlichem Bewußtsein in der diskutierten Frage seien auch erkennbar in den Versuchen, Österreich als Industriestandort zu empfehlen unter Hinweis auf die geringe

Streiklastigkeit und das positive Arbeitsklima (Sozialpartner-AN, Fondsvertr.). Diese Werbekampagnen zur Unternehmensansiedelung implizieren einen umgekehrt proportionalen Zusammenhang zwischen Konflikthäufigkeit und Wirtschaftlichkeit. Zur Haltung der Sozialpartner in dieser Frage gibt es in der Außensicht (Politiker-Reg., Wissenschaftler) folgende Einschätzungen: Auch bei den Gewerkschaften bilden SoTech-Fragen nur ein Randgebiet. Bei der Wirtschaft werden Widersprüche festgehalten zwischen ihrer z.T. öffentlich vorgetragenen Skepsis gegenüber einer Integration sozialer Überlegungen in ökonomische Zusammenhänge und dem Praktizieren des Gegenteils (z.B. im Abhalten von Motivations- und Persönlichkeitsseminaren). Fortschrittliche Unternehmen werden angeführt – SoTech Überlegungen seien hier häufig auf Initiative der Marketing-Abteilung zurückzuführen. Der Mißerfolg der (schlecht durchgeführten) Markteinführung von Btx-Bildschirmen markiere hier ein lehrreiches Beispiel (Wissenschaftler). In Bezug auf die Frage einer sozialverträglichen Modernisierungspolitik sind insgesamt nach Expertenmeinung Entwicklungsprozesse zu verzeichnen: Es gäbe ein sehr zaghaftes (z.T. unrealistisches) Umdenken in der Bevölkerung und auch ein langsames Dazulernen des Parlaments (Politiker-Opp.) sowie eine steigende Aufgeschlossenheit auf Seiten der Industrie (Wissenschaftler). Auch auf Arbeitnehmerseite hätten immer mehr Personen den Wunsch, die Ziele des Unternehmens zu kennen und mitzugestalten (Fondsvertr.). Insgesamt gilt jedoch als unstrittig, daß der öffentliche Bewußtseinsstand in Umweltfragen erheblich weiter entwickelt ist als in Fragen der Sozialverträglichkeit (vgl. z. B. Politiker-Opp., Fondsvertr.).

Zwar wird der Bewußtseinsgrad bezüglich "Sozialverträglichkeit" in der Öffentlichkeit niedrig eingestuft, doch betonen die meisten Befragten die Relevanz solcher Gesichtpunkte in ihrer eigenen Werteskala. Diese "moderne" Sichtweise von Modernisierungsprozessen korreliere auch – so ergänzt ein Interviewpartner – mit der zunehmenden Bedeutung des "Gestaltungsaspekts" im OECD-Raum (Ministerialbeamter). Auch gäbe es internationale Beispiele (Dänemark, Deutschland, Schweiz), wo versucht werde, mit Hilfe von Benutzerbeteiligung Dienste zu entwickeln und neue Applikationen zu erproben (Wissenschaftler).
Folgende Aspekte werden als besonders relevant eingeschätzt zur Steigerung der Arbeitszufriedenheit (und damit als Voraussetzung zur Schaffung besserer Rahmenbedingungen für die Produktion): Organisationsentwicklung, Begleitmaßnahmen bei der Einführung neuer Technologien, Sicherheitsvorkehrungen am Arbeitsplatz, Partizipation (insbesondere bei Betriebsumgestaltungen), Qualifikation und soziale Freiräume der Mitarbeiter sowie ein motivationserzeugender Führungsstil. (Sozialpartner-AG, Sozialpartner-AN, Wissenschaftler, Firmenvertr., Fondsvertr., Ministerialbeamter). Eine Strategie, welche auf die Erzeugung sozialer Akzeptanz abziele und die damit einhergehende Relevierung

von menschenwürdigen Arbeitsplätzen, entspreche – wie von unterschiedlichen Seiten betont wird – auch den ganz egoistischen Interessen eines Betriebs, sei also auch für die Wirtschaft eine "Überlebensfrage" (Sozialpartner-AN, Wissenschaftler, Firmenvertr.).

Bisweilen werden jedoch Implikationen, die in der Fragestellung enthalten sind, relativiert bzw. bestritten oder es wird die Notwendigkeit einer differenzierten Betrachtungsweise betont:

- Für Österreich gelte, daß hier auch der technische Faktor – im Unterschied zu bestimmten anderen Ländern – noch lange nicht ausgereizt sei (Sozialpartner-AN).
- Der Sozialaspekt sei zwar unstrittig ein Faktor im Modernisierungsprozeß, aber nicht der entscheidende (Politiker-Reg.).
- Es wäre angebracht, soziale Überlegungen ins Arbeitsleben zu implementieren – aber dies habe nicht staatlicherseits zu erfolgen, sondern durch die Wirtschaftstreibenden selbst (Fondsvertr.).
- Das von SoTech-Konzepten lancierte "moderne" Verständnis von "sozial" kollidiere mit dem, was man normalerweise immer unter sozial verstehe: nämlich den Schutz der Schwächeren auf Kosten der Stärkeren (Fondsvertr.).
- Moderne Organisationsüberlegungen könnten eine ambivalente Wirkung entfalten: mit den Sozialmöglichkeiten steige zugleich auch der Arbeitsstreß (Fondsvertr.).
- Moderne Organisationsformen würden zudem die Machtmöglichkeiten des Chefs gegenüber den Mitarbeitern steigern und damit für letztere inhumane Auswirkungen zeitigen (Firmenvertr.).
- Produktivität sei nicht fraglos als oberstes gesellschaftliches Ziel zu akzeptieren.
- Sozialverträglichkeitsüberlegungen seien grundsätzlich sinnvoll, aber in Bezug auf Personen, die mechanische oder anderweitig unbefriedigende Tätigkeiten ausüben, problematisch (Wissenschaftler, Fondsvertr.).
- Der soziale Faktor sei sicherlich eine "Humanressource" in gesellschaftlichen Bereichen, die auf Leistung hin orientiert seien – hier trage dieser Approach zur Leistungsoptimierung bei. Aber in Bereichen, wo diese leistungsorientierten Rahmenbedingungen nicht vorhanden seien, (z.B: bei der Verstaatlichten) stoße diese Sicht auf geringe Resonanz (Politiker-Reg.).
- Sozialverträglichkeitsüberlegungen könnten grundsätzlich an zwei Seiten anknüpfen: am Produktions- und am Serviceprozeß. Die öffentliche Diskussion erstrecke sich stärker auf den zweiten Aspekt und thematisiere Fragen wie Benutzerfreundlichkeit oder Sozialverträglichkeit von Dienstleistungen. Demgegenüber sei es wichtig zu erkennen, daß Sozialverträglich-

keit von Technologien ein Problem des Produktions- bzw. Organisationsprozesses sei und daher von Anfang an die Partizipation der Beteiligten Personen erfordere (Ministerialbeamter).

Von mehreren Seiten wird schließlich übereinstimmend festgestellt, daß die These von den unausgeschöpften "Humanressourcen" in bestimmten Diskussionszusammenhängen ein wesentliches Argument für SoTech darstelle (Politiker-Opp., Sozialpartner-AN, Wissenschaftler). Der ethisch-humane Aspekt möge für einzelne Personen bzw. Gruppen wesentlich sein, zur politischen oder betrieblichen Beförderung der Implementation von Sozialaspekten in Arbeitszusammenhängen sei er weniger zugkräftig als das Appelieren an den Eigennutz der Wirtschaft. Es gilt außerdem als ausgemacht, daß auch in der öffentlichen Diskussion die ökonomischen Gründe das Ausschlaggebende sind – aber "mehr Humanität" am Arbeitsplatz aus solchen Gründen sei immer noch besser als wenn gar nichts geschehe (Politiker-Opp., Wissenschaftler). Eine andere Schlußfolgerung lautet: man müsse die ethische Grundierung der Argumente notwendigerweise "überzeichnen" – da sich ohnehin eine Tendenz zur Prädominanz der ökonomischen Strukturen bemerkbar mache (Politiker-Reg.).

Solche strategischen Fragen der "Umsetzung" sozialverträglicher Modernisierungsstrategien wurden auch noch in anderer Hinsicht erörtert. Teilweise, so wird von wirtschaftsnaher Seite kritisiert, sei die SoTech-Strategie auch falsch vermarktet worden nach dem Motto "ihr Bösen, euch werden wir Auflagen machen". Hierher gehöre beispielsweise die falsche Konzeption der Schwerpunktprogramme, in welchen die sozio-ökonomische Bewertung zusätzlich zur technischen Bewertung bei der Technologieförderung hinzugekommen sei: somit erscheine der Sozialaspekt als eine Art Kontrolle für die technischen Förderprogramme (Sozialpartner-AG). Demgegenüber müsse man Gestaltungsüberlegungen als offensive Strategie formulieren, bei der es um eine Verbindung von Sozialverträglichkeitsaspekten und wirtschaftlichen Kriterien gehe (Fondsvertr.). Hierzu sei es notwendig, ein positives Klima gegenüber der technischen Entwicklung zu schaffen und Informationsarbeit zu betreiben (Sozialpartner-AG).

Was den realen Umsetzungsgrad von Sozialverträglichkeitsüberlegungen betrifft, herrscht eher eine gewisse Skepsis vor – allerdings werden "Bemühungen" von politischer Seite zugestanden (Politiker-Opp., Ministerialbeamter).

Schließlich wurde noch die Frage untersucht, ob von einem Bedingungsverhältnis von Produktivitätssteigerung und Humanitätssteigerung ausgegangen werden kann, d.h. wie realistisch ist die "Zwei-Fliegenschlag-Theorie" (Politiker-Reg.), die behauptet, beide Aspekte würden notwendigerweise miteinander einhergehen? Eine große Zahl der Befragten sieht einen solchen Zusammenhang durchaus gegeben – allerdings mit einzelnen Relativierungen:

-   In Bezug auf die proklamierte Zielsetzung von Technologieförderungen
    herrsche ein Widerspruch vor: man solle einerseits durch Automatisierung
    Produktivitätssteigerungen erzielen und andererseits Arbeitsplätze nicht
    gefährden. Dies schließe sich aber aus (Firmenvertr.).
-   Die beiden Aspekte könnten einen Interessenkonflikt konstituieren: Erleich-
    terungen für den Einzelnen bedeuteten in der Praxis häufig volkswirtschaft-
    lich negative Folgen (Ministerialbeamter).
-   Der Zusammenhang wird als vorhanden, aber nicht so evident eingestuft:
    z.B. seien Arbeitsunfälle kein so offensichtlicher Kostenfaktor wie Schutz-
    vorrichtungen (im letzteren Fall zahlt man sicher, im ersten Fall kann man
    hoffen, daß nichts passiert) (Ministerialbeamter).
-   Von einem Befragten wird kritisch eingewandt, daß häufig eine ideologi-
    sche Verzerrung stattfinde nach dem Motto, "man muß nur wollen"; abstrakt
    sei das Bedingungsverhältnis von ökonomischen und sozialverträglichen
    Faktoren relativ einfach zu proklamieren. Es gäbe aber eine "reale Wider-
    sprüchlichkeit" von Interessen in unserer Gesellschaft – diese Kantigkeit
    könne man nicht einfach wegretouchieren (Ministerialbeamter).

Überwiegend wird der "nervus rerum" der diskutierten Fragestellung in der
Zeitperspektive festgemacht. Im Prinzip, abstrakt, theoretisch, aber vor allem
langfristig wird ein positiver Zusammenhang zwischen Produktivitätssteigerung
und Humanitätssteigerung konstatiert (Politiker-Opp., Sozialpartner-AN, Wissenschaftler, Ministerialbeamter) – so bedeute ja auch Ökologie "langfristige
Ökonomie", wird argumentiert (Politiker-Opp.). Kurzfristig sei das Verhältnis
aber eher neutral bzw. von Fall zu Fall verschieden – könne also auch in negativer Hinsicht ausschlagen. Hier müßte man konkrete Studien betreiben und Dif-
ferenzierungen treffen etwa nach Ländern, Technologien, sozialen Gruppen und
konkreten Maßnahmen (Sozialpartner-AN, Wissenschaftler, Fondsvertr.). Gerade in solchen Fällen des Auseinanderfallens von kurzfristigen Einzelinteressen
und längerfristigen gesamtwirtschaftlichen Interessen – einer typisch makroökonomischen Problemstellung – könnte die Politik Anreize setzen, um in Richtung "Gemeinwohl" zu lenken.

6.6.   Zum Verständnis von SoTech

> "Partizipation als reine Form ist wie
> ein bartloser Strom – viel Wirbel, no
> action."
> (Wissenschaftler)
>
> "Über Technologien muß man reden,
> da kann man nicht warten, bis den
> Leuten die Augen aufgehen und sie mit
> Steinen werfen."
> (Firmenvertreter)

Fragen der Gewichtung der Problemdimensionen von SoTech-Konzepten sowie
nach der konzeptionellen Positionierung von SoTech dienen der begrifflichen
Klärung; d.h. es gilt herauszufiltern, welche Vorstellungen mit dem Begriff So-
Tech vorrangig in Verbindung gebracht werden. Hinsichtlich der Problemdimensionen ist in Erinnerung zu rufen (siehe hierzu Kapitel 2), daß sich die Diskussion um die Sozialverträglichkeit von neuen Technologien im Spannungsfeld
zwischen Akzeptanz, Akzeptabilität und Partizipation bewegt.

Die Interviewpartner wurden nach der Bedeutung gefragt, die sie den genannten Aspekten zuschreiben. Das Stichwort "Akzeptabilität" erzeugte eher
wenig Resonanz . Wer indes mit dem Terminus konkrete Inhalte verband, setzte
Akzeptabilität in der Bewertungsskala eher hoch an. So wurde die Bedeutung
der Verträglichkeit im Hinblick auf gesellschaftliche Grundwerte von dieser
Seite sogar mehrfach als Priorität bezeichnet (Politiker-Reg., Politiker-Opp.,
Firmenvertr.). Besondere Bedeutung wird der Adaption des Rechts zugemessen
– da die technischen Entwicklungen das Rechtssystem ständig unterlaufen
(Politiker-Opp.) bzw. vom bestehenden Recht noch nicht erfaßte Risiken erzeu-
gen. Auch im Bereich der Arbeitswelt wurde der Rechtsaspekt in Form einer
effektiven Datenkontrolle betont. Gefordert wird, daß den Arbeitnehmern Wissen darüber zugänglich gemacht wird, was mit den gesammelten Daten über die
Leistung des Einzelnen geschieht, ob sie z.B. gegebenenfalls als Auslesekriteri-
um zum Personalabbau herangezogen werden.

Akzeptabilität wird auch als "das Sachliche" bezeichnet bzw. als der Beitrag
zur Sozialverträglichkeit der technischen Entwicklung durch Wissenschaft und
Politik (Politiker-Opp.). Hier spiele wesentlich der Aspekt der Organisierung
von SoTech eine Rolle (Wissenschaftler).

"Akzeptanzherstellung" wurde demgegenüber als das "Unreflektierte" beschrieben (Politiker-Opp.). Hier stehe die Meinung der Betroffenen im Vordergrund (Wissenschaftler). Indes müßte man die Ängste der Bevölkerung – auch

da, wo sie vielleicht unbegründet seien – ernst nehmen (Politiker-Opp., Wissenschaftler). In einer Demokratie seien die breitestmögliche Akzeptanz und das Verständnis der Bevölkerung für technologische Entwicklungen wesentlich. Deshalb bestünde auf Seiten der "Wissenden" (Politik und Wissenschaft) eine Verpflichtung zur Information. Es wird auch eingeräumt, daß insbesondere bei Regierungsprojekten Akzeptanzerzielung eine bedeutsame Zielsetzung sei (Ministerialbeamter).

Das dritte Stichwort "Partizipation" wurde in einem engen Zusammenhang mit der Akzeptanzfrage gesehen (Politiker-Reg., Politiker-Opp., Sozialpartner-AG, Wissenschaftler). Partizipation gilt als die Voraussetzung zur Erreichung von wirklicher Akzeptanz – ansonsten handle es sich lediglich um eine "aufgesetzte" Akzeptanz. Bisweilen wird allerdings schon das "Gefühl" der Leute, beteiligt zu sein, als ausreichend erachtet (Sozialpartner-AG). Unbestrittener Kristallisationspunkt der Meinungsäußerungen zu SoTech in betrieblichem Rahmen bildet die Frage der Arbeitsplatzgestaltung durch die Mitarbeiter – auf sie wird in diesem Kontext am häufigsten verwiesen.

Obwohl von sehr vielen Seiten Partizipation als besonders wichtiger Punkt angesehen wird (Politiker-Opp., Sozialpartner-AN, Wissenschaftler, Firmenvertr., Fondsvertr., Ministerialbeamter), werden auch ernstzunehmende Begrenzungen in dieser Hinsicht thematisiert: Partizipation laufe nach herkömmlichen Mustern stets darauf hinaus, daß nur die "Aktiven" daran teilnehmen – den anderen eher passiv "Betroffenen" bleibt dann nur die Akzeptanzverweigerung als bedeutsame kritische Grenze in der Wahrnehmung von Seiten der Politik und der Wirtschaft.

Noch nachdenklicher stimmt der Einwand von mehreren Personen, die allesamt ein gewisses Faible für Betroffenenbeteiligung bekunden, (Wissenschaftler, Ministerialbeamter) in Österreich fehle für Partizipation der Boden. Sicher gebe es Bürgerbefragungen à la Hainburg oder Freudenau, aber wirkliche Partizipation – wie etwa in Schweden – gebe es mit Ausnahme von einzelnen Mikro-Bereichen (wie Flex-CIM) in Österreich nicht, da dies nicht der hiesigen Demokratiekultur entspreche. In Österreich sei der Weg zur direkten Beteiligung durch die starke indirekte Partizipation im Rahmen der Sozialpartnerschaft weitestgehend verbaut – hier bedürfte es erst einer Demokratiereform, um "Partizipation" aussichtsreich in den Mittelpunkt von SoTech plazieren zu können (Wissenschaftler, Ministerialbeamter). Am naheliegendsten wird von dieser Seite der partizipative Stil im Hinblick auf seine Verwirklichung im Wohn- und Kulturbereich eingeschätzt.

In einer anderen Akzentuierung wird die geringe Partizipationskultur in Österreich gerade als "Nachholbedarf" in Richtung Mitgestaltung interpretiert (Sozialpartner-AN) und die Notwendigkeit einer politischen Definierung von

Mitbeteiligung hervorgehoben (Politiker-Reg.). Im Zuge der Annäherung an EG/EU-Maßstäbe könnten sich hier auch Ansätze zu Veränderungen abzeichnen: durch neue gesetzliche Regelungen würden die Mitbestimmungsrechte verstärkt (Ministerialbeamter). Als Voraussetzung für SoTech im Arbeitsleben wird Information (auch durch spezielle Beratungsleistungen) und Mitarbeiterqualifikation als unabdingbar erachtet – ebenso bisweilen eine Verpflichtung der Unternehmer zur Mitbeteiligung der Arbeitnehmer (Politiker-Reg., Ministerialbeamter). Sogar von wirtschaftsnaher Position aus wird hervorgehoben, daß Mitbestimmung in beiderseitigem Interesse (d.h. im Arbeitnehmer- und Arbeitgeberinteresse) liege (Firmenvertr.). Gewisse Unterschiede dürften hier wohl eher in der konkreten Ausgestaltung dessen liegen, was Mitbestimmung heißt (Sozialpartner-AN). Eine kritische Grenze von betrieblichen SoTech-Initiativen liegt, nach Expertenansicht, vermutlich da, wo Unternehmen die Befürchtung entwickeln, der Staat wolle ihnen regulative inhaltliche Auflagen machen.

Gerade was eine partizipative Technikgestaltung betrifft, wird auch auf z.T. in der Sache liegende charakteristische Begrenzungen aufmerksam gemacht. Ein Problem liege etwa darin, daß Technologien eine Vorlaufzeit von 10 bis 15 Jahren haben, bevor sie auf den Markt kommen und daß sie normalerweise erst dann thematisiert werden, wenn sie breit eingesetzt werden. Einerseits sei es eine zu hohe Anforderung, 15 Jahre bevor ein Produkt oder Verfahren Relevanz erhält, mit potentiellen Benutzern in Kontakt zu treten – welche dasselbe später vielleicht gar nicht mehr benutzen werden. Andererseits kann die Benutzerbeteiligung zum Zeitpunkt der Einführung der Technologie schon zu spät kommen (Firmenvertr.). Ein fast noch größeres Problem wird darin gesehen, daß SoTech je nach Betrieb und Branche, ja sogar je nach der Kultur eines Landes differiert und so nur schwer generalisierbar ist (Wissenschaftler, Fondsvertr.). Da zudem die Partizipation der Betroffenen und deren subjektive Einschätzung berücksichtigt werden sollten, sind juristische Regulative nur begrenzt brauchbar (Ministerialbeamter). Vonnöten sei auch die (möglichst freiwillige) Teilnahme der Betroffenen, die – um bei neuen Technologien mitreden zu können – Erhebliches an Engagement und Einarbeitungsaufwand investieren müßten.

Eine bedeutsame Grenze der Sinnhaftigkeit von partizipativer Technikgestaltung wird da gesehen, wo diese zur Blockierung des wirtschaftlichen Entwicklungsprozesses führen würde (Politiker-Opp.). Diese Einstellung kommt auch in der These zum Ausdruck, Partizipation als "reine Form" sei nicht zielführend – SoTech benötige ein über- oder beigeordnetes, konvergenzerzeugendes Moment (Wissenschaftler). Dies impliziere, daß SoTech im schwierigen Ausbalancierungsprozeß zwischen breitgestreuter Akzeptanz (sowie Partizipation) und Konvergenz erzeugenden externen Impulsen (Stichwort: Akzeptabilität) bestehe. Diese Ausgangslage bedinge, daß Sozialverträglichkeit schwerlich mittels einer "Checkliste" erzeugbar ist – wie dies z.B. bei Umweltverträglichkeitsprüfungen naheliegt. Dies mag mit ein Grund sein, warum man in Fragen der Umweltverträglichkeit "weiter" sei als in Fragen der Sozialverträglichkeit (Ministerialbeamter). Die Umwelt wird als "übergreifendes" Gebiet verortet – bei ihrer Gefährdung wird die Notwendigkeit eines Eingreifens staatlicherseits von niemandem angezweifelt (Ministerialbeamter). Diese Thematik scheint – so eine These (Ministerialbeamter) – auch nicht (mehr) parteipolitisch zuordenbar. Von verschiedenen Seiten wird indes gerade der Zusammenhang von Sozial- und Umweltverträglichkeit betont (Politiker-Reg., Politiker-Opp., Sozialpartner-AN). Es gehe in beiden Fällen darum, die technische Entwicklung nicht als einen eng begrenzten naturwissenschaftlichen Prozeß zu verstehen, sondern Technik in einem "Kontext" zu betrachten.

Die erwähnten Schwierigkeiten im Hinblick auf eine mögliche Operationalisierung von SoTech sind sicherlich ein wesentlicher Grund für bisweilen geäußerte Probleme mit der Begrifflichkeit. So wird der Begriff "SoTech" als zu relativ kritisiert: in ihn gingen eine Reihe von Unbekannten ein, denn die Zielvorstellungen der Gesellschaft würden sich laufend ändern (Politiker-Reg.). Auch in anderer Hinsicht wird der Begriff als zu variabel kritisiert: Unklar bleibe, ob es um eine Mindestanforderung ginge (bloße Berücksichtigung des Sozialfaktors) oder um eine Wertpräferenz sozialer Aspekte gegenüber technischen Aspekten (Ministerialbeamter). Auch unterstellen einige Experten, daß der Begriff tendenziell negativ besetzt sei: Er könnte mit "Egoismusverträglichkeit" assoziiert werden (Politiker-Reg.). Die vereinzelt geforderte "eindeutige Definierbarkeit" (Fondsvertr.) kann angesichts des weiter oben Ausgeführten (Relevanz des subjektiven Faktors) jedoch schwerlich eingelöst werden. Vielmehr gewinnt die These an Plausibilität, der Grundgedanke von SoTech sei ausdehnbar: Es gehe letztlich um die Bewahrung des Lebens (Politiker-Reg.) bzw. darum, den Menschen in den Mittelpunkt zu stellen (Politiker-Opp.) bzw. Humanisierung zu befördern (Wissenschaftler) – so und ähnlich lauten die vorgetragenen Fassungen des anthropozentrischen Motivs.

Befragte, die den Begriff "Sotech" positiv besetzt sehen, betonen das vorwärtsorientierte Moment, die Kombination von Verfahrens- und Ergebnisorientierung sowie die Bedeutung der Variabilität (Politiker-Reg., Politiker-Opp., Wissenschaftler, Fondsvertr.).

Zwischen SoTech und TA werden Überschneidungen ausgemacht im Bestreben soziale und technische Aspekte zu integrieren. Die beiden Ansätze würden aber nach anderen Richtungen ausufern: TA sei stärker technikbezogen, SoTech stärker sozialbezogen (Wissenschaftler).

Der abschließende Fragekomplex zur Eruierung des Verständnisses von SoTech steht mit dem bisher Diskutierten in enger Verbindung: er nimmt die unter-

schiedlichen konzeptionellen Akzentsetzungen beim Bemühen um mehr Sozialverträglichkeit auf internationaler Ebene zum Ausgangspunkt. Es sollte dementsprechend eine subjektive Gewichtung der folgenden Gesichtspunkte erstellt werden:
– Wissenschaftsanalytische Studien
– Diskursorientierung
– Gestaltungszentrierung
In Bezug auf wissenschaftsanalytische Studien zur Politikberatung wird allgemein auf die in Österreich bereits vorhandenen Ansätze verwiesen (siehe Kapitel 6.4) – hier könne immerhin auf Bestehendem aufgebaut werden (Wissenschaftler, Firmenvertr.).

Im Hinblick auf die Diskussionskultur über Technikfragen wird hingegen ein großer Nachholbedarf konstatiert. Gerade wegen der verstärkten internationalen Konkurrenz, die ein Umdenken erforderlich mache, bestehe die Notwendigkeit eines "nationalen Diskurses" – ist ein Argument (Ministerialbeamter). In diesem Sinne wird auch betont, daß Bewußtseinsschaffung für die Industrie in Österreich wichtig sei – ohne Gespür für das, was Sozialverträglichkeit sei, wäre sie ansonsten künftig nicht konkurrenzfähig. Dies gelte auch gerade in einem vergrößerten Wirtschaftsraum, in dem die Bevölkerung auf eine breite Auswahl an Waren zurückgreifen könne (Firmenvertr.). Ein anderes Argument lautet, daß SoTech ja schon vom Begriff her nahelege, daß man die Betroffenen befrage und mitreden lasse (Politiker-Opp.) und daß nur auf diese Weise eine tragfähige gesellschaftliche Basis für neue technologische Entwicklungen erzielt werden könnte. Im Zusammenhang mit der Erzeugung einer Gesprächskultur über technische Entwicklungen fallen die Stichworte Medieninformationen, Workshops, Konferenzen sowie Bürgerdialog (Sozialpartner-AG, Wissenschaftler). Ein wesentlicher Punkt zur öffentlichen Bewußtseinsschaffung wird auch im Setzen auf "Musterbeispiele" gesehen (Sozialpartner-AG). In exemplarischen SoTech-Verwirklichungen könnte die öffentliche Diskussion Anschauungsmaterial und Kristallisationspunkte finden – dies würde auch der Gefahr der Abstraktheit von Bürgerdiskursen vorbeugen (Politiker-Reg.). Allerdings wird darauf verwiesen, daß solche Diskurse nur "aufgegriffen" werden können, sie seien nicht per Beschluß "erzeugbar" (Politiker-Opp.).

Was den methodischen Aspekt Gestaltung anbelangt, so läßt sich größtenteils ähnliches feststellen wie zur SoTech- Dimension "Partizipation": Geringe faktische Bedeutung in Österreich, schwach entwickelte Voraussetzungen für Beteiligungen "vor Ort" (Ausnahme: Energiebereich) bzw. großer Nachholbedarf in dieser Hinsicht (siehe weiter oben in diesem Kapitel).

Zu Recht wird schließlich darauf verwiesen, daß es sich bei technischen Angelegenheiten um eine komplexe Materie handle und darum verschiedene sozialwissenschaftliche Zugänge vonnöten seien (Ministerialbeamter). Zum Teil hänge die angesagte Vorgehensweise auch ab von der Fragestellung, so sei z.B. im Bereich Gentechnologie der Diskurs besonders wichtig, da hier mit großen z.T. auf mangelnde Information beruhenden Ängsten in der Bevölkerung zu rechnen sei (Wissenschaftler). Oder es werden bestimmte Kombinationen für wichtig erachtet: man greift einen Diskurs in der Bevölkerung auf und stellt die Meinungsbildung durch Workshops auf eine breite Basis. Auf diese Weise wird eine Fragestellung erarbeitet, die dann in wissenschaftlich-analytischen Studien weiter untersucht werden kann (Politiker-Opp., Wissenschaftler). Auch eine kombinierte Vorgehensweise von Diskurs- und Gestaltungsprojekt wird für wirkungsvoll erachtet (Sozialpartner-AG).

Ein wirkliches Problem läge allerdings – wie schon weiter oben erwähnt – darin, daß für Öffentlichkeitsarbeit kein Budget und für Gestaltungsprojekte allenfalls in Randbereichen ein sehr geringes Budget vorgesehen ist (Wissenschaftler).

6.7. Handlungsbedarf

> "Mit Datenschutz in Österreich haben wir keine Probleme – denn es gibt keinen Datenschutz in Österreich."
> (Parlamentarier)
>
> "Was könnte in der Seele des Benutzers vorgehen? – darauf muß man Antworten suchen."
> (Firmenvertreter)

Der Begriff Sozialverträglichkeit wurde ursprünglich im Zusammenhang mit dem Atomkonflikt entwickelt und später dann auch auf andere Technologiefelder übertragen. Von diesem Entstehungshintergrund her stellt sich die Frage, welche Akzeptanz- und Folgeprobleme vom Einsatz der sogenannten "neuen Technologien" erwartet werden. Mit anderen Worten: ist durch den forcierten ökonomisch-technischen Strukturwandel in Österreich mit einem politischen Konfliktpotential zu rechnen? Die Antwortpalette reicht von der Einschätzung, es gäbe in dieser Hinsicht "kein Problem" (Sozialpartner-AG) bis hin zur Meinung, es bestehe diesbezüglich ein großes Konfliktpotential (Politiker-Opp.). Die weitaus überwiegende Zahl der Antworten läßt sich jedoch nicht auf die dichotome Ja-Nein-Skala festlegen, sondern legt den Hauptakzent auf die "Latenz" des Problempotentials und die Notwendigkeit einer nach Technologien und künftigen Entwicklungspfaden differenzierten Betrachtungsweise.

Ein Gefahrenpotential der technologischen Entwicklung wird in folgenden Aspekten erblickt: zunächst in dem – durch Automatisierung drohenden – Arbeitsplatzverlust (Firmenvertr.) sowie in der Veränderung der Struktur der Arbeit (Sozialpartner-AN) und der damit einhergehenden Schwächung der Gewerkschaften, sodann in der Undurchschaubarkeit und damit Unlenkbarkeit komplexer technologischer Zusammenhänge (Ministerialbeamter), der Frage des Datenschutzes und der Grundrechtssicherung (Sozialpartner-AG, Wissenschaftler) und schließlich im Verlust von Kulturtechniken und ethischen Orientierungen (Sozialpartner-AG, Politiker-Reg.).

Gegenüber den 80er Jahren lasse sich – so die Befragten – eine signifikante Veränderung der Problemstellung konstatieren: Damals kursierten in der Öffentlichkeit die Geschichten von der "gläsernen Welt" und der "menschenleeren Fabrik", das Interesse der Betroffenen, sich mit Themen wie Datenschutz oder Mitbestimmung bei neuen Technologien auseinanderzusetzen, war sehr groß – wie z.B. die rege Frequentierung von entsprechenden Seminaren bei der Gewerkschaft belegen (Sozialpartner-AN). Die projektierten Szenarien sind dann so nicht eingetreten, da die Breitenauswirkungen der technischen Entwicklungen sich langsamer und unmerklicher durchgesetzt haben. Jetzt sei eine paradoxe Situation zu verzeichnen: Nun da mittlerweile das eintrete, wovor einst gewarnt wurde, sei das Interesse an den technologischen Entwicklungen stark abgeflaut, d.h. objektive Notwendigkeit und subjektive Einschätzung driften auseinander. Überhaupt stellt der Zeitfaktor ein immenses Problem dar: um z.B. bei Informations- und Kommunikationstechnologien (IuK) eine "Gestaltung vor Ort" umzusetzen, müßten entsprechende "aktive" Leute ein monatelang anhaltendes Dauerengagement aufbringen – denn es handelt sich dabei nicht um eine einmalige Entscheidung, für die man sich einsetzt, sondern um einen gedehnten zeitintensiven Prozeß (Sozialpartner-AN).

Auch wenn, wie ein Interviewpartner festhält, keineswegs wünschenswert ist, daß alles zum offenen Konfliktfall wird (Wissenschaftler), so wäre es andererseits auch politisch prekär, wenn sich ein latentes Konfliktpotential anhäuft, das bei entsprechenden "Anlaßfällen" zum Tragen kommen könnte. Es wird darauf hingewiesen, daß die Hemmschwelle für den Ausbruch von Widerstandshandlungen auch kulturspezifisch bedingt sei und länderspezifisch differiere. So hat sich in Österreich der Energiebereich zu einem hochsensiblen Feld entwikkelt. Dagegen ist im Bereich des Datenschutzes bisher – etwa im Vergleich zur Bundesrepublik – in der Bevölkerung eine weitgehende Indifferenz zu verzeichnen (Wissenschaftler, Ministerialbeamter).

Von mehreren, der Arbeitnehmerschaft nahestehenden Seiten wird die Besorgnis zum Ausdruck gebracht, daß mit der Einführung von IuK-Technologien im Betrieb oft ein massiver Leistungsdruck einhergehe, der psychische und gesundheitliche Beeinträchtigungen zur Folge habe. Dieses "individualistische" Muster zur Bewältigung des betrieblichen Anpassungsdrucks wirke sich zwar auch auf die Arbeitsqualität aus – dieser Zusammenhang sei aber nicht so vordergründig (Sozialpartner-AN, Ministerialbeamter). Das Fehlen einer kollektiven Verarbeitungsweise der technologisch bedingten Veränderungen am Arbeitsplatz beinhalte längerfristig eben auch die Gefahr einer Spaltung der Gesellschaft in Modernisierungsgewinner und Modernisierungsverlierer – mit den dadurch erwartbaren gesellschaftlichen Instabilitäten (Sozialpartner-AN).

Eine Differenzierung des Konfliktpotentials nach unterschiedlichen Technologien wird häufig als wichtig erachtet (Sozialpartner-AG, Sozialpartner-AN, Wissenschaftler). So wird die Gentechnologie ähnlich der Atomenergie als potentiell hochsensibles Gebiet eingestuft – tatsächlich gab es im Zusammenhang mit dieser Thematik ja auch schon Widerstände von Seiten der Bevölkerung. Demgegenüber genießen die IuK-Technologien – so die Einschätzung – hohe Akzeptanz bei der Bevölkerung, vor allem bei der Jugend (Wissenschaftler). Auf der anderen Seite wird darauf hingewiesen, daß gerade die IuK-Technologien derzeit wohl die größte gesellschaftsstrukturelle Relevanz besitzen und auf Grund ihrer realen Bedeutung für den Arbeitsmarkt eigentlich brisanter seien (Fondsvertr., Ministerialbeamter). Der geringere Grad der Politisierung von IuK-Technologien im Vergleich zur Gentechnologie hängt wohl damit zusammen, daß letztere (zumindest scheinbar) einer binären Ja-Nein-Logik folgt, während es bei den IuK-Technologien auf die diffizile Frage der konkreten Implementation und Ausgestaltung ankommt. Daß aber, so nach Auskunft eines zuständigen Experten (Sozialpartner-AN), die Gewerkschaften mit drohendem Mitgliederschwund gerade in den Wirtschaftszweigen zu kämpfen haben, die sehr stark von IuK-Technologien zu tun haben, könnte auch als ein Indiz für eine gewisse Resignation gewertet werden – Resignation in Bezug auf die Hoffnung, eine kollektive Interessenvertretung nach bisherigem Muster wäre zielführend.

Bei einem "Ausblick" in kommende Entwicklungen wurde einerseits die pessimistische These vertreten, daß Österreich in den kommenden Jahren eine Rezession erwarte und damit verbunden die Akzeptanzschwelle gegenüber neuen Technologien rapide sinke: soweit, daß den Leuten jede Form von Technik recht wäre, die ihnen hilft, sich über Wasser zu halten (Ministerialbeamter).

Demgegenüber sehen andere Befragte Anzeichen für Veränderungen im gesellschaftlichen Raum, die auch Auswirkungen auf technologische Fragen nach sich ziehen: in weiten Bevölkerungskreisen finde eine Sensibilisierung statt gegenüber den herkömmlichen Formen der politischen Willensbildung (Stichwort: Verbändestaat) (Politiker-Reg.). Auch die Politik könne den gesellschaftlichen Integrationsbedarf künftig nicht ignorieren. Politische Willensbildungsprozesse müßten sich öffnen in Richtung Bürgerbeteiligung. Bezogen auf die Arbeitswelt seien sowohl ein Managementstil, der verstärkt auf Kooperation statt auf Hierarchie setzt (Wissenschaftler) als auch neue Formen der Interessenwahrung der Arbeitnehmer angesagt, z.B. wäre die Rolle der Betriebsräte künftig nicht mehr zu verstehen als repräsentative Vertretung der Arbeitnehmer, sondern als eine Art Moderatoren in partizipativen Prozessen (Sozialpartner-AN).

Nur selten wurde eine SoTech-Initiative nicht bzw. nur sehr eng begrenzt für wünschbar gehalten. Die Argumente für diese ablehnende bis reservierte Haltung lauteten folgendermaßen:

- andere Prioritäten bei begrenzter Ressourcenlage (Politiker-Reg., Sozialpartner-AG)
- die im Zusammenhang mit SoTech geäußerten möglichen Maßnahmen seien "ohnehin" alle vorhanden (Politiker-Reg., Sozialpartner-AG)
- niemand sei gezwungen eine neue Technik zu akzeptieren – jeder mündige Bürger könne selbst wählen bzw. verweigern (Sozialpartner-AG, Ministerialbeamter)
- SoTech sei eine Sicherungsmaßnahme zur Blockierung des Technologieentwicklungsprozesses (Sozialpartner-AN)
- bevor der Staat ein SoTech Programm entwerfe, solle er erst einmal seine eigenen Bezirke sozialverträglich machen (Sozialpartner-AN)
- partizipative Technikgestaltung übersehe, daß die technische Materie nicht für jeden nachvollziehbar sei (Sozialpartner-AG, Fondsvertr.)
- generelle Fragestellungen bei SoTech seien nicht weiterführend (Politiker-Reg.)
- Die Themenstellung sei nicht erkennbar bzw. erst wenn es Probleme gäbe, wäre es nötig zu handeln (Politiker-Reg., Sozialpartner-AG, Sozialpartner-AN)

Relativierend wurde eingewandt:

- ein SoTech Programm berge die Gefahr der Wissenschaftslastigkeit (Politiker-Reg.)
- SoTech-Aspekte seien in der Praxis nur sehr selten relevant (Fondsvertr.)
- es bestehe allenfalls ein Verbesserungsbedarf des Vorhandenen oder in Bezug auf einzelne Bereiche (z.B. Gentechnik) (Sozialpartner-AG)

Soweit die Sammlung aller Äußerungen, die – oft gemischt mit anderswertigen Einschätzungen – Skepsis in der einen oder anderen Form gegenüber SoTech erkennen ließen. Im Rahmen der 25 durchgeführten Interviews mit 32 Experten wandte sich jedoch nur der Vertreter der Präsidentenkonferenz der Landwirtschaftskammer Österreichs dezidiert gegen das Ansinnen einer politischen So-Tech-Initiative.

Die Frage nach bereits vorhandenen Ansätzen in Österreich, in denen versucht wurde, den Sozialfaktor in technologiepolitische Konzepte zu integrieren, förderte punktuelle Bemühungen – häufig gebunden an das Engagement einzelner aktiver Personen – zutage.

Von Seiten der zuständigen Gewerkschaftsvertreterin war anläßlich einer Tagung "Arbeitnehmerorientierte Technologieberatung" (1992 in Ottenstein) bereits der Versuch unternommen worden, solche "Bruchstücke" von arbeitnehmerorientierten Bemühungen zusammenzutragen. Verwiesen wird insbesondere auf die Technologieberatungsstelle der Arbeiterkammer in Oberösterreich (in eine ähnliche Richtung zielen Ansätze in Graz und Wien), der GPA-Automationsausschuß (Gewerkschaft der Privatangestellten-Automationsausschuß) sowie die als Verein organisierte Forschungs- und Beratungsstelle Arbeitswelt "FORBA" in Wien (Sozialpartner-AN) – diese drei Stellen sind die einzigen arbeitnehmerorientierten Technologieberatungsstellen in Österreich (im Sinne von projektbegleitender Beratung). Daneben gibt es noch das Ergonomiezentrum als Teil des Technologiezentrums Salzburg, das sehr stark auf einen bestimmten Fokus hin zentriert ist.

Im Hinblick auf den Qualifizierungsaspekt wird aufmerksam gemacht auf ein seit einigen Jahren existierendes Modulsystem, wo verschiedene Firmen, Volkshochschulen, Höhere Technische Lehranstalten und Universitäten Kursbestandteile anbieten zu 18 verschiedenen Fachgebieten zum Thema Automatisierungstechnik – hier bietet sich auch für Facharbeiter mit Lehrabschluß die Möglichkeit, in einen technischen Beruf einzusteigen (Sozialpartner-AN). Sodann ist ein Abkommen zwischen den Sozialpartnern über die sogenannte Bildschirmrichtlinie avisiert, es gibt eine Umweltverträglichkeitsprüfung (Politiker-Reg.), Bemühungen im Verfahrensrecht (Politiker-Opp.) sowie in Richtung Arbeitsplatzgestaltung (Fondsvertr.). Vor einigen Jahren gab es im Sozialministerium einen Arbeitskreis "Sozialinnovative Technologiepolitik" – dieser ist allerdings inzwischen nicht mehr existent (Fondsvertr.). Im Bundeskanzleramt wurde ein Informatikleitkonzept erarbeitet, das auch Fragen der Sozialverträglichkeit (Akzeptanz, Datenschutz) mitbehandelt.

Von Seiten der Österreichischen Industriellenvereinigung wurden sehr frühzeitig, bereits 1979, erste Versuche unternommen, am Beispiel der Mikroelektronik als neuer Basistechnologie mögliche Folgewirkungen auf die Arbeitswelt zu untersuchen. Unter Einbezug von internationalen Studien wurde ein Beobachtungsinstrumentarium geschaffen, mit Hilfe dessen im Abstand von 3 Jahren in der österreichischen Industrie Untersuchungen durchgeführt werden, die versuchen, Vorgänge im Zusammenhang mit Technikapplikation in der Arbeitswelt zu erfassen und daraus Schlußfolgerungen für zukünftige industrielle Entwicklungen und für kommende Verbandsaufgaben abzuleiten. Die Untersuchung hat nach Auskunft des VÖI-Vertreters auch bereits internationale Anerkennung gefunden (so hat sich die OECD und die Internationale Arbeitsorganisation in Genf (ILO) der Studie bedient) – allerdings wird eingeräumt, daß die Fragebögen über technologiebegleitende Maßnahmen bisher nur von Unternehmensleitungen ausgefüllt wurden.

Beim Forschungsförderungsfonds für die gewerbliche Wirtschaft (FFF) gibt es zwar in den Bewertungskriterien auch den Aspekt der Umwelt- und Sozialverträglichkeit – er spielt allerdings selbst nach Einschätzung der zuständigen Personen in der Praxis keine Rolle: er ist lediglich ein "möglicher" Beurteilungsaspekt und hat somit allenfalls die Rolle eines "K.O.-Kriteriums". d.h., wo dieser Aspekt grob verletzt wird, scheidet das Projekt von vornherein aus (dies sei aber wohl in der Praxis noch nie vorgekommen, so die Experten) (Fondsvertr.).

Außerdem gibt es eine interessante Initiative des Innovations- und Technologiefonds (ITF): der ITF hat das WIFO beauftragt mit dem Aufbau eines umfassenden Technologie-Informations- und Politikberatungssystems (TIP), das über mehrere Jahre einerseits die Politikstellen beraten, andererseits aber auch ein soziales Netzwerk schaffen soll, in dem systematisch Anlaufstellen für Gespräche über technologiepolitische Fragen abrufbar sind. Es sollen dann auch in regelmäßigen Abständen Diskussionen und Informationsaustausch stattfinden (Ministerialbeamter).

Am häufigsten genannt wurde in diesem Fragekontext das Flex-CIM-Konzept für Klein- und Mittelbetriebe (Sozialpartner-AG, Sozialpartner-AN, Wissenschaftler, Firmenvertr., Fondsvertr., Ministerialbeamter). Dieses gleichfalls beim ITF angesiedelte Konzept für Flexible computerintegrierte Produktion befindet sich noch in der Pilotphase. Es geht dabei um die Nutzung der Automation, die früher als starre Automation nur großen Losgrößen zugute kam, nun aber auch für kleinere Betriebe nutzbar gemacht werden soll (Kleinserienvariantenfertigung). Im Mittelpunkt des Programms stehen arbeitsorganisatorische Veränderungen, d.h. erstrebt wird nicht nur Hardwareförderung, sondern auch die Förderung von Umsetzungsprozessen. Dieses Programm stellt insofern eine Innovation dar, als hier zum ersten Mal auch die Konzeptphase gefördert wird. Außerdem ist die Beratung Bestandteil der Förderung, die Begutachter haben auch die Kompetenz mit den Betriebräten zu sprechen. Der Schulung des betriebsinternen Personals sowie dessen Einbezug bei der Flex-CIM-Konzipierung und -Umsetzung wird besonderer Wert zugemessen. Somit findet sich hier ein Mikrobereich, in dem auch partizipative Aspekte Eingang finden. Allerdings – so wird relativierend eingewandt (Wissenschaftler) – ergibt sich dies im genannten Zusammenhang aus der "Natur der Sache selbst", d.h. die Einführung von Flex-CIM in Unternehmen ohne Mitarbeiterschulung wäre offensichtlich zum Scheitern verurteilt. Jedenfalls läßt sich festhalten, daß sich auch in der proklamierten Zielsetzung des Programms eine "Doppelung" findet: es geht demnach sowohl um die Steigerung der Wettbewerbsfähigkeit von Unternehmen als auch um die Verbesserungen der Arbeitsbedingungen, d.h. in der Zielsetzung sollen ökonomische und soziale Aspekte integriert werden. Das Programm stößt nach Expertenmeinung bei den Unternehmen auf große Resonanz (zum Zeitpunkt der Befragung lagen bereits 60 Anträge vor) (Fondsvertr.).

Die Frage nach Notwendigkeit und Wünschbarkeit der Förderung von SoTech-Aspekten in Österreich wurde von der Mehrheit der Befragten bejaht. Es bestehe in Österreich ein großer Bedarf an Bewußtseinsentwicklung in dieser Richtung (Politiker-Opp., Sozialpartner-AG, Sozialpartner-AN, Firmenvertr., Fondsvertr., Ministerialbeamter). Speziell im Hinblick auf den Unternehmensbereich wird angenommen, daß fortschrittliche Organisationsformen nicht sehr verbreitet sind (Ministerialbeamter). Betont wird von den Befürwortern auch die Notwendigkeit eines antizipativen Vorgehens. Wenn die Probleme erst da seien, sei es für grundlegende Änderungen meist zu spät und nur noch "Nachbesserung" wäre möglich. Dies läßt sich auch am Beispiel der Einführung von Scannerkassen in Österreich und ihren belastenden Auswirkungen auf die betroffenen Arbeitnehmer veranschaulichen – hier sei die Entwicklung am Arbeitnehmerschutz vorbeigelaufen (Ministerialbeamter).

Das Vorbeugen einer drohenden Gesellschaftsspaltung in Modernisierungsgewinner und -verlierer und die Notwendigkeit, möglichst optimale Rahmenbedingungen im verschärften internationalen Wettbewerb zu schaffen, gelten als zentrale Gründe für den Bedarf an SoTech (Politiker-Reg., Firmenvertr.). Einerseits wird der aktuell fehlende gesellschaftliche Druck (Ministerialbeamter) als bremsend auf die Reaktionswilligkeit der Politik eingestuft ("Für einen Politiker ist ein Problem nur dann relevant, wenn es ein Problem der Wähler ist") (Wissenschaftler), andererseits wird beim Bedarf nach einer "darüberstehenden" Instanz, die Gemeinwohlaspekte berücksichtigt, doch wiederum der Staat für unverzichtbar erachtet (z. B. Ministerialbeamter). Der Steuerungsbedarf staatlicherseits bezieht sich auf folgende Gesichtspunkte:

- Programmerstellung: der Staat solle ein breites mittel- bis langfristiges Programm erstellen, das auch den Sozialfaktor integriert und ein differenziertes gezieltes Vorgehen ermöglicht (Sozialpartner-AN, Ministerialbeamter). Dieses Programm müßte finanziell abgesichert und mit effektiven Instrumenten ausgestattet sein (Sozialpartner-AN).
- Infrastrukturaufbau: der Staat könnte Hilfestellung leisten bei der Vernetzung bereits vorhandener SoTech Ansätze und den Ausbau von (auch ar-

beitnehmerorientierten) Technologieberatungsstellen fördern (Sozialpartner-AN).

- Diskurskultur: Der Staat sollte Ressourcen bereitstellen für technische Weiterbildung (Sozialpartner-AN) und Öffentlichkeitsarbeit bei bürgernahen Themen wie Gentechnik, Datenschutz, anwenderfreundliche Softwaregestaltung (Politiker-Opp., Wissenschaftler, Firmenvertr.). Auf diese Weise wäre es auch möglich einen neuen Technikbegriff zu lancieren, der von der prinzipiellen Machbarkeit der Technik ausgeht (Wissenschaftler).
- Der Staat könnte an seiner eigenen Verwaltung die Einführung von EDV mit geeigneten Begleitmaßnahmen durchführen und so deren Effektivität steigern (Sozialpartner-AG, Ministerialbeamter) . Er würde damit zugleich einen Modellbezirk für SoTech errichten.

Die Haltung gegenüber internationalen Modellen ist bei den Interviewpartnern etwas ambivalent. Zwar wird in den Interviews sehr häufig von der Wichtigkeit angesprochen, sich an Vorbildern im Ausland zu orientieren (Politiker-Reg., Politiker-Opp., Sozialpartner-AG, Wissenschaftler, Ministerialbeamter), andererseits wird bei konkreten Fragen häufig die mentale "Spezifik" der Österreicher betont: man könne nicht Modelle von woanders daraufhin abchecken, was für Österreich übertragbar sei (z.B. Ministerialbeamter).

Als gewissermaßen unumstrittene Autorität erscheint jedoch die "internationale Entwicklung" – insbesondere die OECD-Trends und die EG/EU-Entwicklung wird von zahlreichen Experten als richtungweisend eingestuft. Mit Blick auf die EG/EU gibt ein Wirtschaftsrepräsentant bezüglich der Frage von SoTech in Österreich das Statement ab: "Das wird kommen müssen" (Firmenvertr.).

6.8. EU-Relevanz

"Es wäre wahrscheinlich gerade vor so einem Schritt wie dem EG-Beitritt Österreichs, wo Handelsschranken abgebaut werden, wichtig, sich Instrumente zu überlegen, die die Qualifikation absichern."
(Sozialpartner)

"Da gibt es die Auffassung: wir können uns doch nicht der internationalen Entwicklung unterwerfen. Wir sind Österreich, wir haben unsere politischen Standpunkte zu vertreten."
(Parlamentarier)

Bei der Frage nach der Relevanz des beabsichtigten EG/EU-Beitritts Österreichs für eine sozial-integrierte Technologiepolitik ging die Mehrzahl der Experten von einem positiven Zusammenhang aus: die neue internationale Arbeitsteilung verursache einen erhöhten Anpassungsdruck und sei nur mit Begleitmaßnahmen positiv zu bewältigen – dies gelte sowohl für die Arbeitnehmer- als auch für die Arbeitgeberseite. Internationalisierung müsse mit Sozialverträglichkeit einhergehen. Insbesondere im Hinblick auf benutzerfreundliche Technik seien im Interesse der Industrie Bemühungen erforderlich, da nach dem Wegfall der Zollschranken eine größere Produktauswahl bestehe (Firmenvertr.).

Es gibt daneben auch die These, die Europäische Integration übe eine Verstärkerfunktion aus auf technologische Prozesse, die ohnehin stattfinden (Politiker-Reg., Ministerialbeamter).

Einige Befragte äußerten sich besorgt über die Gefahr eines ökologischen und sozialen Dumpings nicht nur durch die Globalisierungsprozesse der Wirtschaft allgemein, als vielmehr auch insbesondere durch den Wegfall des Eisernen Vorhangs (so z.B. Ministerialbeamter). Ostöffnung und Migration würden die Produktionskosten verzerren. Hierdurch könne leicht die Einstellung entstehen, daß man sich kontextuelle Überlegungen im Rahmen von Technologiepolitik nicht leisten könne – langfristig stelle sich das Problem natürlich anders und es sei so gesehen sinnvoll, sich an der High-Tech-Schiene zu orientieren.

Durch die EG/EU wird nach Expertenmeinung künftig in weiten Bereichen der Rahmen für die Integration des sozialen Faktors in die Technologiepolitik vorgegeben (Politiker-Reg., Politiker-Opp., Sozialpartner-AG) – damit einhergehen werde auch eine Umgestaltung des Förderwesens (Politiker-Reg.). Die Umsetzung der EG/EU-Richtlinien in Bezug auf Arbeitsschutz sei bereits angelaufen (Ministerialbeamter). Die EG/EU gehe von einem sehr breiten Verständnis von Gefahrenverhütung aus, das nicht nur technische, sondern auch soziale Aspekte umfaßt, wie z.B. Mitbestimmung bei Einführung neuer Technologien, Anhörungsrechte für die Arbeitnehmer, Arbeitgeberverpflichtung zur Information über und Berücksichtigung von neueste(n) wissenschaftliche(n) Erkenntnissen. Das EG/EU-Verständnis von Arbeitnehmerschutz ist sehr viel weiter gefaßt als das bisher in Österreich vorhandene – wenn auch relativierend eingewandt wird, daß die neuen Regelungen nur wieder auf der Anwender- und nicht auf der In-Verkehr-Bringer-Seite ansetzen (Ministerialbeamter). Verwiesen wird auch auf die EG- Programme TEP (Technology/Economy Programme) und COMETT· (Community Action Programme in Education and Training for Technology) – hier spielt die Gestaltung eine zunehmend zentrale Rolle bzw. es geht um Fragen der Organisationsentwicklung in Betrieben (Ministerialbeamter).

Die Hinorientierung zu EG/EU-Programmen zeitige bereits heute positive Auswirkungen (Firmenvertr., Ministerialbeamter). Wichtig sei es zu erkennen, daß sich Österreich in einem breiten internationalen Geflecht befinde und seine Konkurrenzfähigkeit auch abhängig sei vom internationalen Gleichklang der Regelungen (z.B. im Hinblick auf Patente und Kennzeichnungspflichten) (Politiker-Reg.). Um an den EG/EU-Programmen voll partizipieren zu können, sei es unabdingbar, dafür die nötigen Voraussetzungen in Form von ausreichender Qualifizierung zu schaffen und sich im eigenen Land aktiv an der Umsetzung von internationalen technologiepolitischen Trends zu beteiligen (Wissenschaftler).

6.9. Rahmenbedingung "Sozialpartnerschaft"

> "Ich meine, unsere Netzwerke sind unser Korporatismus, da sitzen dieselben Leute in allen Gremien."
> (Wissenschaftler)

> "Wenn Sie die Terminkalender der Leute anschauen, die Sie interviewt haben, dann werden Sie sehen, daß ich einen Großteil der Leute mindestens drei bis viermal in der Woche bei irgendwelchen Gremien treffe."
> (Ministerialbeamter)

Die Implementation eines SoTech-Programms hängt stets auch wesentlich von der politisch-institutionellen Kultur eines Landes ab. Es gilt als österreichisches Spezifikum, daß die Wirtschaftspolitik sehr stark von Verbänden strukturiert wird (Ministerialbeamter). Die enge formelle und informelle Zusammenarbeit von arbeitnehmer- und arbeitgeberorientierten Verbänden stellt neben dem Parlamentarismus die zweite Säule des politischen Systems in Österreich dar. Diese Form des Neokorporatismus, die – so ein Ministerialbeamter – in Österreich das Zusammenleben "bis fast zur letzten Lebensäußerung regelt" (Ministerialbeamter), muß bei der Frage nach den Chancen für SoTech mitbedacht werden. Die Sozialpartner – so die Außeneinschätzung (Ministerialbeamter) – haben Ende der 80er Jahre die Technologiepolitik als eigenständiges Politikfeld wesentlich konzipiert. Grundsätzlich gilt als Ziel der Sozialpartnerschaft die Verhinderung der Bildung von gesellschaftlichen Frontstellungen, d.h. der Grundgedanke ist die Idee des sozialen Ausgleichs (Politiker-Opp., Sozialpartner-AG, Sozialpartner-AN).

Die Haltung der Befragten bezüglich der Sozialpartnerschaft kann als ambivalent zusammengefaßt werden. Ein Statement lautet dementsprechend, die Sozialpartnerschaft könne je nach Standort mit "Netzwerk" oder mit "Filz" übersetzt werden (Wissenschaftler). Die positiven Züge der Sozialpartnerschaft sieht man insbesondere in der gesellschaftlichen Dialogbasis, die durch die oft informelle Netzwerkstruktur mittels Personenidentität in Gremien gegeben ist (Wissenschaftler, Firmenvertr.). Weniger vorbehaltlose Zustimmung als vielmehr die Einsichten, "man komme um die Sozialpartnerschaft nicht herum" (Wissenschaftler) und "die Grundidee des sozialen Ausgleichs sei positiv zu bewerten", kennzeichnen die "mainstream"-Haltung gegenüber dieser Institution (Politiker-Opp., Sozialpartner-AN, Wissenschaftler).

Die Palette von Kritikpunkten an den Sozialpartnern ist auch für die Frage der Chancen von SoTech in Österreich nicht ohne Belang, da die Sozialpartner in fast allen technologiepolitisch relevanten Gremien vertreten sind. Die Sozialpartnerschaft wird als verkrustete, wenig innovationsfreudige und schwerfällige Institution kritisiert (Politiker-Opp., Sozialpartner-AN, Fondsvertr.), die auf die ökonomische Logik fixiert sei (Sozialpartner-AN). Auch wenn die Grundidee positiv sei, so sei die Praxis der Interessenvertretung doch völlig überzogen (Politiker-Reg.,Politiker-Opp.): Wenige etablierte Gruppen kanalisieren alle Interessen nach der Arbeitgeber-Arbeitnehmerlogik. Wer in diesem korporatistischen Modell nicht enthalten ist, dessen Anliegen falle unter den Tisch. Das "Gestrüpp von Kompetenzen" auf Seiten der Sozialpartnerschaft (Sozialpartner-AN, Fondsvertr.) begünstige die Durchsetzung von schlagkräftigen Partikularinteressen (Wissenschaftler) und stehe außerdem im Widerspruch zur Ministerverantwortlichkeit (Politiker-Opp., Ministerialbeamter). Der Weg zur partizipativen Mitbestimmung sei durch das korporatistische Politikmodell weitgehend verbaut (Wissenschaftler).

Nach all dem Ausgeführten wundert es wenig, daß die Sozialpartnerschaft überwiegend als Hemmschuh im Hinblick auf SoTech eingestuft wird.

Hätte von dieser Seite aus in der Vergangenheit ein ernsthaftes Interesse an SoTech bestanden – so die Einschätzung –, gäbe es auch ein entsprechendes Programm (so z.B. Ministerialbeamter). Der Kern sozialpartnerschaftlicher Aushandlungsprozesse ist die Lohn- und Tarifpolitik. Von diesem Fokus ausgehend bestand zumindest bisher ein nur mäßiges Interesse an Technologiefolgenabschätzung, noch weniger an Technologiebewertung und das geringste wirkliche Interesse an SoTech: SoTech war in einer kurzfristigen Lohn-Preis-Politik nie "aktuell an Kosten" (Politiker-Reg., Ministerialbeamter). Verwiesen wird auch auf die erste Technologieförderaktion, in der die Sozialpartner – mit wechselnden Argumenten – die Integration von sozialen Aspekten torpediert hätten (Ministerialbeamter). Soweit die Expertenmeinung über die reservierte Haltung der Sozialpartner zu dem voraussetzungsvollen Anliegen SoTech.

Auf der anderen Seite muß eingeräumt werden, daß durch das konsensuelle Klima auch nie ein totales Defizit in der Berücksichtigung der Belange der Arbeitnehmervertretung bestanden hat: Konkrete ernsthafte Anliegen der Gewerkschaft zur Sozialverträglichkeit werden als überwiegend erfolgreich in der Durchsetzung beurteilt (Ministerialbeamter).

In demokratietheoretischer Hinsicht müsse von unterschiedlichen, ja gegenläufigen Aushandlungsprozessen ausgegangen werden. Während der korporatistische Politikstil eine Form der indirekten Demokratie verkörpert, bedeutet SoTech die Inkorporation von Elementen der direkten Demokratie. Dies würde aber – so ein Wissenschaftler – den eingespielten Mechanismus des Interessenausgleichs zwischen den etablierten Gruppen empfindlich stören (Wissenschaftler). So gesehen scheint das bisher eher geringe Interesse der Sozialpartnerschaft an SoTech auch von der strukturellen Logik her erklärbar.

Bis hierher stellt sich das Thema Sozialpartnerschaft und Sozialverträgliche Technikgestaltung eher eindeutig dar als wenig interessanter Ansatzpunkt für weitere Forschung. Diese Einschätzung könnte sich indes stark relativieren vor dem Hintergrund der vielfach konstatierten "Krise" der Sozialpartnerschaft (Politiker-Reg., Politiker-Opp., Sozialpartner-AN, Fondsvertr.). Die These von der sinkenden Bedeutung der Sozialpartnerschaft ist nicht neu, gewinnt aber zusehends an Plausibilität. Gründe hierfür gibt es mehrere: Eine Institution, die nach dem "bargaining"-Prinzip funktioniert, wird obsolet in dem Moment, wo es weniger zu verteilen gibt (Ministerialbeamter). Auch die zunehmende Pluralisierung der Interessenstruktur der Bevölkerung läuft dem Prinzip einer dichotomen Kanalisierung aller Interessen in arbeitnehmer- bzw. arbeitgeberorientierte Anliegen zuwider (Politiker-Reg.). Nicht zuletzt wird darauf verwiesen, daß die alteingesessenen Akteure im Zusammenhang mit den internationalen Forschungs- und Technologieprogrammen an Handlungsgrenzen stoßen. Auch von Kritikern der konventionellen klassischen Interessenpolitik, die in Österreich besonders stark entwickelt ist, wird das Zerbrechen von großen Teilen der Sozialpartnerschaft mit einer gewissen Sorge betrachtet – insofern als in einer solchen Umbruchssituation auch der Boden für radikale Strömungen günstig scheint (Politiker-Opp.). Dabei bestehe gerade in einer Situation, in der die Sozialpartnerschaft auch medienpolitisch ins Abseits geraten sei, erst eine wirkliche Chance zur Veränderung ihrer verharschten Strukturen und der Definierung einer neuen Aufgabenstellung (Wissenschaftler, Fondsvertr., Ministerialbeamter): Denn um sich zu profilieren, müßte die Sozialpartnerschaft neue gesellschaftliche Problemfelder aufgreifen. Es wird auch schon eine Tendenz der Sozialpartnerschaft registriert, neue Gesellschaftsbilder zu integrieren und ihr spezifisches Gewicht mittels einer selektiven Strategie zu erhöhen (Ministerialbeamter). Angesichts der Bedeutung von Technologiepolitik für die wirtschaftliche Entwicklung eines Landes kann dieses zukunftsträchtige Politikfeld sicherlich mit einer hohen Aufmerksamkeit der Sozialpartnerschaft rechnen. Inwieweit sie in der Lage ist, die sich abzeichnenden Grenzen der konventionellen Interessenvertretung zu überschreiten und die aufkommende Forderung nach Etablierung neuer technologiepolitischer Instrumente aufzugreifen, wird auch über ihren künftigen Status mitentscheiden (Politiker-Reg., Firmenvertr.). Die Statements der befragten Sozialpartnerschafts-Experten zu ihrer Einstellung gegenüber SoTech klangen zur Hälfte sehr aufgeschlossen, zwei Interviewpartner äußerten sich gemäßigt interessiert und nur ein Vertreter war dezidiert gegen eine SoTech-Initiative. Interessanterweise läßt sich hier – zumindest kann dies in Bezug auf die sechs maßgeblichen Interviews festgestellt werden – keine eindeutige ideologische Zuordnung nach Links-Rechts Lagern treffen (- diese Beobachtung gilt im Übrigen für die gesamten Experteninterviews!).

Die von politischer bzw. wissenschaftlicher Seite eingebrachte Perspektive für technologiepolitische Aushandlungsprozesse lautet: Erweiterung des Akteurskreises (Politiker-Reg., Politiker-Opp.). Die Rede ist von einer bemerkbaren Sensibilisierung der Bevölkerung (Stichwort: Bürgerinitiativen) (Politiker-Reg.). Es müsse so etwas geben wie einen erweiterten "Runden Tisch", der neben Experten auch Betroffene einbeziehe. An dieser Stelle wird auch verwiesen auf die Forderung der Gen-Enquete-Kommission nach Repräsentanz von "Non-Governmental Organizations" (NGOs) bei politischen Willensbildungsprozessen bezüglich technologischer Fragen (Politiker-Reg.). Auch Vertreter der Sozialpartnerschaft selbst verweisen auf die Notwendigkeit der Entwicklung neuer partizipativer Formen der Interessenwahrnehmung in den eigenen Reihen. Klar scheint aber auch, daß um eine vernünftige Steuerung zu gewährleisten, nicht nur diskursiv-gestalterische Aspekte vonnöten sind – gefragt ist vielmehr eine Konzeption von SoTech, die partizipative und repräsentative Elemente kombiniert. Die Sozialpartnerschaft könne – so ein Parlamentarier – auch weiterhin eine wichtige Rolle spielen, wenn sie zu der Einsicht gelange, daß sie nicht die Alleinzuständigkeit zur Etablierung von gesellschaftlichen Konsensfindungsmechanismen besitze (Politiker-Reg.).

6.10. Zur Durchsetzbarkeit eines SoTech-Programms

> "Programme sind leichter zu machen als zu realisieren."
> (Minister)

> "Für Politiker werden Probleme erst relevant, wenn es Probleme der Wähler sind."
> (Wissenschaftler)

> "Man soll die Menschen für nicht so dumm halten, daß sie von den Sozialwissenschaftlern lernen müssen."
> (Ministerialbeamter)

Bei grundsätzlichen Überlegungen, eine SoTech Initiative zu implementieren, müssen auch erwartbare Hindernisse und Schwierigkeiten mit bedacht werden:

- Als größte Anlaufhürde für ein SoTech Programm gilt die Bereitstellung finanzieller Ressourcen – dieser Problempunkt wird mit Abstand am häufigsten aufgeführt (Politiker-Opp., Sozialpartner-AG, Sozialpartner-AN, Fondsvertr.). Die Zielpriorität der Bundesregierung lautet Budgetkonsolidierung – dies sei keine sehr günstige Rahmenbedingung. Angesichts aktuell dringlicher ökonomischer Probleme und einer drohenden Rezession sei weiterhin zu befürchten, daß ein Vorhaben, das einen langen Atem erfordert, in der Prioritätenskala hintenangestellt wird (Sozialpartner-AN, Fondsvertr., Ministerialbeamter). Auch müsse man bedenken, daß Förderungen umkämpft sind und ein neues Programm auf Kosten bisheriger Förderungen ginge (Sozialpartner-AN, Ministerialbeamter).
  Von anderer Seite wird der finanzielle Aspekt zwar auch als "Knackpunkt" betrachtet – jedoch mit einer anderen Nuancierung vorgetragen: nicht die Möglichkeit der Bereitstellung von Geldern für ein SoTech-Programm wäre das primäre Problem, sondern entscheidend sei die Ernsthaftigkeit des politischen Willens (Sozialpartner-AN, Wissenschaftler, Ministerialbeamter). Die Finanzmittel im Wissenschaftsbereich seien am Expandieren und es bleibe eine politische Entscheidung, wohin Gelder fließen bzw. wo gestrichen wird (Wissenschaftler).
- Eine weitere Hürde liegt darin, daß es sich bei Problemen wie Sozial- und Umweltverträglichkeit um langwierige Lernprozesse in gesellschaftspolitischer Hinsicht handelt (Politiker-Reg.). Es gäbe nur wenige Akteure, die für eine solche Herausforderung bereit stünden. Die Politiker haben einen kurzen Planungshorizont, der sich an bevorstehenden Wahlen orientiert (Wis-

senschaftler) – SoTech sei im Bewußtsein der meisten Politiker nicht präsent, bzw. verfüge über keine ausreichende Lobby (Sozialpartner-AN, Wissenschaftler, Firmenvertr.). Aber auch die Betroffenen zeigten oft nur wenig Interesse, wenn Ausdauer bei der Mitgestaltung von Technik erforderlich sei (Wissenschaftler). Hinzu käme die eher beharrende Mentalität der Österreicher, die Neuem gegenüber nicht gerade aufgeschlossen sei. Gegen jede Art von Reformvorschlägen werden demnach drei Haupteinwände ins Feld geführt: Erstens: "wozu brauchen wir das?" Zweitens: "das haben wir immer eh schon so gemacht". Drittens: "dafür haben wir kein Geld" (Fondsvertr.). Erschwerend für die hier zu leistende Bewußtseinsarbeit käme hinzu, daß der Begriff SoTech in bestimmten Kreisen Abwehrmechanismen auslöse (Negativimage) (Sozialpartner-AG, Ministerialbeamter). In Österreich leide man zudem auf Seiten der Arbeitnehmervertreter unter einem Zwentendorf- bzw. Hainburg-Syndrom (Ministerialbeamter). Auch die abwertende Haltung gegenüber den Sozialwissenschaften in Österreich passe hier ins Bild (Politiker-Reg., Ministerialbeamter).

– Die Bemühungen um Bewußtseinsentwicklung sind eine Angelegenheit – die andere Frage lautet (Politiker-Opp.): Was ist kompromißfähig auf politischer Ebene? Von manchen wird die mangelnde Handlungsbereitschaft der entscheidenden Politiker auch nicht primär auf ein Bewußtseinsdefizit zurückgeführt, sondern auf die Schwierigkeiten einer Konsensbildung in der Regierung (Ministerialbeamter). Daß es keine reale Regierungspartnerschaft zwischen SPÖ und ÖVP gäbe, mache Initiativen so schwierig, weil die jeweils andere Seite versuche, diese Ansätze abzublocken. Die Versuche, Umweltverträglichkeitskriterien im staatlichen Förderungsbereich durchzusetzen, gelten als beispielhafte Erfahrung, welche diese These belegen (Politiker-Reg.). Hinzu kommen Spaltungen und Interessenkollisionen innerhalb der Lager, welche die Handlungsfähigkeit der Akteure blockieren. So betreut z.B. die Arbeiterkammer auch die Konsumenteninteressen mit, welche im Fall von SoTech leicht in Kollision mit den Arbeitnehmerinteressen geraten können. Oder die ÖVP hat sowohl das Wirtschafts- als auch das Umweltministerium besetzt – auch hier können Spannungen innerhalb eines Blocks auftreten. Schließlich ist an dieser Stelle auch noch das Föderalismusproblem mitzubedenken, d.h. die strukturellen Gegensätze zwischen den Bundesländern und Wien (Politiker-Reg.).
Die aus den genannten Gründen stets drohende Blockierung der staatlichen Handlungsfähigkeit begünstigt einen strukturellen Konservatismus, der Umgestaltungsvorhaben erschwert.

– Dem in der politischen Kultur Österreichs entwickelten Demokratieverständnis ist der Gedanke der "Partizipation" wenig vertraut. Er ist im konventionellen Instrumentarium der Wirtschaftspolitik nicht vorgesehen. In der österreichischen Arbeitswelt seien die Strukturen noch stark hierarchisch (Ministerialbeamter), aber auch die Betriebsräte zeigten nur gemäßigte Bereitschaft, sich in Richtung SoTech zu engagieren (Sozialpartner-AN). Sie seien es gewohnt, in repräsentativer Funktion Entscheidungen zu treffen. Über lange Zeiträume eine moderierende Funktion auszuüben – wie dies für SoTech erforderlich wäre – würde eine neue Einstellung zur Arbeitnehmervertretung erfordern. Überdies stellt die starke Stellung der Verbände in Österreich im Hinblick auf wirtschaftspolitische Entscheidungen eine gewisse Schwierigkeit für die Verankerung des Gedankens einer "Mitgestaltung" der Betroffenen bei technischen Entwicklungen dar (siehe hierzu das Kapitel 6.9).

– Schwierigkeiten erblickt werden auch in bestimmten Aspekten der Umsetzung. So fehlen für eine interdisziplinär orientierte Technologieberatung die entsprechenden Fachleute (Sozialpartner-AN, Ministerialbeamter). Hinzu kommt, daß die organisatorischen Probleme auf Grund der Komplexität der Materie als nicht unerheblich betrachtet werden (Ministerialbeamter). Der Standard-Einwand, SoTech sei schwer operationalisierbar (Wissenschaftler), wird indes so nicht allseits akzeptiert. Dieses Argument erwecke den Verdacht, lediglich ein Vorwand zu sein: Denn zum einen gäbe es "Modellwissen" aus anderen Ländern, auf das zurückgegriffen werden könne, zum anderen würden auch im Hinblick auf die Forschungsqualität von Projekten Projektbeschreibungsbestandteile abverlangt, die einer Evaluierung zugänglich gemacht werden können (Politiker-Reg.). Auch für SoTech ließe sich eine entsprechende Vorgangsweise realisieren.

– Kein wesentlicher Widerstand wird dagegen nach allgemeiner Einschätzung von Seiten der Wirtschaft und ihrer Vertreter erwartet. Die grundsätzliche Idee verursache keine großen ideologischen Probleme (Politiker-Opp., Sozialpartner-AN, Fondsvertr.). Es habe sich die knallhart kalkulierende Einsicht durchgesetzt, daß Friktionen und Fluktuationen für die Produktion nicht gut seien. In einzelnen Betrieben seien auch die entsprechenden Konsequenzen gezogen worden (Sozialpartner-AN, Firmenvertr.). Die Kooperationsbereitschaft der Firmen in Bezug auf staatlich initiierte SoTech-Projekte wird als sehr unterschiedlich eingeschätzt (Sozialpartner-AN, Wissenschaftler, Firmenvertr., Fondsvertr.). Dies hänge zunächst von der Technikrelevanz in einem Betrieb ab, jedoch werden auch Befürchtungen auf Unternehmerseite vermutet: Gefürchtet werde von dieser Seite staatliche Einmischung in Form von kostenwirksamen Auflagen ("dann fällt die Klappe zu") (Wissenschaftler). Aber auch ein tief verwurzeltes Mißtrauen gegenüber den Sozialwissenschaften könnte zu der vermuteten Reserviertheit der

Firmen gegenüber extern eingeleiteten SoTech-Initiativen beitragen. Um die Firmen zu einer Kooperation mit Wissenschaft und Politik zu motivieren, seien andere Strategien als Verbote und Normierungen angebracht (Wissenschaftler, Firmenvertr., Fondsvertr.). Vor allem Informationsarbeit sei hier wesentlich (Sozialpartner-AG, Sozialpartner-AN, Wissenschaftler).

— Eine Gefahr wird auch darin erkannt, daß ein "Programm für die Schublade" (Sozialpartner-AN) gemacht wird, um damit berechtigte Forderungen vordergründig zu befriedigen. Damit ein Programm nicht bloß "Sonntagsreden-Charakter" besitze, müßten bestimmte Voraussetzungen erfüllt sein: Neben der Bereitstellung von Ressourcen und der politischen Unterstützung müßte eine SoTech-Initiative, um nicht zu scheitern, auch ausgestattet sein mit einer klaren Programmausrichtung, mit effektiven Instrumenten und einer eindeutigen Kompetenzzuordnung (Politiker-Opp., Sozialpartner-AG, Sozialpartner-AN).

Die Hoffnung eines verstärkten Drucks auf Politiker durch das Aufgreifen technologierelevanter Themen in den Massenmedien stellt eine Perspektive dar (Wissenschaftler). Die andere, stärker besetzte, besteht in der These, es sei in jüngster Zeit, d.h. seit Ende der 80-er Jahre, Anfang der 90-er Jahre allmählich ein Bewußtseinswandel in SoTech-Fragen zu bemerken (Wissenschaftler, Ministerialbeamter) – ein Bewußtseinswandel auf Seiten der Politiker, der Wissenschaftler, der Sozialpartner und der Öffentlichkeit, der die Frage nach entsprechenden Konkretisierungsansätzen von SoTech als eine zukunftsträchtige ausweist.

6.11. Ausgestaltungs- und Implementationsaspekte

> "Ich glaube, man müßte in Österreich mehr Modelle präsentieren. ... jeder kennt Modelle vom Hörensagen, aber das reicht eben nicht aus."
> (Sozialpartner)

> "Also die Grundidee ist immer relativ einfach und auch relativ plausibel. Der Teufel sitzt aber im Detail."
> (Minister)

Anhand des Modellversuchs in Nordrhein-Westfalen lassen sich verschiedene Fragekomplexe nachzeichnen, die sich bei der Initiierung einer politisch gesteuerten sozialverträglichen Technikgestaltung stellen (siehe hierzu das Kapitel 3): Schwerpunktsetzung (Reichweite? Technologiezentrierung?), Projektträgerschaft (Verhältnis zu Wissenschaft und Politik?), Integration (SoTech als Teil einer Gesamtinitiative?), Projekte (Wunschliste?) sowie Institutionalisierung (Art der politischen Ansiedelung?) lauten die entsprechenden Stichworte. Bezüglich der *Reichweite* eines SoTech-Programms kann man von drei mögichen einschlägigen Ansatzpunkten ausgehen, auf die sich eine entsprechende Initiative beziehen kann:

–   Konzentration auf die "Arbeitswelt", d.h. betriebliche und überbetriebliche Projekte.

–   Untersuchung der "Lebenswelt", d.h. Projekte über den Umgang mit Technik im Alltag bzw. Projekte an der Schnittstelle von Arbeits- und Lebenswelt.

–   Fokussierung des Verhältnisses "Bürger – Staat", d.h. Projekte über die (im engeren politischen Sinne) Demokratieverträglichkeit technologischer Entwicklungen.

Es stellt sich die Frage, ob eine SoTech-Initiative gegebenenfalls einen klaren Fokus besitzen oder eher eine Reichweite aufweisen soll, die sich über alle genannten Gebiete erstreckt.

Bereich Arbeitswelt

Die betriebliche Ebene wird als besonders wesentlich und als gut vermittelbar erachtet (Politiker-Reg., Sozialpartner-AN, Sozialpartner-AN, Ministerialbeamter). Hier läßt sich auch eine Mehrzahl der Voten arbeitnehmernahen Positionen zuordnen. Die Gründe sind überwiegend pragmatischer Natur (berufsbedingtes Interesse, gute Evaluierbarkeit von Betrieben, höhere Chancen für politische Aufmerksamkeit).

Als Gegenargument wird vorgetragen, daß es gerade im Bereich Arbeitswelt in Österreich bereits SoTech-Ansätze gäbe (Sozialpartner-AN, Firmenvertr.). Hier sei auch schon eher eine kritischere Sicht vorhanden als in den übrigen Bereichen (Sozialpartner-AG). Es wird außerdem angeführt, daß im Bereich Arbeitswelt auch der einzelne Betrieb selbst bzw. die Sozialpartner aktiv werden könnten, sodaß ein Handlungsbedarf von staatlicher Seite nur bedingt vorliege (Wissenschaftler, Ministerialbeamter).

Bereich Lebenswelt

Das lebensweltliche Themenspektrum gilt als "interessante" Herausforderung (vgl. z.B. Wissenschaftler). Hier wäre auch ein erhöhter Bedarf insofern, als einerseits im alltäglichen Umgang mit Technik oft eine gewisse unkritische Faszination vorhanden sei (Sozialpartner-AN, Ministerialbeamter), andererseits die Funktionsvielfalt technischer Anlagen von den Konsumenten meist gar nicht ausgeschöpft wird (Wissenschaftler, Firmenvertr.). Auch Projekte dieser Art könnten sich – so die Überzeugung – in ökonomischen Kategorien beschreiben lassen, da sie eine erhöhte Nachfrage auf Kundenseite wahrscheinlich machen (Sozialpartner-AG).

Insbesondere jedoch die Schnittstelle zwischen Arbeits- und Lebenswelt stößt auf großes Interesse (Sozialpartner-AN, Wissenschaftler, Ministerialbeamter). Untersuchungen darüber fehlen in Österreich fast vollständig. Außerdem hofft man hier wohl zwei Fliegen mit einer Klappe zu schlagen, d.h. Erkenntnisse über zwei Lebensräume und ihre Verzahnung zu gewinnen.

Verhältnis Bürger – Staat
Dieser Bereich wird als zunehmend relevant und sehr reformbedürftig betrachtet (Politiker-Reg., Politiker-Opp., Sozialpartner-AN). Das öffentliche Bewußtsein in Österreich bezüglich Aspekten wie Datenschutz oder Medienpolitik sei unterentwickelt. Zwar wird allgemein eingeräumt, SoTech in Bezug auf den Bereich Lebenswelt bzw. in staatsbürgerlicher Hinsicht eröffne gesellschaftspolitisch spannende Fragestellungen, aber letztlich werden Initiativen in diesen beiden Bereichen doch geringere Umsetzungschancen zugemessen als Projektansätzen im Bereich Arbeitswelt – in letzterem kämen Aspekte der ökonomischen Bewertung doch offensichtlicher zum Tragen.

Diese Ausgangslage führt dazu, daß die Mehrzahl der Befragten im Falle eines SoTech-Programms für eine Streuung von Projekten über alle angesprochenen Bereiche votiert (Politiker-Reg., Politiker-Opp., Sozialpartner-AG, Sozialpartner-AN). Besonders erwähnenswert ist der Vorschlag einer Kombination von Konzentration auf besonders neuralgische Punkte wie z.B. Organisationsentwicklung oder Schnittstelle Arbeits- und Lebenswelt sowie dem Gießkannenprinzip, das Projekte aus verschiedenen Bereichen modellhaft zu untersuchen trachtet (Firmenvertr., Ministerialbeamter).

Zu Recht wird schließlich von mehreren Seiten darauf verwiesen, daß die Frage, welche Felder ein SoTech-Programm abdecken solle, nur begrenzt eine Frage der sachgemäßen vernünftigen Entscheidung darstellt, denn es gäbe Themen, die eine unvorhergesehene soziale Sprengkraft entfalten (Politiker-Reg., Politiker-Opp.). Der Reaktionszwang der Politiker auf die öffentliche Konjunktur von Themen verdeutlicht die begrenzte Steuerbarkeit der Behandlung von Themen unter SoTech-Kriterien. Hinzu kommt der Druck zur Bildung politischer Kompromisse – die Reichweite von SoTech-Programmen wird so limitiert durch die "Kunst des Machbaren" (Sozialpartner-AG).

Die begrenzte Steuerbarkeit und die dennoch vorhandene Entscheidungsnotwendigkeit zur Bildung von Programmen kommt auch in den Antworten auf die Frage zum Tragen, ob es als sinnvoll erscheine, *bestimmte Technologien* bevorzugt im Hinblick auf ihre Sozialrelevanz zu untersuchen, *oder* ob die Frage nach SoTech *problemorientiert* anzugehen sei. Am praxisrelevantesten gelten die Informations- und Kommunikationstechnologien (IuK), da sie ein großes Gefahrenpotential in demokratietheoretischer Hinsicht bergen (Fondsvertr.) und zugleich mit ihnen sehr viele Arbeitsplätze verbunden sind (Politiker-Reg., Sozialpartner-AN, Ministerialbeamter). Dieses Technologiefeld sei intensiv mit den Interessen in der realen österreichischen Gesellschaft verbunden – d.h. aber auch, es sei brisant, dieses Thema aufzugreifen (Ministerialbeamter). Hinzu kommt die von technischen Artefakten häufig ausgehende Faszination, die den kritischen Blick verstellt. Und dieses Technologiefeld wird zuletzt auch in seiner komplex-diffusen Struktur als ungeeignet für eine Thematisierung im polischen Raum erachtet, in welchem eine reduktionistische und binäre Logik vorherrscht (Politiker-Opp.). Die Informatisierung der Gesellschaft und die wachsende Bedeutung des Kommunikationssektors sind also hochaktuelle und zugleich demokratiepolitisch schwierige Themen.

Bei der Gentechnologie verlaufen die Konfliktlinien nach einem anderen gesellschaftlichen Muster (Sozialpartner-AN) als bei der Diskussion um die Zukunft der Industriegesellschaft mitsamt ihren arbeitsorganisatorischen Implikationen. Die gentechnologische Debatte orientiert sich an spektakulären Fällen und tendiert zu Polarisierungen. Ein Grund für ihre bessere "Politisierbarkeit" könnte damit zusammenhängen, daß sie als "näher beim Menschen angesiedelt" gilt als die mikroelektronisch basierten Technologien (Politiker-Reg.). Die Gentechnologie wird aber von den Experten mit wenigen Ausnahmen für derzeit faktisch weniger relevant für Österreich erachtet, da sie sich weitgehend in von der Bevölkerung gesonderten Bereichen ansiedelt und nicht den gesellschaftlichen Durchdringungsgrad der IuK-Technologien erreicht.

Als bevorzugter Ansatzpunkt für SoTech-Initiativen gilt jedoch allgemein das konkret zu lösende Problem (Politiker-Reg., Sozialpartner-AG, Sozialpartner-AN Ministerialbeamter) unter Berücksichtigung der Relevanz einer Fragestellung bzw. Branche für Österreich. Der Trend, isolierte Lösungen durch Gesamtlösungen zu ersetzen, erfordere auch eine Herangehensweise, die sich nicht an einer spezialisierten Technologie orientiere. Andererseits wird darauf hingewiesen, daß sich die Förderprogramme in Österreich durchweg nach Technologien gliedern (Wissenschaftler). Auch hier bestehe die Möglichkeit einer "gemischten" Vorgehensweise: einerseits Orientierung an Technologiefeldern, andererseits Orientierung an konkreten Problemen. Ersteres bietet mehr Profilierungschancen für Wissenschaftler, letzteres ist bedeutsam für Politikerkarrieren. Mit Blick auf die Umsetzungschancen muß der konkrete Fall mitberücksichtigt werden, aus dessen Lösung "politisches Kapital" erwächst.

Zum Verhältnis Politik – Wissenschaft wird theoretisch von zwei gleichberechtigten gesellschaftlichen Funktionssystemen ausgegangen: die Wissenschaft müsse den "Input" bringen, die Politik müsse entscheiden (Politiker-Reg., Sozialpartner-AG, Wissenschaftler). Da von den Politikern nach Wahlterminen optimiert wird (Firmenvertr.), besteht die Gefahr eines zu kurzen Planungshorizontes im Hinblick auf technologisch angemessene Lösungen. Darum solle die Politik auf der Ebene der Gesetzgebung den Rahmen liefern, aber auf der Ebene der Ministerien regiere idealiter der Sachverstand (Ministerialbeamter). Um die Unparteilichkeit der Urteile zu gewährleisten, dürfte die Wissenschaft keiner Weisungsgebundenheit unterliegen (Sozialpartner-AG). Daß diese Optik aber wenig realistisch ist, scheint den Experten evident zu sein. Gerade in Österreich wird die Tendenz einer politischen Beeinflussung der Forschung – nicht zuletzt auf Grund der Forschungsförderungsstruktur – recht hoch veranschlagt (Politiker-Opp.). Pragmatisch wird wieder für eine "Mischung" plädiert (Firmenvertr., Ministerialbeamter): Eine gewisse Basisfinanzierung von TA- bzw. SoTech-Instituten soll eine kontinuierlich betriebene Grundlagenforschung gewährleisten. Hier kann dann nach wissenschaftlichen Standards geforscht werden. Daneben sollen extra finanzierte Projekte mit einem kurzen Zeithorizont für Politikberatung laufen. Hier dominiert dann die Handlungslogik der Politik.

Bei dem Zusammenspiel von Politik und Wissenschaft handelt es sich je nach Perspektive um ein "unlösbares Problem", da beide anderen "Logiken" (Macht versus Wahrheit) gehorchen (Wissenschaftler), oder um ein "bloß begriffliches Problem" (Wissenschaftler): Denn von Bedeutung sind letztlich nur die konkreten Entscheidungsstrukturen, in welchen entsprechende Programme abgewickelt werden.

Wichtig sei vor allem, wer den Gremien angehört, in denen Programmziele und -instrumente festgelegt werden. Als bedeutsam gilt aber auch die Frage der Projektträgerauswahl. Ein aus der Politik ausgelagerter Projektträger, der das Projektmanagement betreibt, wird allgemein als sinnvoll erachtet (vgl. z.B. Sozialpartner-AN, Firmenvertr.). Ein eigener Projektträger für SoTech würde jedoch eine gewisse Konkurrenz zu den bisherigen Ressourcenverwaltern (z.B. Fonds) darstellen – diese Machtaspekte müßten bei der Favourisierung einer solchen Lösung mitbedacht werden (Wissenschaftler). Es überwiegt die Meinung, daß es keines neuen Instituts für einen SoTech-Projektträger bedürfe – hier genüge das Ausnutzen bzw. Ausbauen bestehender Institute (Politiker-Reg., Ministerialbeamter).

In NRW war der Versuch unternommen worden, SoTech in den Rahmen einer technologiepolitischen *Gesamtoffensive* zu integrieren. In Österreich ist die Meinung hierzu unentschieden bzw. gespalten. Prinzipiell wird die Integration von SoTech in einen größeren Kontext insbesondere aufgrund der erhofften Wechselwirkungen bzw. um einer Isolation von SoTech vorzubeugen, für sinnvoll erachtet (Sozialpartner-AG, Fondsvertr., Ministerialbeamter), zugleich aber gilt solch ein Vorhaben als schwierig durchführbar (Ministerialbeamter). Zudem

besteht bei dieser Variante die Wahrscheinlichkeit der geringen Ressourcenzu-
teilung sowie die Gefahr, daß SoTech als Teil einer großen technologiepolitischen Initiative "untergeht" (Wissenschaftler). Zumindest in der Startphase
sollte der Versuch, die Sozialverträglichkeit der technologischen Entwicklung
zu gewährleisten, an Einzelprojekten getestet werden (Ministerialbeamter). Ein
anderer Vorschlag, um der Gefahr der Marginalisierung zu entgehen, setzt bei
der Art der Integration an: SoTech wird nicht als eine Säule neben anderen in
einem Programm konzipiert, sondern soll als Kriterium bei allen Programmpro-
jekten einfließen. Letztlich handelt es sich bei der diskutierten Frage wohl um
eine strategisch-taktische Angelegenheit, deren Beantwortung auch stark von
aktuellen Situationsmöglichkeiten abhängt.

Nach *konkreten Projektwünschen* befragt stellten die Interviewpartner folgende
Wunschliste zusammen:

betrifft Qualifikation
- ein Lehrgangskonzept, das eine Ausbildung für Technologieberater und für
  soziale Technikkompetenz als Hochschullehrgang aufbaut (Sozialpartner-
  AN)
- der Aufbau von Technologieberatungsstellen für Betriebsräte und Arbeitnehmer (Sozialpartner-AN)
- ein Ausbildungskonzept, das Technikwissenschaften und Sozialwissenschaften systematisch verschränkt (Sozialpartner-AN)
- sinnvolle Begleitmaßnahmen bei der Einführung von neuen technischen
  Geräten in der Verwaltung (PC, Telefonanlage u.ä.) (Sozialpartner-AG,
  Ministerialbeamter)

betrifft Informations- und Infrastrukturausbau
- Bereitstellung von Ressourcen zur Leistung einer effektiven Öffentlichkeitsarbeit (Wissenschaftler)
- das Studieren und Präsentieren von internationalen Modellen, welche ökonomische und soziale Faktoren in der Technologieentwicklung integrieren
  (Sozialpartner-AN)
- der Aufbau der verstreuten SoTech-Ansätze zu einem funktionierenden
  Netzwerk (Wissenschaftler)

betrifft Umwelt/Verkehr
- Untersuchung der Infrastruktur im Verkehrsbereich sowie der verkehrsmä-
  ßigen Folgen von Produktionsauslagerungen im Hinblick auf ihre Sozialre-
  levanz (Ministerialbeamter)
- Studie über die Verhinderung von Verkehr durch verstärkten Einsatz von
  Telekommunikation (Firmenvertr.)
- Sozialverträglichkeit des Konzepts "Neue Bahn"? (Firmenvertr., Mini-
  sterialbeamter)

- Einsatzmöglichkeiten der Breitbandkommunikation, z.B. Untersuchung der Frage, welche sozialen Auswirkungen es hat, wenn eine komplette Büroinfrastruktur nicht nur am Arbeitsplatz, sondern auch in der Nähe des Wohnorts verfügbar wird (Firmenvertr.)
- eine umfassende Studie über Mobilkommunikation und ihre Sozialverträglichkeit (Ängste vor Überwachung, Elektrosmogproblematik, Veränderung der Kommunikationsstrukturen usw.) (Firmenvertr.)
- die sozialverträgliche Gestaltung der Benutzerfreundlichkeit von Anlagen, d.h. die Arbeit daran, wie eine komplizierte technische Anlage auf einfache Weise mit dem Menschen interagieren kann (Firmenvertr.)

Eine wesentliche Rolle für den Erfolg einer SoTech Initiative spielt auch die Frage der Institutionalisierung. Sie sollte einerseits den politisch-administrativen Gegebenheiten eines Landes Rechnung tragen, andererseits muß bedacht werden, daß die Art und Weise der institutionellen Verankerung nicht ohne Einfluß auf die inhaltliche Programmgestaltung ist.

Teilweise wird die Auffassung vertreten, für eine wirkungsvolle SoTech Initiative sei die Beteiligung der ganzen Regierung nötig – diese Forderung gründet auch auf der Hoffnung, auf diese Weise einer Paralysierung der Handlungsfähigkeit durch parteipolitische Logiken entgegenzuwirken. Der ITF gilt formal als möglicher Ansatzpunkt zum Aufbau einer zentralen, politisch hochangesiedelten Technologieinstitution – aber die Entscheidungsstrukturen und die Organisation innerhalb des ITF erscheinen vielen als reformbedürftig (Sozialpartner-AG, Sozialpartner-AN, Wissenschaftler). Es gibt auch Stimmen, die gerade in einer großen Kommission die Gefahr erblicken, daß politische Willensbildungsprozesse über die Sachebene dominieren (Politiker-Reg.). Im übrigen sei zu beachten, daß SoTech auch als Ländersache thematisiert werden müsse (Politiker-Reg., Ministerialbeamter), d.h. als föderale und dezentrale Angelegenheit.

Im Hinblick auf eine mögliche *institutionelle Verankerung* einer SoTech-Initiative bei einem Ministerium stellt sich dasselbe Problem, das die technologiepolitische Lage in Österreich kennzeichnet: auf Grund der Kompetenzzersplitterung können mehrere Ministerien berechtigterweise Ansprüche anmelden. Der Primat liegt nach Expertenmeinung indes eindeutig beim Wissenschaftsministerium (Politiker-Reg., Politiker-Opp., Sozialpartner-AG, Sozialpartner-AN, Wissenschaftler, Fondsvertr., Ministerialbeamter). Dies aus folgenden Gründen:
- Es verfügt über eine eigene Forschungssektion.
- Es gewährleistet die beste Ausgangslage für die Ressourcenbeschaffung.

- Es besäße die Kompetenz zum Aufbau von Qualifikationen für wissenschaftliche Koordinationsmechanismen bei SoTech-Programmen.
- Es ist zuständig für das technologiepolitische Programm der Bundesregierung und damit auch für SoTech.

Als Ausgleich für eine von manchen Seiten befürchtete Praxisferne des Wissenschaftsministeriums wird z.T. die Kooperation mit anderen Ministerien angeraten, quasi um externe Mechanismen der Gegensteuerung zu besitzen. Etwa das Wirtschaftsministerium oder das Ministerium für öffentliche Wirtschaft und Verkehr oder das Sozialministerium kämen als "Gegengewicht" in Frage (Sozialpartner-AG, Sozialpartner-AN, Wissenschaftler). Für sich betrachtet weisen auch diese Ministerien "Problempunkte" auf: Die Wirtschaftsministerien gelten als (zu) praxisnah und nicht primär für soziale Belange zuständig (Ministerialbeamter). Eine SoTech Initiative beim Sozialministerium wiederum – so die Befürchtung – wird von der Wirtschaft nicht ernst genommen. Auch könnte hier die Neigung zu systemfremden technischen Lösungen bestehen. Ähnliche Bedenken bestehen beim Umwelt- und Gesundheitsministerium, die gleichfalls Berührungspunkte zu SoTech besitzen. Das Bundeskanzleramt wird als mögliche Anlaufstelle erwogen wegen seiner Koordinationsfunktion (Sozialpartner-AN, Wissenschaftler, Firmenvertr.).

Der Idee eines eigenen technologiepolitischen Ministeriums, die in diesem Zusammenhang thematisiert wird, steht die Mehrzahl der Befragten skeptisch gegenüber (Politiker-Opp., Sozialpartner-AN, Wissenschaftler) – verwiesen wird auf das Schicksal des Umweltministeriums mit seinen geringen Kompetenzen.

Um eine effektive Abwicklung zu garantieren, scheint klar, daß die Bundesregierung *einer* Instanz die Federführung übertragen muß. Hier dürfte neben den sachlichen Argumenten auch eine Rolle spielen, wer es vermag, eine SoTech-Initiative zu starten und dieses Feld politisch zu besetzen.

6.12. Zusammenfassung

Die befragten Experten kommen übereinstimmend zu dem Schluß, daß eine Forcierung der Technologie-Entwicklung angesichts der internationalen Trends das "Gebot der Stunde" bezeichnet. Als *ein* Problembereich der österreichischen Technologiepolitik wird von verschiedenen Seiten die mangelnde Integration des Sozialfaktors erkannt. Denn die im technologiepolitischen Konzept der Bundesregierung enthaltene Betonung sozialrelevanter Aspekte ist nach allgemeiner Einschätzung in der Praxis kaum zum Tragen gekommen.

Die Haltung der Befragten gegenüber einer politisch getragenen SoTech-Initiative kann insgesamt als aufgeschlossen bezeichnet werden, eine dezidiert ablehnende Haltung war – mit einer Ausnahme – nicht feststellbar. Vielmehr variiert die Einstellung mehrheitlich von einer eher verhaltenen Zustimmung bis hin zu einem sehr starken Interesse. Jedoch ist festzuhalten, daß der Bewußtseinsstand in Bezug auf die Notwendigkeit von Umweltverträglichkeitsmaßnahmen als weiter entwickelt gilt.

Die vereinzelt geäußerten Vorbehalte gegenüber SoTech hängen z.T. auch zusammen mit gewissen Einschätzungen der Technikentwicklung, die an dieser Stelle auch hinterfragt werden müssen. So liegen folgende Schlußfolgerungen nahe:

1. Unterschätzung der Dynamik der technologischen Entwicklung
   Angesichts des rasanten technischen Fortschritts kann die Politik nicht abwarten, bis es evidente Problemlagen gib, sondern muß vorausschauend agieren.

2. Unterschätzung des Durchdringungsgrades der neuen Technologien
   Gegenwärtig und in zunehmendem Maße gilt, daß die gesamte Gesellschaft von den Auswirkungen der technologischen Entwicklung durchdrungen wird. Das bedeutet zum einen, daß sich der Einzelne diesen Trends nicht entziehen kann, zum andern aber auch, daß punktuelle SoTech-Ansätze zu kurz greifen.

3. Unterschätzung des "kontextuellen" Charakters von Technik
   Die Berücksichtigung sozialrelevanter Faktoren im Prozeß der Modernisierung ist kein "idealistischer Luxus", sondern integrativer Bestandteil einer Optimierungsstrategie der Technikgestaltung.

Als eines der wichtigsten Ergebnisse der Fallstudie läßt sich festhalten, daß eine klare ideologische Zuordenbarkeit der Einstellungen gegenüber SoTech nach einem Links-Rechts-Schema nicht möglich ist. Daß maßgebliche Akteure unterschiedlicher sozialer Gruppen zu den Befürwortern zählen, deutet darauf hin, daß SoTech kein "Nullsummenspiel" darstellt, bei dem eine Seite nur Vorteile auf Kosten der anderen erlangen kann. Vielmehr handelt es sich bei SoTech – ähnlich wie bei der Ökologiethematik – um ein breitgefächertes gesellschaftliches Anliegen.

Es gibt allerdings Varianten im konkreten Verständnis dessen, was SoTech bedeutet: wirtschaftsnahe Positionen betonen den Akzeptanzaspekt, arbeitnehmernahe Positionen eher den Mitbestimmungs- bzw. Partizipationsaspekt.

Bezogen auf die unterschiedlichen sozialen Gruppen, aus denen sich die Experten rekrutierten, lassen sich auch differente dominante Handlungslogiken ausmachen: Öffentlichkeitswirksamkeit (Politiker), Reputationsgewinn (Wissenschaftler), Profitorientierung (Industrievertreter), Verbandsinteresse (Sozialpartner), Verwaltungsmacht (Repräsentanten der Förderinstanzen).[35] Die Berücksichtigung dieser charakteristischen Orientierungen der technologiepolitisch relevanten Akteursgruppen gilt es im Rahmen einer SoTech-Initiative in Rechnung zu stellen – diese gewinnen Bedeutung etwa im Hinblick auf mögliche Koalitionsbildungen oder wirksame "Vermarktungsstrategien".

Einen hohen Stellenwert nimmt im Expertenurteil die Notwendigkeit einer verstärkten Informationsarbeit bei der Bevölkerung ein: es müsse ein "nationaler Diskurs" über die technologische Entwicklung und die Zukunft Österreichs initiiert werden – so eine pointierte Einschätzung. Hier spielt insbesondere die europäische Integrationsentwicklung und die damit einhergehende Notwendigkeit, Ressourcen zu mobilisieren, eine wesentliche Rolle.

Die Partizipationsfrage – das "Herzstück" des Nordrhein-Westfalen-Programms "Mensch und Technik" – wird als "heikler Bereich" eingeschätzt: Formen der direkten Demokratie seien in Österreich aufgrund der starken Stellung der Verbände in der Wirtschaftspolitik unterentwickelt. Zugleich aber indiziere die vielfach konstatierte "Krise der Sozialpartnerschaft" die Chance eines Wandels der gesellschaftlichen Interessenvertretung im Sinne einer Erweiterung des Akteurskreises. Somit bieten sich auch Anknüpfungspunkte für künftige SoTech-Projekte.

Art und Weise der Ausgestaltung und Implementierung von SoTech sind stark von taktisch-strategischen Aspekten bestimmt und somit nur sehr begrenzt mittelfristig steuerbar. In Anbetracht der technologiepolitischen Kompetenzverteilung in Österreich wird dem Wissenschaftsministerium im Hinblick auf SoTech eine wichtige Rolle zugesprochen – betont wird insbesondere die Notwendigkeit der Entwicklung von Programmen mittlerer Reichweite mit entsprechenden Instrumentarien. Erfolgversprechend erscheinen "Modellprojekte", die exemplarisch SoTech-Aspekte in unterschiedlichen Bereichen untersuchen, so etwa Projekte über Organisationsentwicklung, Technologieberatung, Verkehrsentwicklung, Schnittstelle Arbeitswelt/Lebenswelt oder Datenschutz. Daß ein gezieltes Programm, das die einzelnen Ansätze vernetzt und den Aufbau einer entsprechenden Infrastruktur intendiert, wichtig wäre zur Erzielung von Synergieeffekten, wurde nur vereinzelt hervorgehoben. Die Bereitstellung der dafür erforderlichen Ressourcen gilt weithin als eine Frage der Ernsthaftigkeit des dahinterstehenden politischen Willens.

Das Hauptproblem von SoTech wird in der Langwierigkeit der erforderlichen Lernprozesse verortet – dies erfordert bei entsprechenden Initiativen einen "langen Atem". Nicht traditionelle ideologische Gegensätze, sondern Wider-

---

35 Es gibt hier allerdings auch Transzendierungen des speziellen Blickwinkels insbesondere bei Befragten, die gleichzeitig mehreren Sozialgruppen zuordenbar sind.

sprüche zwischen kurzfristigen und langfristigen Interessensperspektiven bilden *die* markante Konfliktlinie. Darum bedarf es – nach interessierter Expertenmeinung – mit Blick auf die Zukunft aktiver Entscheidungsträger, welche eine "kontextuelle" technologische Entwicklung in Österreich forcieren.

7. Resümee

> "Eine vorrausschauende Industriepoli-
> tik in den 90er Jahren erfordert die
> Formulierung einer Vision, welche
> Gestalt Österreich als Industrieland
> jenseits des Jahres 2000 haben sollte.
> Daran orientiert sind Strategien und
> Konzepte zu entwickeln und geeignete
> Formen der Umsetzung zu suchen."
> (Glatz u.a. 1991, 268)

Vor dem Hintergrund sich abzeichnender tiefgreifender Veränderungen in den weltwirtschaftlichen Rahmenbedingungen stellt sich die Frage nach der Art und Weise, in der ein Staat diese Umstrukturierungsprozesse zu gestalten beabsichtigt. Da ein "Auf-der-Stelle-Treten" in einem dynamischen Umfeld einem Rückschritt gleichkommt, ist die Entwicklung einer Zukunftsvision erforderlich, als deren Kernstück ein integriertes Gesamtkonzept für technologischen Wandel inkludiert sein sollte.

In einer Demokratie des Westens liegt es auf der Hand, daß ein solcher Innovationsschub nicht verordnet, sondern nur konsensuell entwickelt werden kann. Dies ist – so eine Hauptthese dieser Studie – in folgendem Licht zu sehen:

> Die soziale Abstützung von Umstrukturierungsprozessen () sollte nicht (etwa) kurzsichtig als ein Hindernis für eine Modernisierung betrachtet werden; vielmehr bildet sie einen wichtigen Faktor für deren letztendliches Gelingen. (Martinsen 1991, 514)

Eine solche Optik bildet den Hintergrund für die "Karriere" des SoTech-Konzeptes, das sich nicht nur moralisch argumentieren läßt, sondern auch soziostrukturell Plausibilität aufweist im Hinblick auf einen gesellschaftlich breit verankerten Modernisierungpfad.

Die "Entdeckung" des Sozialfaktors als relevante Technikgröße steht nämlich gerade in Zusammenhang mit einer Globalisierung der Ökonomie. Bereits in den 70er Jahren war es durch internationale Restrukturierungen im Gefolge der Ölkrise zu einer Neubestimmung des Status von Technik gekommen. Der Einsatz der als besonders gestaltungsfähig geltenden "Neuen Technologien" in den führenden Industrieländern avancierte zur zentralen strategischen Ressource für die Aufrechterhaltung der Konkurrenzfähigkeit nach außen. Im Gefolge von Stagnationserscheinungen in den westlichen Industriestaaten in der ersten Hälfte der 80er Jahre galt die besondere Aufmerksamkeit der Suche nach den bestimmenden Kriterien der Produktivitätssteigerung, um unter verschärften Wettbewerbsbedingungen komparative Vorteile zu erzielen. Da die Technikentwicklung seit den 70er Jahren nicht mehr als eigengesetzliche Entwicklung, sondern als sozialer Prozeß begriffen wird, war es eine "logische" Folge, auch ein neues "soziales" Produktivitätsverständnis zu entwickeln. Ausgangspunkt der darauf fußenden Produktionskonzepte bildet die in Japan entwickelte "lean production". Aber auch in anderen Ländern entwickelten sich verschiedene Erklärungsansätze und Produktionskonzepte, welche von der Suche nach neuen Wegen in der Technologiepolitik zeugen. Sie basieren auf der Verankerung der sozialen Dimension im Kern der Produktion (Fragen der Organisation, der Interaktion, des Interessenausgleichs, der institutionellen Innovation).[36]

Im Rahmen der OECD-Empfehlungen markiert insbesondere der Sundqvist-Report" einen Wendepunkt: Hier wird die Untrennbarkeit des technologischen Fortschritts von seinen ökologisch-sozialen Rahmenbedingungen und Folgen hervorgehoben und der gestaltungsbedürftige Charakter des technischen Wandels unterstrichen. Das TEP-Programm ist ein Ausfluß dieser neuen Sichtweise innerhalb der OECD.

Das schwedische LOM-Programm liefert ein Kleinstaaten-Beispiel für die Entwicklung innovativer Produktionsmodelle: Hierbei geht es wesentlich darum, im Bereich der Privatwirtschaft und des öffentlichen Sektors einen sich selbst steuernden Prozeß der permanenten Innovation zu installieren und anzustoßen unter Ausnutzung einer vom Staat bereitgestellten Infrastruktur. Das prozeß- und partizipationsorientierte Programm setzt dabei wesentlich auf den "demokratischen Dialog" als zentralem Entwicklungsmechanismus.[37]

Im Konzept der Wissenschaftsstadt Ulm hingegen geht es vorrangig um neue Formen einer intensivierten Kooperation zwischen Wissenschaft und Wirtschaft. Der weitgehende Ausschluß der Sozialpartner, insbesondere der Gewerkschaften sowie anderer gesellschaftlicher Gruppierungen vom Entscheidungsprozeß liefert zugleich ein signifikantes Beispiel dafür, daß die Berücksichtigung sozialer Kriterien (wie z.B. auf Synergieeffekte abgestellte Organisierung von Wandel) noch nicht gleichzusetzen ist mit Sozialverträglichkeit. Sozialorientierung

---

36 Weitere Beispiele für arbeitsorientierte Technologiepolitik neben den im folgenden ausgeführten Modellen finden sich bei Kilper/Simonis (1992, 204/5): So z.B. das HdA-Programm bzw. das AuT-Programm der Bundesrepublik Deutschland, das Programm "Arbeit und Technik" der Hansestadt Bremen, das schwedische MDA-Programm, das norwegische HABIT-Programm, das niederländische TAO-Programm sowie das PICT-Programm in Großbritannien.

37 Die Weiterführung eines Programms, wie es das schwedische LOM-Programm darstellt, müßte nach Naschold (1992a, 161) auf ein soziales und ökologisches Produktivitätskonzept im europäischen Kontext ausgerichtet sein.

und Sozialverträglichkeit können konvergieren – aber dies geschieht nicht automatisch.

Die konzeptuelle Basis für eine Konvergenz beider Aspekte im Hinblick auf die technologische Entwicklung liefert das "SoTech"-Konzept.[38] Im Zuge des erwähnten neuen Technikverständnisses kam es auch zur Weiterentwicklung der ursprünglich eng gefaßten TA-Konzepte (Erstellung wissenschaftsanalytischer Studien zum Zwecke der Politikberatung). Die Schwächen dieses Ansatzes (geringe Prognosetreffsicherheit, mißbrauchte Empfehlungen zur Entscheidungsrechtfertigung, ungenügende Deckung des Steuerungsbedarfs mit den traditionellen Instrumenten) führten insbesondere zu folgenden Entwicklungslinien:
– von der Kompensation zur Antizipation
– von zentraler zu dezentraler Steuerung und Gestaltung
– von dezisionistischer zu prozeduraler Regelung
– vom Elitenkonsens zur Partizipation und öffentlichen Diskussion
Das großangelegte SoTech-Programm "Mensch und Technik" in Nordrhein-Westfalen baut auf solchen erweiterten Kriterien auf. Es stellt einen Versuch dar zur Verbesserung des regionalen Innovationssystems unter expliziter Betonung der Sozialverträglichkeit der technologischen Entwicklung. Eine weitere Novität bildet die Ausdehnung der Reichweite des Programms über den Arbeitsbereich hinaus: in den ersten vier Programmjahren wurden auch technologisch orientierte Projekte im Bereich "Lebenswelt" bzw. im Bereich "Bürger-Staat" initiert. Es ist zweifellos ein Verdienst des NRW-Programms technologiepolitische Pionierarbeit geleistet zu haben: SoTech ist durch dieses Programm "zum Begriff geworden". Neben den Pluspunkten (insbesondere der Initiativfunktion im Hinblick auf die Entwicklung von zahlreichen SoTech-Modellen) lassen sich aber auch konzeptionelle Schwächen benennen: war die baden-württembergische Wissenschaftsstadt einseitig in Unternehmerrichtung orientiert, so überwiegt in NRW die gewerkschaftliche Ausrichtung. Es habe darum – so der Kritikpunkt eines Experten – die Wirtschaft nicht in ausreichendem Maße involvieren können und sei deshalb (mit Ausnahme der Softwareentwicklung) mehr ein wissenschaftliches Forschungsprogramm denn ein wirtschaftsnahes Entwicklungsprogramm geblieben. Ein zweiter Kritikpunkt bezieht sich auf die große Reichweite des Programms. Auf Grund der diffusen Programmanlage sei es für

---

38 Es muß hier allerdings unterschieden werden zwischen SoTech als wissenschaftlichem Programm (Konzept) und SoTech als politischem Programm (Umsetzung).

die Bevölkerung schwierig, etwas Konkretes mit "SoTech" in Verbindung zu bringen.[39]

Österreich, so könnte es scheinen, bietet auf Grund seines Kleinstaatencharakters und der Bedeutung der Sozialpartnerschaft günstige Voraussetzungen für solche neuen Zuschnitte des Modernisierungspfades. Auch das LOM-Programm oder das Programm "Mensch und Technik" sind aus korporatistischen kleinstaatlichen Strukturen erwachsen. Das österreichische technologiepolitische Konzept der Bundesregierung von 1989 weist im Vergleich zu anderen Kleinstaaten auch einen durchaus innovativen Charakter auf und schreibt SoTech dezidiert als anzuvisierende Aufgabe fest.

Eine Bestandsaufnahme der Umsetzungsversuche ist jedoch sehr ernüchternd: Die in den Technologieförderprogrammen der Bundesregierung (1985/ 1987) vorgesehene sozialwissenschaftliche Begleitforschung blieb bedeutungslos, die Art der Implementierung des SoTech-Kriteriums im Rahmen des FFF hat sich als irrelevant erwiesen, eine arbeitnehmerorientierte Technologieberatung steckt erst in den Anfängen, Finanzmittel für SoTech bezogene Öffentlichkeitsarbeit sind nicht vorgesehen. Es gibt allenfalls "SoTech-Inseln", die häufig auf die Initiative einzelner Personen zurückgeführt werden können.

Daß sich der im technologiepolitischen Programm auffindbare innovative Wille so wenig realisiert hat, mag – außer auf einer Unterinstrumentierung des Programms – auch auf strukturelle Ursachen zurückführbar sein: die technologiepolitische Kompetenzzersplitterung und das unkoordinierte Förderwesen[40] begünstigen einen strukturellen Konservatismus.

Auch die Sozialpartnerschaft hat faktisch eher bremsend gewirkt im Hinblick auf eine Öffnung des technologiepolitischen Diskurses für einen breiten Kreis von Akteuren. Offensichtlich hat die starke Stellung der Verbände in wirtschaftspolitischen Fragen Formen der direkten Demokratie zurückgedrängt, so daß SoTech-Konzepte nicht auf eine entwickelte Partizipationskultur zurückgreifen können.[41] Die Krise der Sozialpartnerschaft, die durch die Globalisierungsprozesse verschärft wird, legt hier aber auch den Blick auf mögliche Veränderungen frei. Denn die sozialpartnerschaftlichen Instanzen werden die Art ihrer Interessenvertretung überdenken und weiterentwickeln müssen, wenn sie nicht ins Abseits geraten wollen. Ein korporatistischer Politikstil ist nicht auto-

---

39 In NRW selbst hat man in der zweiten Programmphase bereits versucht, durch einige konzeptionelle Änderungen diese Kritikpunkte konstruktiv umzusetzen.

40 Im Bereich Förderwesen werden in Österreich in letzter Zeit verstärkt Reformanstrengungen unternommen.

41 Eine – als Protest artikulierte – Ausnahme in dieser Hinsicht stellen Basisbewegungen mit Bezug auf die Umweltproblematik dar.

matisch ein Argument gegen SoTech – es kommt vielmehr auf die konkrete politische Ausformung desselben an.

Angesichts der ausgeführten österreichischen Situation muß der Initiierung eines breiten technologiepolitischen Diskurses großes Gewicht zugemessen werden: es gilt ein Bewußtsein dafür zu schaffen, daß sich Technologiepolitik nicht in technikzentrierten Maßnahmen erschöpft. Vielmehr bedarf es der Entwicklung einer "sozio-ökonomischen Strategie" mit dem Ziel der Verbesserung des "nationalen Innovationssystems". Wie die Experteninterviews belegen, darf durchaus mit einer Aufnahmebereitschaft gegenüber SoTech-Initiativen bei den technologiepolitisch relevanten Akteuren gerechnet werden. Als interessantes Interview-Ergebnis kann auch der Umstand gelten, daß die Haltung der Akteure gegenüber SoTech nicht ideologisch einem Links-Rechts Schema zuordenbar ist. Dies spricht dafür, daß es sich bei diesem Thema um ein breites gesellschaftliches Anliegen handelt – dies läßt sich analog zur Ökologiethematik formulieren, wobei davon ausgegangen werden muß, daß die öffentliche Bewußtseinsentwicklung in dieser Hinsicht bereits fortgeschrittener ist. Ein Entwicklungspotential für ein "Österreichisches SoTech" ist insgesamt gesehen vorhanden: Ein solches Konzept müßte auf den internationalen technologiepolitischen Erfahrungen aufbauen und diese in Anbetracht der spezifischen politischsozialen Verhältnisse des Landes weiter entwickeln. Ob dies gelingt, hängt zunächst einmal auch davon ab, "ob sich mächtige Fürsprecher in Politik und Gesellschaft finden, die dieses Ziel dauerhaft in der politischen Öffentlichkeit zu verankern vermögen" (so Bröchler 93).

Der Begriff SoTech entzieht sich einer allgemeinverbindlichen Definition, da die Frage der sozialen Verträglichkeit nur unter Einbezug des subjektiven Faktors zu klären ist. Andererseits wäre das alleinige Setzen auf Betroffenenpartizipation auch nicht zielführend – hier müßte ähnlich wie bei Bürgerinitiativen – mit einer Präferenzadaption der Akteure an den Handlungskontext gerechnet werden. Um aber weder bei autoritativ-hierarchischen Setzungen noch bei bloß partikularistischen Perspektiven stehen zu bleiben, muß es zu einer Verbindung von Selbstorganisationsprozessen und externen Impulsen kommen bzw. zur Verbindung von Prozeß- und Designorientierung. Hierzu muß die technologiepolitische Entscheidungsfindung innerhalb einer Trias stattfinden:
1. demokratischer Diskurs und Partizipation
2. Hierarchie (Staat sowie Unternehmen)
3. Professionalität (Wissenschaft)
Die Art und Weise der Koppelung der Schnittstellen markiert ein Thema künftiger Forschungen. Soviel erscheint indes evident: Bei Steuerungsversuchen bzw. bei Interaktionen zwischen den Instanzen muß die dominante Logik der jeweils anderen Instanz mitbedacht werden. Dies bestätigt auch die These, daß ein Dis-

kurs über SoTech im Produktionsbereich, der nur auf Humanitätssteigerung aufbaut, ins Leere laufen wird. SoTech unter marktwirtschaftlichen Bedingungen muß in der Regel auf die gleichzeitige Steigerung von Produktivität und Humanität abzielen. Dies bedeutet zugleich, daß bei der politischen Organisierung des gesellschaftlichen Wandels die Schnittstellen von Kooperation und Konkurrenz neu gesehen werden müssen.

Literaturverzeichnis:

Aiginger u.a. (1992). Industriepolitik 2000. Studie des Österreichischen Instituts für Wirtschaftsforschung (Vorläufige Fassung), Wien

Alemann, Ulrich von / Heribert Schatz / Dieter Viefhues (1985). Zielsetzungen und Handlungsfelder des Programms "Mensch und Technik – sozialverträgliche Technikgestaltung" (Werkstattbericht 1), Düsseldorf

Alemann, Ulrich von (1986). Partizipation oder Akzeptanz. Bemerkungen zur Verträglichkeit von Demokratie und Technologie, in: Jungermann, Helmut u.a. (Hg.) (1986). Die Analyse der Sozialverträglichkeit für Technologiepolitik. Perspektiven und Interpretationen, München, 28-35

Alemann, Ulrich von / Heribert Schatz (1987). Mensch und Technik. Grundlagen und Perspketiven einer sozialverträglichen Technikgestaltung, Opladen

Alemann, Ulrich von / Heribert Schatz / Dieter Viefhues (1987). Sozialverträgliche Technikgestaltung. Entwurf eines politischen, wissenschaftlichen, gesellschaftlichen Programms, in: Ulrich von Alemann / Heribert Schatz u.a. (1987). Mensch und Technik. Grundlagen und Perspektiven einer sozialverträglichen Technikgestaltung, Opladen, 21-49

Alemann, Ulrich von / Heribert Schatz (1987). Mensch und Technik. Grundlagen und Perspektiven einer sozialverträglichen Technikgestaltung, Opladen

Alemann, Ulrich von u.a. (1992). Leitbilder sozialverträglicher Technikgestaltung. Ergebnisbericht des Projektträgers zum NRW-Landesprogramm "Mensch und Technik – Sozialverträgliche Technikgestaltung", Opladen

Alemann, Ulrich von u.a. (1992a). Das NRW-Programm "Mensch und Technik: Sozialverträgliche Technikgestaltung"- Ansätze zur Evaluation, in: Technik und Gesellschaft (1992). Jahrbuch, Frankfurt, 195-237

"Arbeit und Technik" Projektträgerschaft (Hg.) (1990). Arbeit und Technik. Chancen und Risiken für die Arbeitswelt von morgen, Bonn

Bauer, Hans u.a. (1990). Förderung der Sozial- und Kommunikationsfähigkeit im Betrieb als Grundlage der Sozialverträglichkeit neuer Technologien, Projektbericht (Auftraggeber: Ministerium für Arbeit, Gesundheit und Soziales des Landes Nordrhein-Westfalen)

Bechmann, Gotthard / Fritz Gloede (1986). Sozialverträglichkeit – eine neue Strategie der Verwissenschaftlichung von Politik?, in: Helmut Jungermann u.a. (Hg.) (1986). Die Analyse der Sozialverträglichkeit für Technologiepolitik. Perspektiven und Interpretationen, München, 36-51

Bechmann, Gotthard / Werner Rammert (Hg.) (1987). Technik und Gesellschaft. Jahrbuch 4, Frankfurt New York

Beck, Ulrich (1986). Risikogesellschaft. Auf dem Weg in eine andere Moderne, Frankfurt

BMWF (1984). Hochschulbericht, Wien

BMWF (1985). 15 Jahre Bundesministerium für Wissenschaft und Forschung, Wien

BMWF (1988). Mikroelektronik und Informationsverarbeitung. Forschungskonzept, Wien

BMWF (1988a). Biotechnologie in Österreich, Wien

BMWF (1989). Technologiepolitisches Konzept der österreichischen Bundesregierung, Wien

BMWF (1989a; 1990; 1991), Forschungsbericht, Wien

BMWF (1991a). Leitlinien für die Österreichische Forschungspolitik in den 90er Jahren (Entwurf von Buchberger, Bruno / Hans Tuppy in Zusammenarbeit mit Raoul Kneucker und Eva-Maria Schmitzer) (Manuskript), Wien

BMWF (o.J.). Bewertungsschema für die Prüfung der ökologischen und sozialen Verträglichkeit von ITF/FFF-Anträgen (Information anläßlich der Sitzung des Rates für Technologieentwicklung am 18.12.1991), Wien

BMWF u.a. (o.J.). Technologiemonitoring – Technologiepolitik. Information über die Evaluierung der ATMOS-Studie und die geplante weitere Vorgangsweise, Wien

Borrus, Michael G. (1988). Competing for Control. America's Stake in Microelectronics, Cambridge Massachusetts

Boyer, Robert (1979). Wage Formation in Historical Perspective: The French Experience, in: Cambridge Journal of Economics 1979/3, 100

Brand, Karl-Werner (Hg.) (1985). Neue Soziale Bewegungen in Westeuropa und in den USA. Ein internationaler Vergleich, Frankfurt

Braun, Ernst / Michael Nentwich / Christian Rakos (1991). Technikbewertung in Österreich, Projektbericht (Auftraggeber: Bundesministerium für Wissenschaft und Forschung), Wien

Bröchler, Stephan (1992). Die Ohnmacht der Vision. Theorie und Praxis sozialverträglicher Technikgestaltung in Nordrhein-Westfalen (Dissertation), Düsseldorf

Bröchler, Stephan (1993) Handlungsfähigkeit als nächstes Ziel. Die Technikfolgenabschätzung braucht neue soziale Strategien, in: Frankfurter Rundschau vom 23. März 1993

Bruckmann, Gerhart (1985). Zur Institutionalisierung von "Technology Assessment" in Österreich, in: Heinz Fischer (Hg.) (1985). Forschungspolitik für die 90er Jahre, 105-115

Bundeskammer der gewerblichen Wirtschaft (Hg.) (1981). Wissenschafter für die Wirtschaft, Wien

Carpentier, Michel (1992). Forschungs-, Technologie- und Industriepolitik der Europäischen Gemeinschaft – Bestandsaufnahme und Perspektive, in: Wirtschaftspolitische Blätter 1992/4, 435-445

Dachs, Herbert (1991). Grünalternative Parteien, in: Herbert Dachs / Peter Gerlich u.a. (1991). Handbuch des politischen Systems Österreichs, Wien, 263-274

Dachs, Herbert / Peter Gerlich u.a. (Hg.) (1991). Handbuch des politischen Systems Österreichs, Wien

DER STANDARD vom 2./3. November 1991, vom 20. August 1992, vom 11. September 1992 und vom 10./11. Oktober 1992

Detter, Helmut (1985). Die österreichische Wirtschafts- und Forschungspolitik seit 1970 aus der Sicht des technischen Bereiches, in: BMWF (1985). 15 Jahre Bundesministerium für Wissenschaft und Forschung, Wien, 21-28

Detter, Helmut (1985a). Strategische Planung von Forschungs- und Technologieschwerpunkten und ihre Umsetzung in die industrielle Praxis, in: Heinz Fischer (Hg.) (1985). Forschungspolitik für die 90er Jahre, Wien New York, 434-455

DGB-Landesbezirk NRW (1988). Positionen des deutschen Gewerkschaftsbundes zur Technologiepolitik in NRW, Düsseldorf

DIE ZEIT vom 2. Oktober 1992

Dierkes, Meinolf (1986). Technologiefolgenabschätzung als Interaktion von Sozialwissenschaften und Politik. Die Institutionalisierungsdiskussion im historischen Kontext, in: Hans-Hermann Hartwich (Hg.) (1986). Politik und die Macht der Technik, Opladen, 144-161

Dierkes, Meinolf (o.J.). Technikfolgen-Abschätzung (Manuskript zur Veröffentlichung vorgesehen in: Otto Kimminich u.a. (Hg.). Handwörterbuch des Umweltrechts (HdUR), Berlin Bielefeld München

Dimitz, Erich / Bernd Hartmann (1991). Soziale Auswirkungen/Qualifikation, in: Gernot Hutschenreiter u.a. (1991). Evaluierung der Technologieförderungsprogramme der Bundesregierung 1985/1987, Projektbericht (Auftraggeber: Bundesministerium für öffentliche Wirtschaft und Verkehr sowie für Wissenschaft und Forschung), Wien, 351-384

Dohse, Knuth / Ulrich Jürgens / Thomas Malsch (1984). Vom "Fordismus" zum "Toyotismus"? Die Japan-Diskussion in der Automobilindustrie, WZB discussion paper, Berlin

Dose, Nicolai / Alexander Drexler (Hg.) (1988). Technologieparks. Voraussetzungen, Bestandsaufnahme und Kritik, Opladen

Dosi, Giovanni et al (Hg.) (1988). Technical Change and Economic Theory, London New York

Dubiel, Helmut (1986). Neokonservatismus, neue soziale Bewegungen und das Verhältnis von Technik und Politik, in: Hans-Hermann Hartwich (Hg.) (1986). Politik und die Macht der Technik, Opladen, 69-74

Enquete-Kommission "Gentechnologie" (1992). Bericht der parlamentarischen Enquetekommission betreffend "Technikfolgenabschätzung am Beispiel der Gentechnologie" Band 1; 740 der Beilagen zu den stenographischen Protokollen des Nationalrates XVIII. GP, Wien

Erdmenger, Klaus / Wolfgang Fach / Georg Simonis (1988). Modernität als Staatsräson. Über technologiepolitische Praktiken und Perspektiven in der Bundesrepublik Deutschland, in: Nicolai Dose / Alexander Drexler (Hg.) (1988). Technologieparks. Voraussetzungen, Bestandsaufnahme und Kritik, Opladen, 227-262

Esser, Josef / Gerhard Fleischmann (Hg.) (1989). Technikentwicklung als sozialer Prozeß, (Antrag auf Förderung einer Forschergruppe), Frankfurt

Fesselhofer, Kurt (1992). Wirtschaftsprognosen von WIFO und IHS 1992/93, in: Report. Berichte und Analysen zur Wirtschaftslage 1992/3, 4-6

FFF (Forschungsförderungsfonds für die gewerbliche Wirtschaft) (1991). Jahresbericht 1991, Wien

Fischer, Heinz (Hg.) (1985). Forschungspolitik für die 90er Jahre, Wien New York

Flecker, Jörg (1986). Soziale Kriterien in der staatlichen Technologieförderung – Wenn Ja, warum nicht?, in: Margit Scherb / Inge Morawetz (Hg.) (1986). Stahl und Eisen bricht. Industrie und staatliche Politik in Österreich, Wien, 47-80

Fleissner, Peter (Hg.) (1987). Technologie und Arbeitswelt in Österreich. Trends bis zur Jahrtausendwende, 4 Bde., Wien

Gaudin, Thierry (1985). Definition of Innovation Policies, in: Gerry Sweeney (Hg.) (1985). Innovation Policy. An International Perspective, New York, 11-47

Gerlich, Peter / Edgar Grande / Wolfgang C. Müller (Hg.) (1985). Sozialpartnerschaft in der Krise. Leistungen und Grenzen des Neokorporatismus in Österreich, Wien Köln Graz

Gerlich, Peter (1985a). Sozialpartnerschaft und Regierungssystem, in: Peter Gerlich / Edgar Grande / Wolfgang C. Müller (Hg.) (1985). Sozialpartnerschaft in der Krise. Leistungen und Grenzen des Neokorporatismus in Österreich, Wien Köln Graz, 109-133

Gerlich, Peter (1985b). Sozialpartnerschaft in der Krise, in: Peter Gerlich / Edgar Grande / Wolfgang C. Müller (Hg.) (1985a). Sozialpartnerschaft in der Krise. Leistungen und Grenzen des Neokorporatismus in Österreich, Wien Köln Graz, 355-366

Gerlich, Peter (1993). Von Konkordanz zum Wettbewerb: Das Verblassen des österreichischen Korporatismus, in: Alois Riklin / Luzius Wildhaber / Herbert Wille (Hg.) (1993). Kleinstaat und Menschenrechte. Festgabe für Gerard Batliner zum 65. Geburtstag, Basel Frankfurt, 425-441.

Glatz, Hans (1992). Die Industrie- und Technologiepolitik kleiner europäischer Länder im Vergleich, in: Wirtschaft und Gesellschaft 1992/1, 47-74

Glatz, Hans u.a. (1991). Kleinstaaten im wirtschaftlichen Strukturwandel. Industrie- und technologiepolitische Strategien ausgewählter Industrieländer, Projektbericht (Auftraggeber: Bundesministerium für öffentliche Wirtschaft und Verkehr), Wien

Goldmann, Wilhelmine (1985). Forschung, Innovation und Technologie in Österreich, in: Heinz Fischer (Hg.) (1985). Forschungspolitik für die 90er Jahre, Wien New York, 187-208

Goldmann, Wilhelmine (1990). Industriepolitik in Österreich, in: Wirtschaft und Gesellschaft 1990/1, 43-64

Goldmann, Wilhelmine (1992). Österreichische Industrie- und Technologiepolitik, in: Wirtschaftspolitische Blätter 1992/4, 461-468

Gottweis, Herbert (1991). Neue soziale Bewegungen in Österreich, in: Herbert Dachs / Peter Gerlich u.a. (Hg.) (1991). Handbuch des politischen Systems Österreichs, Wien, 309-332

Gottweis, Herbert (1991a). Biotechnologiepolitik in Österreich, in: Herbert Dachs / Peter Gerlich u.a. (Hg.) (1991). Handbuch des politischen Systems Österreichs, Wien, 613-617

Gottweis, Herbert / Michael Latzer (1991). Technologiepolitik, in: Herbert Dachs / Peter Gerlich u.a. (Hg.) (1991). Handbuch des politischen Systems Österreichs, Wien, 601-612

Gregory, Gene (1986). Die Innovationsbereitschaft der Japaner. Elektronik als Beispiel, in: Constantin von Barloewen / Kai Werhahn-Mees (Hg.) (1986). Japan und der

Westen. Wirtschaft- und Sozialwissenschaften, Technologie, Bd.2, Frankfurt, 110-140

Habermas, Jürgen (1969). Technischer Fortschritt und soziale Lebenswelt, in: Jürgen Habermas (1969). Technik und Wissenschaft als "Ideologie", Frankfurt, 104-119

Hack, Lothar (1987). Die dritte Phase der industriellen Revolution ist keine "technische Revolution", in: Gotthard Bechmann, / Werner Rammert (Hg.) (1987). Technik und Gesellschaft. Jahrbuch 4, 26-60

Höll, Otmar (1989). Technologieentwicklung, wirtschaftliche Umgestaltung und die europäische Integration, in: Österreichisches Jahrbuch für internationale Politik 1989/6, 50-75

Hotz-Hart, Beat (1992). Technik und Technologiepolitik in der Schweiz, in: Wirtschaft und Gesellschaft 1992/2, 191-207

Howaldt, Jürgen / Ralph Kopp (1992). Lean production = mean production? Lean production und Arbeitsbedingungen in der Automobilindustrie, in: Arbeit. Zeitschrift für Arbeitsforschung, -gestaltung und -politik 1992/3, 233-245

Hübner, Kurt / Birgit Mahnkopf (1988). "Ecole de la Régulation". Eine kommentierte Literaturstudie (Veröffentlichungsreihe der Abteilung "Regulierung der Arbeit" des Forschungsschwerpunkts Technik − Arbeit − Umwelt des Wissenschaftszentrums Berlin für Sozialforschung), Berlin

Hutschenreiter, Gernot / Hannes Leo (1992). Künftige Aufgaben österreichischer Technologiepolitik, in: Wirtschaftspolitische Blätter 1992/4, 453-461

Hutschenreiter, Gernot u.a. (1991). Evaluierung der Technologieförderungsprogramme der Bundesregierung 1985/1987, Projektbericht (Auftraggeber: Bundesministerium für öffentliche Wirtschaft und Verkehr sowie für Wissenschaft und Forschung), Wien

ITF (Innovations- und Technologiefonds) (1989; 1990). Jahresbericht, Wien

Jacobs, Dany (1989). Small Countries' Opportunities for Participating in Science-Based Development, in: Rob van Tulder (Ed.) (1989). Small Industrial Countries and the Economic and Technological Development, Working Document 9, University of Amsterdam, 43-51

Jürgens, Ulrich (1990). Entwicklungslinien staatstheoretischer Diskussion seit den siebziger Jahren. Politik und Zeitgeschichte 1990/9/10, 14-22

Jürgens, Ulrich / Frieder Naschold (1992). Arbeitsregulierung in der Bundesrepublik Deutschland im Spannungsfeld zwischen nationalen Gestaltungsspielräumen und internationaler Produktivitätskonkurrenz, in: Klaus Grimmer u.a. (Hg.) (1992). Politische Techniksteuerung − Forschungsstand und Forschungsperspektiven, Leverkusen, 1-33

Katzenstein, Peter (1985), Small States in World Markets. Industrial Policy in Europe, Ithaka London

Kennedy, Paul (1987). The Rise and Fall of Great Powers, New York

Kilper, Heiderose / Georg Simonis, (1992) Arbeitsorientierte Technologiepolitik − vergleichende Analyse staatlicher Programme von Arbeit und Technik, in: Klaus Grimmer u.a. (Hg.) (1992) Politische Techniksteuerung, Opladen, 203-226

Kneucker, Raoul (1985). Förderungsentscheidungen in Österreich, in: Heinz Fischer (Hg.) (1985). Forschungspolitik für die 90er Jahre, Wien New York, 211-237

Kramer, Helmut (1993). Kleinstaaten-Theorie und Kleinstaaten-Außenpolitik in Europa, in: Arno Waschkuhn (Hg.) Kleinstaat – Grundsätzliche und aktuelle Probleme. Symposium des Liechtenstein-Instituts 26.-28. September 1991, Vaduz

Kreye, Otto / Friedrich Fröbel / Jürgen Heinrichs (1977). Die neue internationale Arbeitsteilung. Strukturelle Arbeitslosigkeit in den Industrieländern und die Industrialisierung der Entwicklungsländer, Hamburg

Kubicek, Herbert / Arno Rolf (1985). Mikropolis. Mit Computernetzen in die "Informationsgesellschaft", Hamburg

Kuntze, Oscar-Erich (1990). Vorbereitungen zehn westeuropäischer Industrieländer auf den EG-Binnenmarkt 1993, München

Landesprogramm "Mensch und Technik – sozialverträgliche Technikgestaltung" (o.J.). Eine programmpolitische Bestandsaufnahme, o.A.

Landesprogramm "Mensch und Technik – sozialverträgliche Technikgestaltung" (1990). Ein programmpolitischer Überblick, o.A.

Latzer, Michael (1991). Staatliche Technologiepolitik im österreichischen Telekommunikationssektor, in: Herbert Dachs / Peter Gerlich u.a. (Hg.) (1991). Handbuch des politischen Systems Österreichs, Wien. 618-623

Lenk, Hans (Hg.) (1973). Technokratie als Ideologie, Stuttgart

Luhmann, Niklas (1986). Ökologische Kommunikation. Kann die moderne Gesellschaft sich auf die ökologischen Gefährdungen einstellen?, Opladen

Luhmann, Niklas (1988). Die Wirtschaft der Gesellschaft, Frankfurt

Martinsen, Renate (1991). Technologiepolitische Strategien von Kleinstaaten im europäischen Kontext, in: SWS-Rundschau 1991/4, 509-115

Martinsen, Renate (1991a). Theorien politischer Steuerung. Auf der Suche nach dem dritten Weg, in: Klaus Grimmer u.a. (1991). Politische Techniksteuerung, Opladen, 51-73

Mayntz, Renate (1986). Lernprozesse: Probleme der Akzeptanz von TA bei politischen Entscheidungsträgern, in: Manfred Dierkes, / Thomas Petermann / Volker von Thienen (Hg.) (1986). Technik und Parlament, Bonn, 183-203

Mayntz, Renate (1991). Politische Steuerung und Eigengesetzlichkeiten technischer Entwicklung – zu den Wirkungen von Technikfolgenabschätzung, in: Horst Albach, u.a. (Hg.) (1991). Technikfolgenforschung und Technikfolgenabschätzung. Tagung des Bundesministers für Forschung und Technologie 22. bis 24. Oktober 1990, Berlin Heidelberg New York u.a., 45-61

Melchior, Josef (1990). Zur österreichischen Forschungs- und Technologiepolitik: Entwicklungen und Probleme im Kontext internationaler Diskussionen, in: Österreichische Zeitschrift für Politikwissenschaft 1990/3, 245-265

Meyer-Abich, Klaus M. (1979). Sozialverträglichkeit – ein Kriterium zur Beurteilung alternativer Energieversorgungssysteme, in: Evangelische Theologie 1979/39, 38-51

Meyer-Abich, Klaus M. / Bertram Schefold (1986). Die Grenzen der Atomwirtschaft. Die Zukunft von Energie, Wirtschaft und Gesellschaft, München

Mroczkowski, T. (1988). The Sociotechnics of Maintaining Competitive Advantage: Recent Developments in Japanese Companies, mimeo

Naschold, Frieder (1985). Zum Zusammenhang von Arbeit, sozialer Sicherung und Politik. Einführende Anmerkungen zur Arbeitspolitik, in: Frieder Naschold (Hg.) (1985). Arbeit und Politik. Gesellschaftliche Regulierung der Arbeit und der sozialen Sicherung, Frankfurt, 9-46

Naschold, Frieder (1987). Technologiekontrolle durch Technologiefolgenabschätzung? Entwicklungen, Kontroversen, Perspektiven der Technologiefolgenabschätzung und -bewertung, Köln

Naschold, Frieder (1989). Technikkontrolle und Technikfolgenabschätzung (Aulavorträge 46), Hochschule St. Gallen

Naschold, Frieder (1989a). Technikentwicklung und gesellschaftliche Regulation. Das Projekt "Forschungszentrum Ulm", in: WSI-Mitteilungen 1989/3, 144-155

Naschold, Frieder (1991). Internationale Konkurrenz, sektorale Produktionsregimes und nationalstaatliche Arbeitspolitik, in: Bernhard Blanke / Hellmut Wollmann (Hg.) (1991). Die alte Bundesrepublik. Kontinuität und Wandel, Opladen, 106-129

Naschold, Frieder (Hg.) (1992). Evaluationsbericht im Auftrag des Board des LOM-Programms, Berlin Stockholm

Naschold, Frieder (1992a). Den Wandel organisieren. Erfahrungen des schwedischen Entwicklungsprogramms "Leitung, Organisation, Mitbestimmung" (LOM) im internationalen Wettbewerb, Berlin

Nick, Rainer / Anton Pelinka (1989). Politische Landeskunde der Republik Österreich, Berlin

Nowotny, Ewald (1985). Technologiepolitik als wirtschaftspolitische Herausforderung, in: Fischer, Heinz (Hg.) (1985). Forschungspolitik für die 90er Jahre, Wien New York, 417-428

Nowotny, Helga / Ulrike Felt / Klaus Taschwer (1992). Die sozialen Kontexte von Wissenschaft. Eine Einführung in die Wissenschaftsforschung, Wien

OECD (1965). The Research and Development Effort in Western Europe, North America and the Soviet Union, Paris

OECD (1971). The Conditions for Success in Technological Innovation, Paris

OECD (1980). Technical Change and Economic Policy, Paris

OECD (1981). Science and Technology Policy for the 1980s, Paris

OECD (1987). Structural Adjustment and Economic Performance, Paris

OECD (1988). New Technologies in the 1990s. A Socio-economic Strategy, Paris

OECD (1988a). Reviews of National Science and Technology Policy (Austria), Paris

OECD (1991a). Technology in a Changing World, Paris

OECD (1991b). International Conference Cycle, Paris

OECD (1992). Technology and the Economy. The Key Relationships, Paris

OECD (1992a). Science and Technology Policy. Review and Outlook 1991, Paris

OECD (1992b). Wissenschafts- und Technologiepolitik. Bilanz und Ausblick 1991, Paris

OECD (1993/1). Main Science and Technology Indicators, Paris

Offe, Claus (1990). Sozialwissenschaftliche Aspekte der Diskussion, in: Joachim Jens Hesse / Christoph Zöpel (Hg.) (1990). Der Staat der Zukunft, Baden-Baden, 107-126

Passweg, Miron (1989). Forschung und Entwicklung. Trends in der OECD und in Österreich, in: Wirtschaft und Gesellschaft 1989/15, 511-536

Peissl, Walter (1993). Technologiefolgen-Abschätzung – ein zaghafter Versuch sozialwissenschaftlicher Politikberatung in Österreich (Manuskript), Wien

Pelinka, Anton (1981). Modellfall Österreich? Möglichkeiten und Grenzen der Sozialpartnerschaft, Wien

Pelinka, Anton (1992). Österreich: Was bleibt von den Besonderheiten?, in: Politik und Zeitgeschehen. Beilage zur Wochenzeitschrift `Das Parlament' 1992/47-48, 12-19

Pichler, Franz (1990). Österreichs Weg in die Europäische Technologiegemeinschaft, in: Österreichische Zeitschrift für Politikwissenschaft 1990/3, 317-327

Pieper, Ansgar / Josef Strötgen (1990). Produktive Arbeitsorganisation – Handbuch für die Betriebspraxis, Köln

Prager, Theodor (1965). Forschung und Entwicklung in Österreich. Studie der Wirtschaftswissenschaftlichen Abteilung der Arbeiterkammer Wien, Wien

Prisching, Manfred (1991). Bestandsaufnahme der Sozialpartnerschaft, in: Wirtschaft und Gesellschaft 1991/1, 9-36

Ronge, Volker (1986). Instrumentelles Staatsverständnis und die Rationalität von Macht, Markt und Technik, in: Hans-Hermann Hartwich (Hg.) (1986). Politik und die Macht der Technik, Opladen, 84-101

Roobeek, Annemieke (1990). Beyond the Technology Race. An Analysis of Technology Policy in Seven Industrial Countries, Amsterdam New York Oxford Tokyo

Ropohl, Günter (1991). Technologische Aufklärung. Beiträge zur Technikphilosophie, Frankfurt

Roßnagel, Alexander u.a. (1990). Die Verletzlichkeit der Informationsgesellschaft, 2. Aufl., Opladen

Saage, Richard (1986). Historische Dimension und aktuelle Bedeutung des Topos "technischer Staat", in: Hans-Hermann Hartwich (Hg.) (1986). Politik und die Macht der Technik, Opladen, 52-68

Scharpf, Fritz W. (1975). Demokratietheorie zwischen Utopie und Anpassung, Kronberg/Ts.

Schelsky, Helmut (1961). Der Mensch in der wissenschaftlichen Zivilisation, Köln Opladen

Schienstock, Gerd (forthcoming). Technology Policy in the Process of Change: Changing Paradigms in Research and Technology Policy?, in: Georg Aichholzer / Gerd Schienstock (eds.) (forthcoming). Technology Policy Towards an Integration of Social and Ecological Concerns, Berlin New York (manuscript)

Schimank, Uwe (1987). Evolution, Selbstreferenz und Steuerung komplexer Systeme, in: Willke, Hellmut (Hg.) (1987). Dezentrale Gesellschaftssteuerung, Pfaffenweiler

Schlüter, Christoph (1992). Europäische Forschungspolitik und Wettbewerbsfähigkeit, in: Wirtschaftspolitische Blätter 1992/4, 446-452

Schmid, Josef / Heinrich Tiemann / Harald Kohler (1990). Wissenschaftsstadt Ulm: Entstehung, Aufbau und Funktion, in: Forum Wissenschaft (1990/Studienheft Nr. 10). Forschungs- und Technologiepolitik in den 80er Jahren - Bilanz und Perspektiven, 209-216

Seitz, Konrad (1990). Die japanisch-amerikanische Herausforderung: Deutschlands Hochtechnologie-Industrien kämpfen ums Überleben, München

Simonis, Georg (1989). Technikinnovation im ökonomischen Konkurrenzsystem, in: Alemann, Ulrich von / Heribert Schatz / Georg Simonis (1989). Gesellschaft - Technik - Politik. Perspektiven der Technikgesellschaft, Opladen, 37-73

Steindl, Josef (1977). Import and Production of Know-how in a small Country: The Case of Austria, in: Industrial Policies and Technology Transfer between East and West, Wien New York 1977/3

Steinhöfler, Karl Heinz (1992). Zur Diskussion *Technologiepolitik und Wettbewerbsfähigkeit*, in: Wirtschaftspolitische Blätter 1992/4, 483-497

Sweeney, Gerry (Hg.) (1985). Innovation Policy. An International Perspective, New York

Tálos, Emmerich / Kai Leichsenring / Ernst Zeiner (1993). Verbände und politischer Entscheidungsprozeß – am Beispiel der Sozial- und Umweltpolitik, in: Emmerich Tálos (Hg.) (1993). Sozialpartnerschaft. Kontinuität und Wandel eines Modells, Wien, 147-185.

Technologieberatungsstelle beim DGB-Landesbezirk NRW (1986). Sozialverträgliche Technikgestaltung – Technologiepolitik in Nordrhein-Westfalen (Technik und Gesellschaft Nr.6), Oberhausen

Teubner, Gunther (1989). Recht als autopoietisches System, Frankfurt

Tichy, Gunther (1987). Österreich und die Integration der europäischen Forschung, Wien

Tichy, Gunther (1990). F&E Politik: Volkswirtschaftliche Bedeutung und Umsetzungsschwierigkeiten, in: Österreichische Zeitschrift für Politikwissenschaft 1990/3, 281-291

Tiemann, Heinrich / Josef Schmid (1990). Avancierte Industriepolitik – undurchsichtig für demokratische Mitbestimmung, in: Die Mitbestimmung 1990/6/7, 446-450

Tschiedel, Robert (1989). Sozialverträgliche Technikgestaltung. Wissenschaftskritik für eine soziologische Sozialverträglichkeitsforschung zwischen Akzeptabilität, Akzeptanz und Partizipation, Opladen

Tsurumi, Yoshi (1984). The Challenge of the Pacific Age, in: World Policy Journal 1984/4, 63-86

Tulder, Rob van (1988). Hochtechnologieförderung in Westeuropa als Hebel der Weltmarktkonkurrenz?, in: Johannes Becker / Beate Wagner / Klaus-Peter Weiner (Hg.) (1988). EUREKA. Technologiepolitik im Spannungsfeld wirtschaftlicher und sicherheitspolitischer Interessen, Marburg, 43-50

Tulder, Rob van (1989). "Introduction", in: Rob van Tulder (1989). Small Industrial Countries and the Economic and Technological Development, Working Document 9, University of Amsterdam

Uchiyama, Yoshitada (1986). Japans Stellung in der Weltwirtschaft, in: Constantin von Barloewen / Kai Werhahn-Mees (Hg.) (1986). Japan und der Westen. Wirtschaft- und Sozialwissenschaften, Technologie, Bd.2, Frankfurt, 239-269

Volk, Ewald (1983). National Science and Technology Policy in Austria: The Case of a Small Open Economy (paper presented at the Seminar on the Assessment of the Impact of Science and Technology on Long-Term Economic Prospects, 16.-20. May), Rom

Walsh, Vivien (1988). Technology and the Competitiveness of Small Countries: Review, in: Christopher Freeman / Bengt-Ake Lundvall (Hg.) (1988). Small Countries Facing Technological Revolution, London New York, 37-66

Weingart, Peter (Hg.) (1989). Technik als sozialer Prozeß, Frankfurt

Welsch, Johann (1990). Zukunftssicherung oder Steigerung der Wettbewerbsfähigkeit durch Industriepolitik für Hochtechnologien?, in: Jahrbuch Arbeit und Technik (1990), Bonn, 45-56

Wiesenthal, Helmut (1990). Ist Sozialverträglichkeit gleich Betroffenenpartizipation?, in: Soziale Welt. Zeitschrift für sozialwissenschaftliche Forschung und Praxis 1990/1, 28-46

Willke, Helmut (1983). Die Entzauberung des Staates. Überlegungen zu einer sozietalen Steuerungstheorie, Pfaffenweiler

Womack, James P. / Daniel T. Jones / Daniel Roos (1990). The Machine that Changed the World. The Story of Lean Production, New York

Wörgötter, Andreas (1992). Reform im Osten – Geschäft für den Westen? Die Auswirkungen der Ostöffnung auf Österreich, in: Report. Berichte und Analysen zur Wirtschaftslage 1992/3, 8-11

Zaruba, Ernst (1985). Überlegungen zur Forschungskoordination und Forschungskooperation, in: Heinz Fischer (Hg.) (1985). Forschungspolitik für die 90er Jahre, Wien New York, 499-508

Zenkl, Maria (Hg.) (1991). Umwelt- und Sozialverträglichkeit. Ein erfüllbarer Anspruch?, Wien

Verzeichnis der Abkürzungen:

AK	Arbeiterkammer
AMFO	Arbeitsmiljöfonden
AuT	hier: Institut für Arbeit und Technik des Wissenschaftszentrums Nordrhein-Westfalen
AuT-Programm	Programm "Arbeit und Technik"
BGBl.	Bundesgesetzblatt
BMAS	Bundesministerium für Arbeit und Soziales
BMÖWV	Bundesministerium für öffentliche Wirtschaft und Verkehr
BMWA	Bundesministerium für wirtschaftliche Angelegenheiten
BMWF	Bundesministerium für Wissenschaft und Forschung
BTX	Bildschirmtext
CAD	Computer Aided Design
CIM	Computer Integrated Manufacturing
COMETT	Community Action Programme in Education and Training for Technology
COST	Coopération européenne dans le domaine de la Recherche Scientifique et Technique
DGB	Deutscher Gewerkschaftsbund
EDV	Elektronische Datenverarbeitung
EFTA	European Free Trade Association
EG	Europäische Gemeinschaft
ERP	European Recovery Program
ESA	European Space Agency
EU	Europäische Union
EUREKA	European Research Coordination Agency
EWR	Europäischer Wirtschaftsraum
F&E	Forschung und Entwicklung
F&T	Forschung und Technologie
FAST	Forecasting and Assessment in the Field of Science and Technologie
FAW	Forschungsinstitut für anwendungsorientierte Wissensverarbeitung
FFF	Forschungsförderungsfonds für die gewerbliche Wirtschaft
Flex-CIM	Flexible Computer Integrated Manufacturing
FOG	Forschungsorganisationsgesetz

FORBA	Forschungs- und Beratungssstelle Arbeitswelt
FPÖ	Freiheitliche Partei Österreichs
FSÖ	Forschungsstelle für Sozioökonomie
FWF	Förderungsfonds für die wissenschaftliche Forschung
GPA	Gewerkschaft der Privatangestellten
HdA-Programm	bundesdeutsches Programm "Humanisierung des Arbeitslebens"
IHS	Institut für Höhere Studien
ILO	International Labour Organisation
ITA	Institut für Technikfolgenabschätzung
ITF	Innovations- und Technologiefonds
IuK-Technologien	Informations- und Kommunikationstechnologien
LF	Liberales Forum
LOM	schwedisches Programm "Leitung, Organisation, Mitbestimmung"
MAGS	Ministerium für Arbeit, Gesundheit und Soziales in NRW
MDA	Människor, Datateknik, Arbetsliv
MuT	Mensch und Technik – Sozialverträgliche Technikgestaltung (Landesprogramm NRW)
NGO	Non Governmental Organization
NIC	Newly Industrialized Country
NR	Nationalrat
NRW	Nordrhein-Westfalen
OECD	Organization for Economic Cooperation and Development
ÖFS	Österreichisches Forschungszentrum Seibersdorf
ÖKWF	Österreichische Konferenz für Wissenschaft und Forschung
ÖRWF	Österreichischer Rat für Wissenschaft und Forschung
OTA	Office of Technology Assessment
ÖVP	Österreichische Volkspartei
PICT	Programme on Information and Communication Technologies
RISP	Rhein-Ruhr-Institut für Sozialforschung und Politikberatung e.V.
SDI	Strategic Defense Initiative
SoTech	Sozialverträgliche Technikgestaltung
SPÖ	Sozialdemokratische Partei Österreichs
TA	Technikfolgenabschätzung
TAO	Technology, Work and Organization
TBS	Technologieberatungsstelle beim Deutschen Gewerkschaftsbund, Landesbezirk NRW

TEP	Technology / Economy Programme
TIP	Forschung- und Untersuchungsprogramm "Technologie – Information – Politikberatung"
VÖI	Vereinigung Österreichischer Industrieller
VTÖ	Vereinigung der Technologiezentren Österreichs
VZÄ	Vollzeitäquivalente
WIFO	Österreichisches Wirtschaftsforschungsinstitut
WZB	Wissenschaftszentrum Berlin
ZSI	Zentrum für soziale Innovation

Anlage 1:

Vorschläge und Anregungen zur Entwicklung sozialverträglicher Technikgestaltung

Die theoretischen und praktischen Erfahrungen mit dem Konzept innovativer Technik-entwicklung und -gestaltung ergeben ein facettenreiches Bild, das eine breite Palette von Ansatzpunkten und Schwerpunktsetzungen im Hinblick auf die Realisierung sozialver-träglicher Technikgestaltung beinhaltet. Die Bedeutung der länderspezifischen Besonder-heiten und Differenzen läßt es angebracht erscheinen, keine Kopie irgendeines ausländi-schen Beispiels anzustreben, sondern ein Konzept zu entwickeln, das die landesspezifi-schen Kontexte und Rahmenbedingungen berücksichtigt. Die nachstehend angeführten Vorschläge und Anregungen verstehen sich in diesem Sinne als mögliche Ansatzpunkte dafür, die sozialverträgliche Technikgestaltung zu verankern und neue Wege in der Tech-nologiepolitik zu beschreiten.

Die Vorschläge und Anregungen gliedern sich in drei Teile. Der erste Teil befaßt sich mit Strategiefragen. Es geht dabei um allgemeine Voraussetzungen, Ziele und grundsätzli-che Orientierungen sozialverträglicher Technikgestaltung. Der zweite Teil konzentriert sich auf die operative Ebene. Hier werden Vorschläge aufgelistet, was gemacht bzw. wel-che Instrumente eingesetzt werden könnten, um die sozialverträgliche Technikgestaltung zu fördern und zu etablieren. Auf der Design-Ebene schließlich werden das "Wie" der Umsetzung sozialverträglicher Technikgestaltung behandelt und einzelne Empfehlungen hinsichtlich der Vorgangsweise angeführt.

1. Strategie-Ebene
- Aufbau einer nationalen Infrastruktur zur sozialverträglichen Technikgestaltung. Sozi-alverträgliche Technikgestaltung läßt sich weder verordnen, in objektive Kriterien gie-ßen noch einzelnen Bereichen allein überantworten. Es kommt auf das Zusammenwir-ken von Staat, Wirtschaft, Wissenschaft, Gewerkschaften, Unternehmerverbänden, Aus- und Weiterbildungseinrichtungen und schließlich der betroffenen Bürger selbst an. Die Institutionalisierung und Thematisierung sozialverträglicher Technikgestaltung an möglichst vielen Orten und Zeitpunkten bildet das tragende Element einer nationa-len Infrastruktur.
- Förderung von netzwerkartigen Kooperationsstrukturen. Die Ermöglichung verschie-denartiger, auch unwahrscheinlicher Formen der Zusammenarbeit zwischen den Trä-gern sozialverträglicher Technikgestaltung und den in spezifischer Weise davon Be-troffenen erscheint am Besten dazu geeignet, dem strukturellen Charakter neuer Tech-nologien gerecht zu werden und Lernchancen auszunützen.
- Sozialverträgliche Technikgestaltung muß prozeßhaft angelegt sein. Die Design-Komponente im Sinne professioneller Kompetenz darf dabei nicht vernachlässigt wer-den, da sie dem kollektiven Lernprozeß, den sozialverträgliche Technikgestaltung meint, Ziel und Richtung gibt.
- Sozialverträgliche Technikgestaltung erfordert eine indirekte, reflexive Form der Steuerung. Die Rolle des Staates sollte sich auf Initiativ-, Moderations- und Evaluati-onsfunktionen beschränken. Die konkrete Umsetzung sollte den lokalen Trägern der

Technikgestaltung überlassen bleiben, wobei es auf das gleichgewichtige Zusammenspiel von professionellem, wissenschaftlichem Wissen und partizipativen Formen ankommt.

- Verbindung von sozialer und ökonomischer Produktivität. Herkömmliche technologische Innovationsstrategien vernachlässigen oft ökologische und humanitäre Erwägungen, während klassische Sozialverträglichkeitskonzepte oft nur kompensatorisch oder defensiv in Sinne der Schadensminimierung ausgelegt sind. Unter Effizienzgesichtspunkten erscheint eine gleichzeitige Orientierung sowohl an sozialer als auch an ökonomischer Produktivität geraten. Sie verspricht die Ausschöpfung kreativer Potentiale der Humanressourcen für die ökonomische Leistungsfähigkeit, erhöht die Diffusionschancen sozialverträglicher Techniklösungen und ermöglicht die Kanalisierung der technischen Entwicklung in humane und ökologische Bahnen.

- Schaffung eines breiten Basiskonsenses im Hinblick auf die sozialverträgliche Technikgestaltung. Internationale Beispiele zeigen, daß Gestaltungsspielräume oft deshalb nicht ausgenutzt werden, weil die Einbeziehung relevanter Akteure nicht in ausreichendem Maße gelang. Dies gilt sowohl im Hinblick auf Unternehmerverbände und Gewerkschaften als auch im Hinblick auf die Betroffenen in ihrer Rolle als Arbeitnehmer, Konsumenten oder Bürger. Ein solcher breiter Konsens könnte einer österreichischen Initiative sozialverträglicher Technikgestaltung besondere Schwungkraft verleihen.

- Aufwertung intermediärer technologiepolitischer Instanzen. Angesichts der Kompetenzen- und Aufgabenzersplitterung in der österreichischen Technologiepolitik wäre die Stärkung der Kooperations- und Koordinationsfunktion in der Technologiepolitik von entscheidender Bedeutung. Soll sozialverträgliche Technikgestaltung ein Strukturelement der österreichischen Technologiepolitik werden, wäre eine geeignete politische Anlaufstelle erforderlich, die technologiepolitisches Forum und Koordinationsinstanz zugleich sein könnte und die Bündelung technologiepolitischer Aktivitäten erlaubte.

- Stärkere programmatische Verankerung der Anliegen sozialverträglicher Technikgestaltung.

2. *Operative Ebene*

- Initiierung eines staatlichen Programms zur sozialverträglichen Technikgestaltung. Die internationale Erfahrung lehrt, daß Programme zur sozialverträglichen Technikgestaltung als Infrastrukturinvestitionen anzusehen sind. Ziel eines solchen Programmes wäre die Institutionalisierung von Forschungs- und Beratungskapazitäten für SoTech, die Implementierung der Anliegen von SoTech in den relevanten Bildungseinrichtungen, der Aufbau eines Gestaltungsnetzwerkes sowie die Sammlung von know-how zur sozialverträglichen Technikgestaltung.

- Durchführung von Modellprojekten zur sozialverträglichen Technikgestaltung. Modellprojekte können das Anliegen und die Machbarkeit vor Augen führen und exemplarisch die Nützlichkeit sozialverträglicher Technikgestaltung beweisen. Beispielsweise könnte sich ein Modellprojekt auf Fragen der Arbeitswelt beziehen. Mit ausgewählten Betrieben könnte z.B. an der innovationsorientierten Organisationsentwicklung gearbeitet oder sozialverträgliche Technikgestaltung im Falle der Einführung neuer Technologien im Betrieb demonstriert werden. Alternativen wären Projekte, die sich mit der sozialverträglichen Technikgestaltung im Verkehrswesen oder im Telekommunikationsbereich befassen könnten. Ein Vorzug von repräsentativen Modellprojekten besteht in ihrem klaren Zuschnitt und in ihrer besseren politischen "Vermarktbarkeit".

- Ausbau von arbeitnehmerorientierten Technologieberatungsstellen unter besonderer Berücksichtigung sozialverträglicher Technikgestaltung. Die Einführung von neuen Technologien stellt oft neuartige Anforderungen an die Belegschaften und die Arbeitnehmervertreter. Technologieberatungsstellen sollten das erforderliche Wissen und Beratungsleistungen zur Verfügung stellen, damit die Arbeitnehmer ihre Partizipationschancen und -möglichkeiten wahrnehmen können.
- Verstärkung der Öffentlichkeitsarbeit. Die Öffentlichkeitsarbeitzielt zielt einerseits auf den Abbau von möglicherweise bestehenden Vorurteilen und der Information über SoTech und sollte andererseits Teil eines diskursiv orientierten und öffentlichkeitsbezogenen Konzeptes von Sozialverträglichkeit sein. Durch Aussendungen, die Veranstaltung von Seminaren, Tagungen etc. könnte das Bewußtsein und die Sensibilität bei den Akteuren für die Erfordernisse der sozialverträglichen Technikgestaltung erhöht werden.
- Ausbau bestehender Forschungsinstitute in Richtung sozialverträgliche Technikgestaltung bzw. Neugründung von entsprechenden Einrichtungen (auch außeruniversitär). Kernpunkt der wissenschaftlichen Infrastruktur sind interdisziplinär ausgerichtete Institute, die für die Aufgaben von SoTech gerüstet sind und möglicherweise die Projektträgerschaft für ein SoTech-Programm übernehmen könnten.
- Förderung der interdisziplinären Zusammenarbeit zwischen Technik-, Natur- und Sozialwissenschaften. Es besteht eine historisch gewachsene Kluft zwischen den unterschiedlichen wissenschaftlichen Kulturen. Die Einrichtung von Forschungsschwerpunkten zur "sozialverträglichen Technikgestaltung" könnte zur Überwindung dieser Trennung, zur Erhöhung der gesellschaftlichen Legitimation und zur Aufwertung der sozialwissenschaftlichen Forschung beitragen.
- Entwicklung und Einrichtung von Bildungsprogrammen und -bausteinen zur sozialverträglichen Technikgestaltung. Sowohl zur Steigerung der professionellen als auch der individuellen Kompetenz wäre die Berücksichtigung von Fragen der sozialverträglichen Technikgestaltung in den diversen Bildungsgängen anzustreben. Auf Hochschulebene kommen dafür vor allem die Technischen Hochschulen, die Technikerausbildung insgesamt, die sozial- und wirtschaftswissenschaftlichen Studienrichtungen in Frage. Daneben sollte auch im Rahmen der außeruniversitären Aus- und Weiterbildung ein entsprechendes Angebot erstellt werden.
- Institutionalisierung der Evaluierung der Technologiepolitik unter dem Gesichtspunkt von SoTech. Bei allen "weichen" Programmen kommt der Evaluation eine besondere Bedeutung zu. Es geht dabei sowohl um mögliche Korrekturen in der Programmgestaltung als auch um zusätzliches Wissen über Synergieeffekte oder Doppelgleisigkeiten.
- Ausbau der Förderung der Organisationsentwicklung zur Verbesserung des sozialverträglichen Technikeinsatzes. Bestehende Ansätze zur betrieblichen Innovationsplanung im Zusammenhang mit der Technologieförderung sollten ausgebaut und mit Aspekten der sozialverträglichen Organisationsentwicklung angereichert werden, da speziell Fragen der betrieblichen Reorganisation im Zuge der Einführung z.B. flexibler Fertigungssysteme Schwierigkeiten bereiten.
- Verzahnung der bundesstaatlichen Initiativen zur sozialverträglichen Technikgestaltung mit regionalen Aktivitäten (z.B. mit Technologieparks und -zentren). Die besondere Strategie sozialverträglicher Technikgestaltung, die übergreifende Strukturen mit lo-

kalen Aktivitäten verbinden soll, erfordert die Einbeziehung regionaler Akteure, seien
es nun Universitäten, Forschungseinrichtungen oder Unternehmungen in das Gestaltungsnetzwerk. Erst die regionale Vernetzung bietet die Voraussetzung für eine breite
Diffusion von "best-practice"-Erfahrungen sozialverträglicher Technikgestaltung.
– Informierung und Befassung der technologiepolitischen Gremien mit SoTech.

3. Design-Ebene
– Beiziehung von international erfahrenen Experten bei der Durchführung von SoTech-
  Initiativen. Die Komplexität und der riskante Charakter umfänglicher Initiativen erfordert eine bestmögliche Vorbereitung und Planung. Die Beratung und Begleitung solcher Initiativen durch international erfahrene Experten verhindert Doppelgleisigkeiten
  und bringt Lernchancen mit sich.
- Ein SoTech-Programm braucht eine konzeptuelle Basis, eine klare Hypothese und eine
  ausgeführte Begründungsstruktur. Eine gute theoretische Fundierung trägt wesentlich
  zum Erfolg eines Programmes bei: es gibt dem Programm eine klare Linie, macht es
  leichter kontrollierbar und international evaluierbar.
– Strategische Planung auf breiter gesellschaftlicher Grundlage. Zur Akzeptanzsicherung
  bei den relevanten Akteuren und zur Sicherung der Aufnahmebereitschaft ist ein umfänglicher politischer Planungsprozeß anzustreben. Strategische Ausrichtung und politische Konturen eines SoTech-Programms sollten aus einem möglichst breiten Willensbildungsprozeß hervorgehen.
– Die politische Trägerschaft des Programms sollte mit der organisatorischen Autonomie
  des Projektträgers, der für die Projektdurchführung zuständig ist, verbunden werden.
  Nur so verspricht eine SoTech-Initiative die erforderliche politische, wissenschaftliche
  und soziale Legitimation zu gewinnen, die für ihre erfolgreiche Durchführung erforderlich ist.
– Umsetzung "vor Ort". Will sozialverträgliche Technikgestaltung effektiv sein, so ist sie
  darauf angewiesen, dort anzusetzen, wo Technik real gestaltet wird: in der wissenschaftlichen Forschung, im Ingenieurbüro, im Betrieb. Eine wesentliche Aufgabe des
  Projektmanagements besteht darin, die relevanten Akteure "vor Ort" für SoTech zu
  gewinnen und zu mobilisieren.
– Thematische Fokussierung eines SoTech-Programms. Die thematische Ausrichtung
  eines Programmes hängt in erster Linie von den Interessen der beteiligten Akteure ab.
  Ein klar erkennbarer Fokus der Gestaltungsinitiative z.B. auf den Bereich der Arbeitswelt oder die Schnittstelle von Arbeitswelt und Lebenswelt gibt dem Programm ein
  klares Profil, trägt zum inneren Zusammenhalt bei und erhöht die politische Durchschlagskraft.
– Berücksichtigung der zeitkritischen Faktoren. Von zentraler Bedeutung für die Effektivität sozialverträglicher Technikgestaltung ist die Berücksichtigung der erforderlichen
  Zeithorizonte. Technologiepolitische Programme, die auf die Beeinflussung und Steuerung von Entwicklungstrends gerichtet sind, sollten langfristig bzw. auf Dauer angelegt
  werden, wie die internationale Erfahrung (z.B. das Deutsche Programm "Humanisierung der Arbeit" bzw. "Arbeit und Technik") lehrt. Einzelne Projekte, die auf Innovationen im Sinne sozialverträglicher Technikgestaltung gerichtet sind, benötigen mindestens eine Laufzeit von 2-3 Jahren, sollen nachhaltige Veränderungen bewirkt werden. Dies gilt es bei der Programmierung und Planung einer SoTech-Initiative zu be-

rücksichtigen, die aus ablauftechnischen Gründen auf mindestens 5-6 Jahre anberaumt werden sollte.
- Progressive Programmanlage. Im Sinne einer effektiven und effizienten Programmsteuerung ist auf ein sachgerechtes "timing" des Mitteleinsatzes zu achten. Es empfiehlt sich, auf mittlerem Niveau zu beginnen und im Verlauf des Programmes den Mitteleinsatz sukzessive zu erhöhen, um zu vermeiden, daß nach einem "Hoch" in der Mitte des Programmes der Schwung gegen Ende verloren geht. Darunter leidet die Diffusion und Umsetzung erprobter Modelle, die im Regelfall erst später im Programmverlauf relevant werden.
- Endauswertung und Erforschung von Synergieeffekten. Die Wirkung eines Programms ist mehr als die Summe seiner Teile. Sowohl unter dem Gesichtspunkt der Sicherung der Synergiewirkungen, die sich durch das Zusammenwirken der vielfältigen Teile eines SoTech-Programmes ergeben, als auch unter dem Gesichtspunkt der Evaluierung zur Korrektur von Fehlern und zur Verbesserung der Programmstruktur scheint eine zusammenfassende Endauswertung, Analyse und Untersuchung des Programms unabdingbar. Sie ist schon bei der Konzipierung und dem "timing" des Programmablaufes zu berücksichtigen.
- Suche nach einem eigenen "Etikett" zur besseren Vermarktbarkeit. Der Begriff der "sozialverträglichen Technikgestaltung" ist teilweise negativ besetzt, weil manche hinter ihm eine Technikverhinderungsstrategie vermuten.

Die angeführten Vorschläge und Empfehlungen bilden weder einen umfassenden Maßnahmenkatalog noch ein einfaches Rezept. Sie wollen lediglich Wegweiser und Markierungen aufstellen, an denen sich Initiativen orientieren könnten, die sich der sozialverträglichen Technikgestaltung annehmen wollen. Im Zuge des sich abzeichnenden Paradigmenwechsels in der internationalen technologiepolitischen Debatte böte sich die Gelegenheit, den Stellenwert der Technologiepolitik zu erhöhen und neue Wege einzuschlagen. Dabei könnte die sozialverträgliche Technikgestaltung mit der spezifischen Orientierung an der Verbindung von Produktivität und Humanität zu einem Kernelement eines technologiepolitischen Modernisierungskurses gemacht werden.

Anlage 2:

Liste der Interviewpartner in Nordrhein-Westfalen

Prof. Dr. Ulrich von Alemann
Professor für Politikwissenschaft an der FernUniversität Hagen;
wissenschaftlicher Leiter des Projektträgers des SoTech-Programms 1984-1989

Dr. Michael Böckler
Geschäftsführer des Projektträgers des SoTech-Programms

Dr. Jürgen Grumbach
Technologieberatungsstelle (TBS) beim Deutschen Gewerkschaftsbund, Landesbezirk
Nordrhein-Westfalen

Prof. Dr. Frieder Naschold
Direktor am Wissenschaftszentrum Berlin für Sozialforschung GmbH (WZB);
Professor für Politikwissenschaft an der Freien Universität Berlin;
externer Experte auf dem Gebiet Technologiepolitik und Technologiefolgenabschätzung;
Leiter der Evaluationsgruppe des Programms "Leitung, Organisation, Mitbestimmung"
(LOM) in Schweden

Willy Riepert
Leiter des Referats Arbeits- und Technologiepolitik (III B 4) im Ministerium für Arbeit,
Gesundheit und Soziales

Prof.Dr. Georg Simonis
Professor für Politikwissenschaft an der FernUniversität Hagen;
wissenschaftlicher Leiter sowie Geschäftsführer des Projektträgers des SoTech-
Programms 1985-1991

Anlage 3:

Liste der Interviewpartner in Österreich

Mag. Thomas Barmüller
Abg. z. Nationalrat ("Liberales Forum")[42] ;
Mitglied des Rates für Technologieentwicklung und der parlamentarischen Enquete-
Kommission "Technologiefolgenabschätzung am Beispiel der Gentechnologie"

Prof. Dr. Christian Brünner
Professor am Institut für öffentliches Recht, Politikwissenschaft und Verwaltungslehre an
der Universität Graz;
Abg. z. Nationalrat ("Österreichische Volkspartei");
Mitglied des Rates für Technologieentwicklung; Stellvertretender Vorsitzender der parlamentarischen Enquete-Kommission "Technikfolgenabschätzung am Beispiel der Gentechnologie"

Dr. Erhard Busek
Vizekanzler; Bundesminister für Wissenschaft und Forschung;
Vorsitzender des Rates für Technologieentwicklung

Dkfm. Dr. Paul Felber / Dipl-Ing. Johann Pajer
Direktor der Investkredit / Prokurist, technisches Consulting der Investkredit

OR Dr. Karl-Johann Hartig
Leiter des Bundesministerbüros und der Sektion V/5 im Bundesministerium für öffentli-
che Wirtschaft und Verkehr;
Mitglied des Rates für Technologieentwicklung

Doz. Dr. Josef Hochgerner
Direktor des Zentrums für soziale Innovation (ZSI);
Mitarbeiter der Abt. Sozialwissenschaften der österreichischen Arbeiterkammer

Mag. Gerhard Janisch / Dipl.-Ing. Herbert Schwaiger
Vertreter der Firma Krause (Maschinenbau)

Dkfm. Günter Kahler / Mag. Klaus Schnitzer
Bereichsleiter des Forschungsförderungsfonds für die gewerbliche Wirtschaft (FFF) / Mitarbeiter des FFF

Sektionschef Dr. Raoul Kneucker
Leiter der Sektion für internationale Angelegenheiten im Bundesministerium für Wissenschaft und Forschung

---

42 Zum Zeitpunkt des Interviews war Mag. Barmüller Mitglied der Freiheitlichen Partei
   Österreichs (FPÖ)

Prof. Dr. Peter Koss
Professor für Festkörperphysik an der Universität Wien;
Experte auf dem Gebiet der Technologiepolitik;
Geschäftsführer des Österreichischen Forschungszentrums Seibersdorf (ÖFS)

MR Dr. Peter Kowalski
Bundesministerium für wirtschaftliche Angelegenheiten (Leiter der Abt. IX/8);
Mitglied des Rates für Technologieentwicklung

Dr. Maria Lang
Leiterin der Rechtsabteilung des Zentral-Arbeitsinspektorates (VI/3) im Bundesministerium für Arbeit und Soziales

Mag. Roland Lang / Mag. Miron Passweg
Referenten für Wirtschaftspolitik bei der österreichischen Arbeiterkammer

Dr. Kurt Löffler / Mag. Christine Micheler
Experten auf dem Gebiet der Technologieförderung beim ERP-Fonds

Prof. Dr. Egon Matzner / Dr. Michael Latzer / Dr. Peter Paul Sint
Professor für Finanzwissenschaften an der Technischen Universität Wien;
Leiter der Forschungsstelle für Sozioökonomie (FSÖ) der Österreichischen Akademie der Wissenschaften / Wissenschaftliche Experten auf dem Gebiet Technologiepolitik an der FSÖ

Dr. Lothar Müller
Abg. z. Nationalrat ("Sozialdemokratische Partei Österreichs");
Mitglied des Rates für Technologieentwicklung und der parlamentarischen Enquete-Kommission "Technologiefolgenabschätzung am Beispiel der Gentechnologie"

Dr. Severin Renoldner
Abg. z. Nationalrat ("Die Grünen");
Mitglied des Rates für Technologieentwicklung

Mag. Sylvia Sarreschtehdari-Leodolter
Referat für Humanisierung, Technologie und Umwelt beim Österreichischen Gewerkschaftsbund;
Mitglied des Rates für Technologieentwicklung und des Innovations- und Technologiefonds-Ausschusses

Mag. Eva-Maria Schmitzer
Leiterin der technologiepolitischen Abteilung des Bundesministeriums für Wissenschaft und Forschung;
Geschäftsführerin des Rates für Technologieentwicklung

MR. Dipl.-Kfm. Ulrich Stacher
Sektionsleiter im Bundeskanzleramt;
Mitglied des Rates für Technologieentwicklung

Dkfm. Dr. Karl Heinz Steinhöfler
Referent der Abteilung Bildungspolitik und Wissenschaft bei der Wirtschaftskammer
Österreich;
Mitglied des Rates für Technologieentwicklung

Dipl.-Ing. Thomas Stemberger
Vertreter der Präsidentenkonferenz der Landwirtschaftskammern Österreichs;
Mitglied des Rates für Technologieentwicklung

Dipl.-Ing. Norbert Theuretzbacher
Mitglied der Geschäftsleitung der Alcatel Austria AG;
Leiter des Geschäftsbereichs Breitbandkommunikation

Prof. Dr. Gunther Tichy
Professor für Volkswirtschaftslehre und -politik an der Universität Graz;
Leiter des Instituts für Technikfolgen-Abschätzung an der Österreichischen Akademie der
Wissenschaften

Dr. Wolfgang Tritremmel
Vertreter der Vereinigung österreichischer Industrieller;
Experte für technologiepolitische Fragen

Wahlforschung und Wählerverhalten
Herausgegeben von Dr. Karlhans Liebl

NEU ERSCHIENEN

Ute Kort-Krieger
Wechselwähler
Verdrossene Parteien – Routinierte Demokraten
Wahlforschung und Wählerverhalten, Band 1, 116 S., br.,
ISBN 3-89085-924-0, 29,80,– DM

Wechselwähler: sie sind attraktiv, geheimnisvoll und stark umworben. Meist zieren sie sich lange, bevor sie ihr Ja-Wort geben – doch ihr Herz gehört vielleicht einem ganz anderen. Denn sie lassen sich nicht von bunten Geschenken und blumigen Worten betören, sondern verlangen harte Fakten.

Dieses Buch macht die Wechselwähler in ihrer Vielschichtigkeit sichtbar. Es sind die Kinder und Enkel der Gründergeneration der Bundesrepublik, die sehr genau unterscheiden zwischen dem politischen System, dem sie sich verbunden fühlen, und den politischen Machthabern, die sie auswechseln wollen. Skepsis gegenüber Personen und Parteien mit Skepsis gegenüber dem demokratischen System gleichzusetzen, ist ein Denkfehler.

Die Autorin, *Dr. Ute Kort-Krieger,* ist Akademische Oberrätin an der Technischen Universität München.

Centaurus-Verlagsgesellschaft · Pfaffenweiler